카산드라 따라잡기

150가지 예제로 배우는
NoSQL 카산드라 설계와 성능 최적화

카산드라 따라잡기

150가지 예제로 배우는
NoSQL 카산드라 설계와 성능 최적화

에드워드 카프리올로 지음
이두희 · 이범기 · 전재호 옮김

BIRMINGHAM - MUMBAI- SEOUL

acorn+PACKT 시리즈 출간 도서 (2013년 2월 기준)

Unity 3D Game Development by Example 한국어판
유니티 3D 게임 프로그래밍

BackTrack 4 한국어판
공포의 해킹 툴 백트랙 4

Android User Interface Development 한국어판
안드로이드 UI 프로그래밍

Nginx HTTP Server 한국어판
아파치를 대체할 강력한 차세대 HTTP 서버 엔진엑스

BackTrack 5 Wireless Penetration Testing 한국어판
백트랙 5로 시작하는 무선 해킹

Flash Game Development by Example 한국어판
9가지 예제로 배우는 플래시 게임 개발

Node Web Development 한국어판
웹 개발 플랫폼 노드 프로그래밍

XNA 4.0 Game Development by Example 한국어판
마이크로소프트 XNA 4.0 게임 프로그래밍

Away3D 3.6 Essentials 한국어판
강력한 플래시 3D엔진 어웨이3D 개발

Unity 3 Game Development Hotshot 한국어판
기능별 집중 구현을 통한 유니티 게임 개발

HTML5 Multimedia Development Cookbook 한국어판
HTML5 멀티미디어 프로젝트 제작

jQuery UI 1.8 한국어판
인터랙티브 웹을 위한 제이쿼리 UI

jQuery Mobile First Look 한국어판
빠르고 가벼운 제이쿼리 모바일 웹앱 개발

Play Framework Cookbook 한국어판
생산성 높은 자바 웹 개발 플레이 프레임워크

PhoneGap 한국어판
폰갭으로 하는 크로스플랫폼 모바일 앱 개발

Cocos2d for iPhone 한국어판
아이폰 게임을 위한 코코스2d 프로그래밍

OGRE 3D 한국어판
오픈소스 3D 게임엔진 오거3D 프로그래밍

Android Application Testing Guide 한국어판
안드로이드 애플리케이션 테스팅 가이드

OpenCV 2 Computer Vision
Application Programming Cookbook 한국어판
OpenCV 2를 활용한 컴퓨터 비전 프로그래밍

Unity 3.x Game Development Essentials 한국어판
C#과 자바스크립트로 하는 유니티 3.x 게임 개발

Ext JS 4 First Look 한국어판
화려한 웹 애플리케이션을 위한 Ext JS 4 입문

iPhone JavaScript Cookbook 한국어판
자바스크립트로 만드는 아이폰 애플리케이션

Facebook Graph API Development with Flash 한국어판
그래프 API를 활용한 페이스북 앱 만들기

CryENGINE 3 Cookbook 한국어판
〈아이온〉을 만든 3D 게임엔진 크라이엔진 3

워드프레스 사이트 제작과 플러그인 활용

반응형 웹 디자인

타이타늄 모바일 앱 프로그래밍

안드로이드 NDK 프로그래밍

코코스2d 게임 프로그래밍

WebGL 3D 프로그래밍

MongoDB NoSQL로 구축하는 PHP 웹 애플리케이션

언리얼 게임 엔진 UDK 3

코로나 SDK 모바일 게임 프로그래밍

HBase 클러스터 구축과 관리

언리얼스크립트 게임 프로그래밍

카산드라 따라잡기

acorn+PACKT 시리즈를 시작하며

에이콘출판사와 팩트 출판 파트너십 제휴

첨단 IT 기술을 신속하게 출간하는 영국의 팩트 출판(PACKT Publishing, www.packtpub.com)이 저희 에이콘출판사와 2011년 5월 파트너십을 체결하고 전격 제휴함으로써 acorn+PACKT Technical Book 시리즈를 독자 여러분께 선보입니다.

2004년부터 전문 기술과 솔루션을 독자에게 신속하게 출간해온 팩트 출판은 세계 각지에서 시스템, 애플리케이션, 프레임워크 등을 도입한 유명 IT 전문가들의 경험과 지식을 책에 담아 새로운 소프트웨어와 기술을 업무에 활용하려는 독자들에게 전문 기술과 경쟁력을 공유해왔습니다. 특히 여타 출판사의 전문기술서와는 달리 좀 더 심도 있고 전문적인 내용으로 가득 채움으로써 IT 서적의 진정한 블루오션을 개척합니다. 따라서 꼭 알아야 할 내용은 좀 더 깊이 다루고, 불필요한 내용은 과감히 걸러냄으로써 독자들에게 꼭 필요한 심층 정보를 전달합니다.

남들이 하지 않는 분야를 신속하고 좋은 품질로 전달하려는 두 출판사의 기업 이념이 맞닿은 acorn+PACKT Technical Book 시리즈의 출범으로, 저희 에이콘출판사는 앞으로도 국내 IT 기술 발전에 보탬이 되는 책을 열심히 펴내겠습니다.

www.packtpub.com을 둘러보시고 번역 출간을 원하시는 책은 언제든 저희 출판사 편집팀(editor@acornpub.co.kr)으로 알려주시기 바랍니다.

감사합니다.

에이콘출판㈜ 대표이사
권 성 준

저자 소개

에드워드 카프리올로 Edward Capriolo

아파치 소프트웨어 재단의 멤버이자 하둡-하이브Hadoop-Hive 프로젝트의 커미터다. 개발자로서 리눅스와 네트워크 관리자로도 활동하고 있으며, 오픈 소스 소프트웨어의 방대한 세계를 누비고 있다.

현재 미디어식스디그리즈Media6degrees라는 회사에서 시스템 관리자로 일하며, 인터넷 광고 산업에 활용되는 분산 데이터 저장공간 시스템의 디자인과 관리를 맡고 있다.

나의 아내이자 절친인 스테이시에게. 부모님, 조부모님, 그리고 내 가족에게. 많은 역경을 견뎌내게 해 준 친구들. 그리고 나를 가르쳐 주신 분들과 나에게 도구를 준 회사에게 감사를 전합니다.

카산드라 프로젝트에 도움을 준 조나단 엘리스, 브랜든 윌리엄스, 제이크 루시아니, 그리고 이 환상적인 프로젝트를 개발한 이들에게. 제레미 한나와 나의 카산드라 스승인 로버트 콜리를 포함한 개발자 커뮤니티에게. 이 책이 나오기까지 자신의 지식과 시간을 투자해준 매트 랜돌프, 무바락 세이예드, 타일러 홉스, 에릭 태미에게 특별한 감사를 드립니다.

팩트 출판사의 팀에게, 대강 그린 그림을 고쳐 그리고, 문법적 오류를 고치고, 내용을 검토하고 새로운 내용을 제안해 주어서 감사합니다. 이 책의 내용은 한 사람 한 사람의 손을 거칠 때 마다 눈에 띄게 좋아졌습니다.

기술 감수자 소개

비니트 다니엘 Vineet Daniel

여러 스타트업에서 일을 해 온 시스템 아키텍트이며, 트래픽이 높은 웹 애플리케이션을 주로 담당했다. 그는 소프트웨어 개발과 서버/클라우드 관리와 팀워크에 8년간의 경험이 있다. 이러한 경험을 통하여 최적화, 높은 가용성, 확장성 같은 기술에 익숙하게 되었다. 리눅스 명령어를 사용하는 것을 좋아하며, 침투 테스트를 하는 것을 좋아한다. www.vineetdaniel.me, 트위터 @vineetdaniel을 통하여 그와 연락할 수 있다.

이 일을 하는 데 힘을 북돋아준 부모님, 형제, 애니, 나의 사랑스러운 두 아이들 아나와 아만, 그리고 팩트 출판사의 팀에게 감사를 표하며, 특히 나를 이끌어주고 팩트 출판사와 일을 할 수 있도록 기회를 준 미쉘에게 특히 감사하다.

매튜 토빈 Matthew Tovbin

이스라엘 예루살렘에 있는 하다사 아카데믹 칼리지Hadassah Academic College에서 2005년에 컴퓨터공학 이학학사를 취득하였다. 그는 인텔리전트 사Intelligent Corps, 이스라엘 군Israel Defence Force, IDF에서 2005년부터 2008년까지 소프트웨어 엔지니어로 일을 하였으며, 여기서 각종 군사 IT 시스템을 다루고, 이후에는 "바로바로 어느 영화에서부터, 어느 장면이든 찾아주는" 것을 목표로 하는 에니클립AnyClip이라는 이름의 웹 기반 스타트업에서 팀 리더와 소프트웨어 엔지니어로 일을 하였다.

그는 현재 하다사 아카데믹 칼리지에서 컴퓨터공학으로 이학 석사과정을 다니고 있으며, 콘듀잇Conduit이라는 회사의 데이터 인프라스트럭쳐 소프트웨어 엔지니어로 일을 하고 있다.

고성능 분산 웹/데이터 분석 시스템의 구상과 디자인, 그리고 개발에 관한 경험이 있다. 그는 자바와 C#을 비롯한 여러 프로그래밍 언어, 루씬 등의 검색엔진, 데이터베이스와 NoSQL 분산 데이터 스토어에 능숙하다.

검색엔진, 분산 컴퓨팅, 이미지 프로세싱, 컴퓨터 비전, 머신 러닝 등에 관심이 있다.

> 이 책을 검토하는 동안 사려깊은 피드백과 지원을 해 준 나의 여자친구 루바에게 고마운 마음을 전하고 싶다.

징 송 Jing Song

학교를 졸업하고 엔지니어로서 IT 산업계에서 12년 이상 일을 해왔다. 그녀는 컴퓨터공학 분야에서 새로운 기술을 배우는 것과 문제를 해결하는 것을 좋아한다. 그녀는 웹 프론트엔드 GUI에서 미들웨어까지, 미들웨어에서 백엔드 SQL RDBMS/NoSQL 데이터 스토리지까지를 포괄하는 여러 분야에 관심이 있다. 지난 5년간, 그녀는 기업 어플리케이션의 퍼포먼스와 클라우드 컴퓨팅 분야에 집중해 왔다.

그녀는 현재 애플 사의 엔터프라이즈 테크놀러지 서비스 그룹에서 기술직 리더로 활동하며, 여러 자바 애플리케이션을 디자인하고 구현하며 성능 튜닝을 맡고 있다. 그녀는 작년에 개발했던 내부 클라우드 애플리케이션 개발에 참여하기도 했다. 그녀의 팀은 카산드라, 카우치DB, 몽고DB, 레디스, 볼데오모트, 멤캐시디, EC2, EMC 애트모스 등을 비롯한 대부분의 NoSQL에 대한 POC(proof of concept)를 가지고 있다.

옮긴이 소개

이두희 doo2@wafflestudio.com

서울대학교 컴퓨터 공학부를 졸업했고, 현재 동대학원 박사과정에 재학 중이다. 2007년 서울대학교 웹 개발 동아리 와플스튜디오wafflestudio를 창설해 초대회장을 역임했다. 와플스튜디오 안에서 서울대학교 강의 평가 서비스 snuev.com을 개발했고, 현재 2만여 명의 서울대 학생들이 사용중이다. 2011년 울트라캡숑Ultracaption을 창업했고, 여러 가지 온라인 서비스를 만들었다. 그 중 일부는 「하버드 크림슨」에 소개되기도 했다. 전국 10여 개 대학교 강의 평가 서비스 제작을 지원했으며, 현재는 멋쟁이 사자처럼(likelion.net)을 설립해 서울대 인문/상경/디자인 계열 학생들에게 무료로 프로그래밍을 가르친다. 지금 프로그래밍을 배우고 있는 서울대 학생들이 앞으로 재미있는 것을 많이 만들어 내길 기대하고 있다. 에이콘출판사에서 펴낸 『아이폰 액세서리 디바이스 개발』(2011)을 공역했다.

이범기 c0untd0wn@wafflestudio.com

서울대학교 컴퓨터공학부에 재학 중이며 졸업을 앞두고 있다. 2009년부터 와플스튜디오에서 활동하면서 5대 회장을 역임했고, 웹 개발 및 안드로이드 개발에 참여하고 있다. 데이터베이스 및 분산처리에 관심이 많으며, 현재 새로이 재미있는 서비스를 준비하고 있다.

전재호 *deity@wafflestudio.com*

서울대학교 컴퓨터공학부에 재학 중이며, 사용자들을 위한 맛있는 서비스를 만드는 동아리 와플스튜디오에서 7대 회장으로 활동하고 있다. HTML5의 새 기능들을 활용하는 'Infinite Wall-Ideas that scale'이라는 프로젝트에서 웹 개발에 참여하고 있으며, 확장 가능한 서버를 구성하기 위해 플레이Play 프레임워크와 카산드라를 활용하고 있다. 아직 국내에 많이 도입되지 않은 함수형 언어의 가능성과 점차 방대해지는 데이터를 처리하기 위한 새로운 기술들에 관심이 많다. 피아노와 재즈를 사랑하며 하루라도 음악을 듣지 않으면 불안할 정도이나, 아무래도 악기에는 재주가 없다는 사실을 깨닫고 잘 할 수 있는 일에 집중하기로 마음을 먹었다.

옮긴이의 말

최근 IT 대세는 대용량, 빅데이터다.

이는 동영상이나 사진처럼 단순히 용량이 큰 데이터를 말하기보단, 매우 짧은 시간에 쉴 새 없이 쌓이는 데이터, 그리고 데이터의 저장/관리/분석을 뜻한다.

"그건 트위터나 구글에나 해당하는 말이지. 내가 만들고 있는 서비스에는 해당하지 않아."

그렇지 않다. 대한민국에서 수없이 생겼다가 사라지는 온라인 쇼핑몰을 예로 들어 보자. 불과 몇 년 전만 해도 온라인 쇼핑몰은 장바구니 담기를 비롯한 결제, 상품보기 등의 간단한 기능만 있으면 충분했다. 그 작업을 위한 데이터베이스 관리는 MySQL 같은 관계형 데이터베이스 시스템이 담당했다. 그리고 다소 노골적인 질문을 던지면 사용자 피드백을 모두 얻을 수 있다고 생각했다. "이 상품이 얼마나 마음에 들었습니까? 별점을 주세요."

하지만 이런 질문의 답보다 더 정확한 것은 고객이 직접 남긴 발자국이다. 이미 고객은 쇼핑몰 주인에게 충분히 많은 표현을 했다. 쇼핑몰에 머무른 시간, 눌렀던 메뉴 버튼, 상품 페이지 전환 관계, 트래픽 소스 등 고객이 남긴 각종 정보가 모두 피드백이다. "A라는 고객이 B라는 상품을 샀다."가 중요한 게 아닌, "A라는 고객이 이러저러한 과정을 통해서 B라는 상품을 샀다.(또는 사지 않았다.)"가 더욱 중요한 것이다. 쇼핑몰 주인은 이런 정보를 바탕으로 쇼핑몰 메뉴를 수정해서 구매율을 높일 수도 있고, 고객에게 매력적인 상품을 맞춤형으로 추천할 수도 있다.

이제 저장해야 할 정보가 많아졌다. 한 고객이 상품을 구매하러 가는 과정에서 수십 수백 개의 정보가 순식간에 쌓일 수 있다. 고객과 상품이 늘어나면 기존 관계형 데이터베이스 시스템으로는 저장/관리/분석이 힘들어진다. 이를 효과적으로 처리하기 위해선 NoSQL 기술이 필요하고, 카산드라는 이 NoSQL의 선봉에 있는 프로젝트다.

카산드라는 빅데이터 처리를 위해 페이스북에서 시작했고, 지금은 아파치 소프트웨어 재단에서 높은 우선순위로 관리하고 있다. 오픈소스 프로젝트로서 확장성이 뛰어나며, 장애극복 성능도 좋다. 맵리듀스 등의 기능도 제공하며, 대용량을 위해 여러 데이터 센터에 설치하는 것이 가능하다. 카산드라는 빅데이터 처리를 위한 최적의 도구다. 따라서 카산드라를 정복하면 빅데이터 처리를 정복했다고 해도 과언이 아닐 것이다. 또한 이러한 빅데이터 처리에 능해지면 온라인 서비스 개발뿐만 아니라 각종 사회/정치/문화/경제/과학 분야에서 매우 강력한 힘을 갖게 될 것이다.

이두희

목차

4장   성능 튜닝   117

9장   코딩과 내부구조   273

10장   라이브러리와 애플리케이션   297

들어가며

아파치 카산드라_{Apache Cassandra}는 장애상황에 둔감하고 선형적으로 확장할 수 있는 분산 데이터 저장소로 많은 저장 공간이 필요한 웹사이트에 적용할 수 있는 스토리지 플랫폼이다.

이 책은 카산드라의 각종 기능들을 활용하는 방법과 성능을 높이는 여러 방법을 설명한다. 카산드라를 처음 설치하는 법부터 다수의 데이터센터에 카산드라를 배포하는 법에 이르기까지 매우 간결하고 따라하기 쉬운 방식으로 내용을 설명했다.

이 책에서는 카산드라의 각종 기능들을 튜닝하고 이에 따른 결과를 보여주며, 카산드라에 있는 데이터를 접근하는 방법과 서드파티 툴을 사용하는 법을 설명하는 예제들이 있다. 또한, 용량 계획과 서버 모니터링을 통하여 높은 성능을 계속 유지하는 방법을 소개한다. 책의 후반부에선 각종 라이브러리와 카산드라와 함께 사용할 수 있는 서드파티 애플리케이션을 소개하고, 하둡과 카산드라를 통합하는 방법도 소개한다.

이 책에서 다루는 내용

1장. 시작하기: 카산드라를 간략히 둘러본다. 설치 예제에서는 카산드라를 다운로드하고 싱글 인스턴스로 설치하거나 혹은 여러 인스턴스 클러스터를 시뮬레이팅하는 방법을 알아본다. 트러블슈팅 예제에서는 카산드라를 돌릴 때 디버깅 정보를 포함시켜 실행시키는 방법과 관리 도구를 사용하는 방법을 알아본다. 또한, 개발자가 카산드라에 접근할 수 있게 하는 커맨드라인 툴 등도 소개한다.

2장. 커맨드라인 인터페이스: 카산드라의 커맨드라인 인터페이스에 관한 예제들을 다룬다. 각 예제들은 키 스페이스, 칼럼, 캐쉬 세팅 등과 같은 메타데이터를 조작하기 위해 CLI가 어떻게 사용될 수 있는지 보여준다. 이와 함께 CLI로 데이터를 가져오고 변경하며 검색하는 방법을 배울 수 있다.

3장. API: 카산드라는 데이터에 접근하고 이를 삽입할 수 있는 API를 제공한다. 이 장에서는 데이터를 삽입하고, 가져오고, 삭제하고, 범위 스캔을 할 수 있는 방법을 보여준다. 또한 배치 프로그램에 사용되는 배치 코드 등을 설명한다.

4장. 성능 튜닝: 카산드라는 여러가지 설정이 가능하며, 하드웨어의 구성과 시스템 레벨에서 튜닝을 하는 것이 성능에 영향을 줄 수 있다. 여기서는 여러 환경 설정 옵션을 통해 성능을 최적화하는 방법을 알아본다.

5장. 카산드라에서의 일관성, 가용성, 파티션 허용: 카산드라는 여러 개의 노드에 데이터를 저장하고 복제하기 위해 처음부터 새로 만들어진 프로젝트다. 이 장에서는 일관성 레벨을 튜닝하고 읽기 수리read repair 같은 기능들을 설정하는 방법을 알아본다. 이러한 예제를 통해 네트워크에 문제가 생기는 등의 상황에서도 가용성을 지킬 수 있는 방법을 알아본다.

6장. 스키마 디자인: 카산드라의 데이터 모델은 방대한 양의 데이터를 여러 개의 노드에 저장할 수 있도록 디자인되었다. 이 장에서는 주로 맞닥뜨리게 되는 저장공간 문제를 카산드라를 사용해서 해결하는 방법을 보여준다. 여기서는 데이터를 직렬화하고, 큰 데이터와 타임 시리즈, 정규화되었거나 비정규화한 데이터를 저장하는 방법을 소개한다.

7장. 관리: 카산드라는 노드를 시간 낭비 없이 클러스터에 넣거나 뺄 수 있는 것을 가능하게 한다. 이 장에서는 노드를 추가하거나, 옮기거나, 제거하는 것과 데이터를 백업하고 복원하는 관리 테크닉을 배우게 된다.

8장. 다수의 데이터센터 사용하기: 카산드라는 노드들이 로컬 네트워크에 배포되어 있거나 지리적으로 서로 멀리 떨어져 있을 때에도 잘 동작할 수 있도록 디자인되어있다. 이 장에서는 여러 개의 데이터센터가 있을 때 카산드라가 동작하는 방식을 설정해 최적화하는 방법을 알아본다.

9장. 코딩과 내부구조: 카산드라를 소스에서부터 컴파일하기, 카산드라에 사용할 수 있는 커스텀 타입 만들기, JSON 추출 툴 수정하기 등 통상적인 API 접근에서 벗어난 방법을 알아본다.

10장. 라이브러리와 애플리케이션: 카산드라를 위한 여러 라이브러리와 어플리케이션이 존재한다. 이 장에서는 프로그래밍을 쉽게 해주는 하이 레벨 클라이언트 헥토르Hector와 오브젝트 매핑 툴 쿤데라Kundera 등을 소개한다. 또한 이 장에서는 풀 텍스트 검색엔진 솔란드라Solandra 등, 카산드라를 사용해 만들어진 프로그램을 설치하고 사용하는 방법을 보여준다.

11장. 하둡과 카산드라: 하둡은 높은 속도와 큰 공간을 사용할 수 있게 하는 분산 파일 시스템 HDFS와 클러스터에서 큰 데이터 셋을 처리할 수 있게 하는 맵리듀스MapReduce를 합친 프레임워크다. 이 장에서는 하둡과 카산드라를 각각 따로, 혹은 공통의 하드웨어에 설치하는 방법에 대해서 알아본다. 여기서는 카산드라를 맵리듀스의 입력 혹은 출력으로 사용하는 방법과, 데이터 개수를 세거나 합치는 등의 하둡 내에서 카산드라로 할 수 있는 일들에 대해 알아본다.

12장. 성능 통계 수집 및 분석: 카산드라와 운영체제로부터 성능 통계 데이터를 모으는 방법을 알아본다. 여기서는 이러한 정보를 모으고 화면에 표시하는 방법과, 이를 활용해 카산드라 서버를 튜닝하는 방법을 알아본다.

13장. 카산드라 서버 모니터링: 카산드라의 현재 성능에 대해 알아볼 수 있는 툴을 설치하고 사용하는 방법을 알아본다. 또한 로그 이벤트를 하나의 중앙 서버로 집합시키고, 위험한 상황에 대비해 로그를 모니터링하는 법에 대하여도 알아본다.

준비물

이 책에 있는 예제들을 실행시키기 위해서는 다음 소프트웨어들이 설치되어 있어야 한다.

- ▶ 자바 SE 개발 킷 1.6.0+, 6u24 버전 권장
- ▶ 아파치 카산드라 0.7.0+, 7.5 버전 권장

- ▶ 아파치 앤트 1.6.8+
- ▶ 서브버전 클라이언트 1.6+
- ▶ 메이븐 3.0.3+

추가적으로 다음 툴들은 있으면 좋으나 꼭 필요한 것은 아니다.

- ▶ 아파치 스리프트, 가장 최근의 안정빌드 권장
- ▶ 아파치 하둡 0.20.0+, 0.20.2 버전 권장 (하둡 챕터를 위하여 필요함)
- ▶ 아파치 하이브 0.7.0+, 0.7.0 버전 권장 (하둡 챕터를 위하여 필요함)
- ▶ 아파치 주키퍼 3.3.0+, 3.3.3 버전 권장 (락킹 예제를 위하여 필요함)

대상 독자

이 책은 카산드라의 확장 가능한 고성능 데이터 스토리지에 관심이 있는 관리자, 개발자, 그리고 데이터 아키텍트를 위한 책이다. 독자들은 대부분, 데이터베이스 기술과 여러 개의 노드가 달려있는 컴퓨터 클러스터와 높은 가용성을 보장하는 솔루션을 경험해 보았을 것이다.

이 책의 편집 규약

이 책에서는 다음 예와 같이 각종 정보를 구분하기 위하여 여러 스타일이 사용된다.

문장 안의 코드는 다음과 같이 표시된다. "스레드 그룹의 activeCount() 값이 0이 될 때까지 잔다."

코드 블록은 다음과 같이 표시된다:

```
package hpcas.c03;
import hpcas.c03.*;
import java.util.List;
import org.apache.cassandra.thrift.*;
```

코드 블록의 특정 부분이 중요할 경우 해당 부분이 굵은 글꼴로 표시된다.

```
<path id="hpcas.test.classpath">
  <pathelement location="${test.build}"/>
  <pathelement location="${test.conf}" />
  <path refid="hpcas.classpath"/>
</path>
```

커맨드라인 입력 혹은 출력 결과는 다음과 같은 폰트로 쓰여진다.

```
$ ant test test:
[junit] Running Test [junit] Tests run: 1, Failures: 0, Errors: 0, Time
elapsed: 0.42 sec [junit] Running hpcas.c05.EmbeddedCassandraTest [junit]
All tests complete [junit] Tests run: 1, Failures: 0, Errors: 0, Time
elapsed: 3.26 sec
```

메뉴나 다이얼로그 박스 등 스크린에 보이는 단어들은 다음과 같이 고딕체로 표시된다. "Attributes 메뉴를 클릭하면 점수 정보가 오른쪽 패널에 표시될 것이다."

 경고나 중요한 곳은 이렇게 표시한다.

 팁이나 트릭은 이렇게 표시한다.

독자 피드백

독자의 의견은 언제나 환영이다. 이 책에 대한 여러분의 생각(좋은 점이든 나쁜 점이든)을 알려주기 바란다. 더 유익한 책을 만들기 위해 독자의 의견은 무엇보다 중요하다.

일반적인 의견은 메시지 제목을 책의 제목으로 작성해서 feedback@packtpub.com으로 메일을 보내면 된다.

필요하거나 출판되기를 바라는 책이 있다면, 그 내용을 www.packtpub.com에 있는 SUGGEST A TITLE 서식이나 이메일(suggest@packtpub.com)을 통해 보내면 된다.

자신의 전문지식을 바탕으로 책을 집필하거나 기여하는 데 관심이 있다면, www.packtpub.com/authors에 있는 저자 가이드를 참조하기 바란다.

고객 지원

팩트 출판사의 구매자가 된 독자에게 도움이 되는 몇 가지를 제공하고자 한다.

예제 코드 내려받기

http://www.PacktPub.com에 등록된 계정으로 로그인한 다음에 구입한 모든 팩트 책에 대한 예제 코드 파일을 내려받을 수 있다. 다른 곳에서 이 책을 구입했다면, http://www.PacktPub.com/support를 방문해 이메일 주소를 등록하면 예제 코드 파일을 내려받을 수 있는 링크를 받을 수 있다. 한국어판의 소스코드는 에이콘출판사 도서정보 페이지 http://www.acornpub.co.kr/book/cassandra-cookbook에서 내려받을 수 있다.

오탈자

내용을 정확하게 전달하기 위해 최선을 다하지만, 실수가 있을 수 있다. 팩트 출판사의 책에서 코드나 텍스트상의 문제를 발견해서 알려준다면, 매우 감사하게 생각할 것이다. 그러한 참여를 통해 다른 독자에게 도움을 주고, 다음 버전에서 책을 더 완성도 있게 만들 수 있다. 만약 오자를 발견한다면 http://www.packtpub.com/support에서 책을 선택하고, errata submission form 링크를 통해 구체적인 내용을 알려주기 바란다. 보내준 내용이 확인되면 웹사이트에 그 내용이 올라가거나, 해당 서적의 정오표 섹션에 그 내용이 추가될 것이다. http://www.packtpub.com/support에서 해당 타이틀을 선택하면 지금까지의 정오표를 확인할 수 있다. 한국어판은 에이콘출판사 도서정보 페이지 http://www.acornpub.co.kr/book/cassandra-cookbook에서 찾아볼 수 있다.

저작권 침해

인터넷에서의 저작권 침해는 모든 매체에서 벌어지고 있는 심각한 문제다. 팩트 출판사는 저작권과 라이선스 문제를 아주 심각하게 인식하고 있다. 만약 어떤 형태로든 팩트 출판사 서적의 불법 복제물을 인터넷에서 발견한다면, 적절한 조치를 취할 수 있게 해당 주소나 사이트 명을 즉시 알려주길 부탁한다. 의심되는 불법 복제물의 링크를 copyright@packtpub.com으로 보내주기 바란다.

저자와 더 좋은 책을 위한 팩트 출판사의 노력을 배려하는 마음에 깊은 감사의 뜻을 전한다.

질문

이 책에 관련된 질문이 있다면 questions@packtpub.com을 통해 문의하기 바란다. 최선을 다해 질문에 답해 드리겠다. 한국어판에 관한 질문은 이 책의 옮긴이나 에이콘출판사 편집팀(editor@acornpub.co.kr)으로 문의해주길 바란다.

1
시작하기

소개

아파치 카산드라 프로젝트는 확장성이 뛰어난 2세대 분산 데이터베이스로, 분산 중심 디자인의 특징과 전통적 컬럼Column 중심 데이터 모델의 특성을 모두 가진다. 이 장에서는 개발자가 신속하게 카산드라를 시작할 수 있는 예제를 다룬다. 예제에는 주요한 설정파일에 대한 자세한 설명도 들어있다. 또한 카산드라에 연결해 API 또는 커맨드라인으로 명령어를 호출하는 예제도 있다. 그 밖에 JConsole과 같은 자바 프로파일링 도구에 대한 설명도 있다. 이 장의 예제는 개발자가 카산드라를 실행하고 사용하는 데 필요한 기본적인 내용이다.

하나의 노드로 구성된 간단한 카산드라 설치하기

카산드라는 확장성이 높은 분산 데이터베이스다. 카산드라는 다수의 프로덕션 서버에서 돌아가도록 디자인되었지만 데스크탑 컴퓨터에 설치해 기능적인 테스트와 실험을 하는 것도 얼마든지 가능하다. 이 예제는 하나의 카산드라 인스턴스를 설정하는 것을 보여준다.

준비

http://cassandra.apache.org에서 최신 버전의 바이너리 배포판binary release 링크를 찾아라. 새로운 릴리스는 꽤 자주 나온다. 이 예제에서는 apache-cassandra-0.7.2-gin.tar.gz 파일을 다운로드했다고 가정한다.

예제 구현

1. 카산드라의 바이너리를 다운로드한다.

```
$ mkdir $home/downloads
$ cd $home/downloads
$ wget <카산드라 다운로드 URL 주소>/apache-cassandra-0.7.2.bin.tar.gz
```

2. 읽기와 쓰기 권한을 가지고 있는 하나의 기본 디렉토리를 고른다.

 카산드라 데이터는 /var/lib/cassandra에 저장되고, 로그 파일은 /var/log/cassandra에 위치한다. 이 디렉토리는 이미 존재하고 있지 않으므로, 새로 생성을 해야 하는데, 이 디렉토리를 생성하기 위해선 루트(root) 권한이 필요하다. 만일 루트 권한이 없을 경우, 유저(user) 모드에서 설치 가능한 디렉토리로 옮겨도 된다.

3. 홈 디렉토리 내부에 cassandra 디렉토리를 만든다. cassandra 디렉토리 안에서 commitlog, log, saved_caches, data라는 이름의 서브디렉토리를 각각 만든다.

```
$ mkdir $HOME/cassandra/
$ mkdir $HOME/cassandra/{commitlog,log,data,saved_caches}
$ cd $HOME/cassandra/
$ cp $HOME/downloads/apache-cassandra-0.7.2-bin.tar.gz .
$ tar -xf apache-cassandra-0.7.2-bin.tar.gz
```

4. echo 명령어를 이용해 홈 디렉토리의 경로를 확인한다. 이는 설정 파일
   을 수정할 때 필요하다.

   $ echo $HOME
   /home/edward

   이 tar 파일을 압축해제하면 apache-cassandra-0.7.2라는 디렉토리가 생
   긴다. 이 디렉토리 안에 있는 conf/cassandra.yaml 파일을 텍스트 에디터
   로 열고 다음 항목을 바꾼다.

   ```
   data_file_directories:
   - /home/edward/cassandra/data
   commitlog_directory: /home/edward/cassandra/commit
   saved_caches_directory: /home/edward/cassandra/saved_caches
   ```

5. $HOME/apache-cassandra-0.7.2/conf/log4j-server.properties 파일을
   열어 로그가 쓰여지는 디렉토리를 수정한다.

   ```
   log4j.appender.R.File=/home/edward/cassandra/log/system.log
   ```

6. 카산드라 인스턴스를 실행하고 노드툴nodetool과 연결하여 카산드라가 실
   행되고 있음을 확인한다.

   $ $HOME/apache-cassandra-0.7.2/bin/cassandra
   ```
   INFO 17:59:26,699 Binding thrift service to /127.0.0.1:9160
   INFO 17:59:26,702 Using TFramedTransport with a max frame size of
   15728640 bytes.
   ```

   $ $HOME/apache-cassandra-0.7.2/bin/nodetool --host 127.0.0.1 ring
   ```
   Address    Status    State    Load        Token
   127.0.0.1    Up       Normal   385 bytes    398856952452...
   ```

예제 분석

카산드라는 컴파일된 자바 애플리케이션을 tar 압축 형태로 제공한다. 기본적으로 카산드라는 /var 폴더 안에 데이터를 저장하도록 설정되어 있다. 설정 파일인 cassandra.yaml에서 옵션을 바꾸면 별도 지정 경로에 카산드라 데이터를 저장할 수 있다.

 YAML: YAML Ain't Markup Language

YAML(camel과 같이 예멀로 읽는다)은 흔한 애자일 프로그래밍 언어들의 네이티브 자료형과 비슷하게 디자인된 언어로서, 친인간적이고, 여러 언어에서 쓰일 수 있으며, 유니코드 기반인 언어다. 이는 설정 파일 및 인터넷 메시징에서부터 객체 및 데이터 저장 등 다양한 용도에 매우 유용하다. http://www.yaml.org를 참고한다.

실행 이후, 카산드라는 콘솔에서 분리되고 데몬으로 돌아간다. 카산드라는 스리프트Thrift 포트로 9160번, JMX 포트로 8080번 포트를 포함하여 몇개의 포트를 여는데, 0.8.x보다 상위버전의 경우 기본포트는 7199번이다. 노드툴nodetool은 JMX 포트를 이용해 서버가 살아있는지를 확인한다.

부연 설명

분산 디자인 때문에 카산드라의 많은 기능은 여러 개의 인스턴스의 설정을 필요로 한다. 그 중, 몇 개의 노드에 데이터가 저장되는지를 설정하는 복제 계수Replication Factor를 1보다 크게 할 수 없다. 복제 계수는 일관성 레벨Consistency Level 설정이 어떻게 쓰이는지를 결정하는데, 하나의 노드를 이용할 경우 사용가능한 가장 큰 일관성 레벨은 1이다.

참고 사항

다음 예제인 '커맨드라인을 이용해 테스트 데이터 읽고 쓰기'를 참고하라.

커맨드라인을 이용해 테스트 데이터 읽고 쓰기

커맨드라인 인터페이스(CLI)는 개발자에게 카산드라 서버와 통신하는 기능, 클라이언트 및 서버의 코드로 할 수 있는 대화형 도구를 제공한다. 이 예제는 데이터를 삽입하고 읽는 데 필요한 단계를 보여준다.

예제 구현

1. 카산드라 CLI를 실행하고 인스턴스와 연결한다.

```
$ <cassandra_home>/bin/cassandra-cli
[default@unknown] connect 127.0.0.1/9160;
Connected to: "Test Cluster" on 127.0.0.1/9160
```

2. 새로운 클러스터는 사전에 만들어진 키스페이스keyspace와 컬럼 패밀리 column family가 없다. 따라서 데이터를 저장하기 위해 이들을 만들어야 한다.

```
[default@unknown] create keyspace testkeyspace
[default@testkeyspace] use testkeyspace;
Authenticated to keyspace: testkeyspace
[default@testkeyspace] create column family testcolumnfamily;
```

3. set과 get 명령어를 이용해 데이터를 쓰고 읽는다.

```
[default@testk..] set testcolumnfamily['thekey']
['thecolumn']='avalue';
Value inserted.
[default@testkeyspace] assume testcolumnfamily validator as ascii;
[default@testkeyspace] assume testcolumnfamily comparator as ascii;
[default@testkeyspace] get testcolumnfamily['thekey'];
=> (column=thecolumn, value=avalue, timestamp=1298580528208000)
```

예제 분석

CLI는 카산드라 API 위에서 실행되는 유용한 도구다. 인스턴스와 연결된 이후 사용자는 관리 및 에러 해결 작업을 수행할 수 있다.

'2장, 커맨드라인 인터페이스'에서는 CLI와 관련된 예제들을 좀더 깊이있게 다룬다.

하나의 머신에서 여러 개의 인스턴스 실행하기

카산드라는 일반적으로 여러 서버의 클러스터에 배포된다. 카산드라는 하나의 노드에서도 동작하지만, 여러 노드에서 동작시키고 싶을 땐 카산드라 인스턴스를 여러 개 띄워서 시뮬레이션하면 된다. 이 예제는 이 장의 앞에서 다룬 '하나의 노드로 구성된 간단한 카산드라 설치하기' 절과 유사하다. 하지만 하나의 머신에서 여러 개의 인스턴스를 실행하기 위해서는 서로 다른 디렉토리를 여러 개 생성하고 각 노드의 설정 파일을 만들어줘야 한다.

예제 구현

1. 현재 시스템에서 적절한 루프백 주소loopback address가 지원되는지를 확인한다. 각각의 시스템은 127.0.0.1-127.255.255.255의 범위 전체가 루프백을 위해 로컬호스트로 설정되어 있어야 한다. 127.0.0.1과 127.0.0.2에 핑ping을 날려 이를 확인해보자.

```
$ ping -c 1 127.0.0.1
PING 127.0.0.1 (127.0.0.1) 56(84) bytes of data.
64 bytes from 127.0.0.1: icmp_req=1 ttl=64 time=0.051 ms
$ ping -c 1 127.0.0.2
PING 127.0.0.2 (127.0.0.2) 56(84) bytes of data.
64 bytes from 127.0.0.2: icmp_req=1 ttl=64 time=0.083 ms
```

2. echo 명령어를 이용해 홈 디렉토리의 경로를 확인한다. 이는 설정 파일을 수정할 때 필요하다.

```
$ echo $HOME
/home/edward
```

3. 홈 디렉토리에 hpcas 디렉토리를 만든다. 카산드라 그리고 디렉토리 안에서 commitlog, log, saved_caches, data라는 이름의 서브디렉토리를 각각 만든다.

```
$ mkdir $HOME/hpcas/
$ mkdir $HOME/hpcas/{commitlog,log,data,saved_caches}
$ cd $HOME/hpcas/
$ cp $HOME/downloads/apache-cassandra-0.7.2-bin.tar.
$ tar -xf apache-cassandra-0.7.2-bin.tar.gz
```

4. 카산드라의 바이너리 배포판을 다운로드하고 압축을 푼다. 그리고 디렉토리의 이름 뒤에 1을 붙인다. $mv apache-cassandra-0.7.2를 apache-caassandra-0.7.2.1로 만든다. 그리고 나서 apache-cassandra-0.7.2-1/conf/cassandra.yaml을 연다. 같은 머신에서 여러 개의 인스턴스가 서로 충돌하지 않도록 기본 저장 경로와 IP 주소를 수정한다.

```
data_file_directories:
  - /home/edward/hpcas/data/1
commitlog_directory: /home/edward/hpcas/commitlog/1
  saved_caches_directory: /home/edward/hpcas/saved_caches/1
listen_address: 127.0.0.1
rpc_address: 127.0.0.1
```

각각의 인스턴스는 별도의 로그파일logfile을 갖는다. 이렇게 서로 다른 로그 파일은 문제 원인을 찾을 때 유용하다. conf/log4j-server.properties 파일을 다음과 같이 수정한다.

```
log4j.appender.R.file=/home/edward/hpcas/log/system1.log
```

카산드라는 JMXJava Management Extensions를 사용한다. 이는 시스템 인터페이스에 연결되어 있지만, 외부 포트에도 연결을 해야 한다. 따라서 각각의 인스턴스는 서로 다른 별도의 관리 포트가 필요하다. cassandra-env.sh 파일을 다음과 같이 수정한다.

```
JMX_PORT=8001
```

5. 인스턴스를 실행한다.

```
$ ~/hpcas/apache-cassandra-0.7.2-1/bin/cassandra

  INFO 17:59:26,699 Binding thrift service to /127.0.0.101:9160
  INFO 17:59:26,702 Using TFramedTransport with a max frame size of
15728640 bytes.
```

```
$ bin/nodetool --host 127.0.0.1 --port 8001 ring

  Address    Status State  Load       Token
  127.0.0.1 Up      Normal 385 bytes  398856952452...
```

지금 클러스터는 하나의 노드로 구성되어 있다. 다른 노드들을 클러스터에 추가하기 위해서는 앞의 작업에서 '1'을 차례로 '2', '3', '4'로 고치며 반복한다.

```
$ mv apache-cassandra-0.7.2 apache-cassandra-0.7.2-2
```

6. ~/hpcas/apache-cassandra-0.7.2-2/conf/cassandra.yaml을 다음과 같이 설정한다.

```
data_file_directories:
  - /home/edward/hpcas/data/2
commitlog_directory: /home/edward/hpcas/commitlog/2
  saved_caches_directory: /home/edward/hpcas/saved_caches/2
listen_address: 127.0.0.2
rpc_address: 127.0.0.2
```

7. ~/hpcas/apache-cassandra-0.7.2-2/conf/log4j-server.properties 파일을 다음과 같이 수정한다.

```
log4j.appender.R.File=/home/edward/hpcas/log/system2.log
```

8. ~/hpcas/apache-cassandra-0.7.2-2/conf/cassandra-env.sh 파일을 다음과 같이 수정한다.

```
JMX_PORT=8002
```

9. 인스턴스를 실행한다.

```
$ ~/hpcas/apache-cassandra-0.7.2-2/bin/cassandra
```

예제 분석

모든 인스턴스는 하나의 클러스터 안에 있으니 스리프트Thrift 포트가 같아야
한다. 따라서 IP 주소가 같은 동일한 클러스터에서 여러 개의 노드를 실행하는
것은 불가능하다. 이 제약을 뛰어넘기 위해선 127.0.0.1, 127.0.0.2 등과 같은
루프백 주소를 사용하면 된다. 일반적으로 이들은 명시적으로 구성될 필요가
없다. 각각의 인스턴스는 각자만의 저장소 디렉토리도 필요로 한다. 이 예제
를 따라하는 것으로 하나의 컴퓨터에서 원하는 만큼 많은 수의 인스턴스를
실행할 수 있으며, 여러 개의 서로 다른 클러스터를 구성하는 것 또한 가능
하다. 이러한 구성에서의 제약으로는 메모리, CPU, 하드디스크 용량 정도뿐
이다.

참고 사항

다음 예제인 '다중 인스턴스 설치를 스크립트로 처리하기'에서는 이 작업을
스크립트로 한 번에 처리한다.

다중 인스턴스 설치를 스크립트로 처리하기

카산드라는 활발한 오픈소스 프로젝트다. 복수 개의 노드로 이루어진 테스트
환경을 구성하는 것은 복잡하지는 않지만, 몇 가지 단계가 있으며 그때마다
작은 에러들이 발생할 수도 있다. 새로운 배포판을 이용해보고자 할 때마다
설치 작업이 반복될 수도 있다. 이 예제는 하나의 스크립트로 '하나의 머신에
서 여러 개의 인스턴스 실행하기' 예제와 동일한 결과를 얻는다.

1. 다음 내용과 같은 셸 스크립트 hpcbuild/scripts/ch1/multiple_instances.
sh를 생성한다.

```
#!/bin/sh
CASSANDRA_TAR=apache-cassandra-0.7.3-bin.tar.gz
TAR_EXTRACTS_TO=apache-cassandra-0.7.3
HIGH_PERF_CAS=${HOME}/hpcas
mkdir ${HIGH_PERF_CAS}
mkdir ${HIGH_PERF_CAS}/commit/
mkdir ${HIGH_PERF_CAS}/data/
mkdir ${HIGH_PERF_CAS}/saved_caches/
```

2. tar를 기본 디렉토리에 복사한 후 pushd 명령어를 이용해 디렉토리를 변경
한다. 이 스크립트의 for 구문은 다섯 번 실행된다.

```
cp ${CASSANDRA_TAR} ${HIGH_PERF_CAS}
pushd ${HIGH_PERF_CAS}
for i in 1 2 3 4 5 ; do
  tar -xf ${CASSANDRA_TAR}
  mv ${TAR_EXTRACTS_TO} ${TAR_EXTRACTS_TO}-${i}
```

카산드라는 시스템 메모리에 따라 자동으로 메모리를 설정하며 하나의 머
신에서 여러 개의 인스턴스를 돌리는 경우 메모리 설정은 낮아져야 한다.

```
sed -i '1 i MAX_HEAP_SIZE="256M"' ${TAR_EXTRACTS_TO}-${i}/conf/
cassandra-env.sh
sed -i '1 i HEAP_NEWSIZE="100M"' ${TAR_EXTRACTS_TO}-${i}/conf/
cassandra-env.sh
```

3. listen_address와 rpc_address를 특정한 IP 주소로 대체한다. 하지만 시
드seed는 127.0.0.1에서 바꾸지 않는다.

```
sed -i "/listen_address\|rpc_address/s/localhost/127.0.0.${i}/g"
${TAR_EXTRACTS_TO}-${i}/conf/cassandra.yaml
```

4. 이 인스턴스에 대한 data, commit log와 saved_caches 디렉토리를 설정한다.

```
sed -i "s|/var/lib/cassandra/data|${HIGH_PERF_CAS}/data/${i}|g"
${TAR_EXTRACTS_TO}-${i}/conf/cassandra.yaml
    sed -i "s|/var/lib/cassandra/commitlog|${HIGH_PERF_CAS}/
commit/${i}|g" ${TAR_EXTRACTS_TO}-${i}/conf/cassandra.yaml
    sed -i "s|/var/lib/cassandra/saved_caches|${HIGH_PERF_CAS}/saved_
caches/${i}|g" ${TAR_EXTRACTS_TO}-${i}/conf/cassandra.yaml
```

5. 각각의 인스턴스에 대해 JMX 포트를 변경한다.

```
    sed -i "s|8080|800${i}|g" ${TAR_EXTRACTS_TO}-${i}/conf/cassandra-
env.sh
done
popd
```

6. 스크립트의 권한을 실행가능하게 변경한 후 실행한다.

```
$ chmod a+x multiple_instances.sh
$ ./multiple_instances.sh
```

예제 분석

이 스크립트는 앞 예제와 똑같은 작업을 수행한다. 스크립트는 본 셸borne shell을 스크립팅을 이용하여 디렉토리 생성, 압축, 해제 같은 작업을 수행하고, sed 유틸리티를 이용해 생성된 디렉토리와 일치하는 파일의 특정 영역을 찾는다.

빌드 및 테스트 환경 갖추기

카산드라는 SQL이나 XPATH 같은 표준화된 데이터 접근 언어가 없다. 따라서 카산드라에 대한 접근은 API를 통해 이루어진다. 카산드라는 스리프트를 지원하는데 이는 다양한 언어들에 대한 바인딩binding을 생성한다. 카산드라는 자바로 작성되었기 때문에 바인딩이 잘 갖추어져 있으며, 이러한 바인딩은 카산드라 배포판에 포함되어 있으므로 안정적이다. 따라서 카산드라에 접근하기 위해선 자바 애플리케이션들을 컴파일하고 실행할 수 있는 빌드 환경을 구성하는 것이 필요하다. 이 예제에서는 이러한 환경을 구성하는 방법을 살펴본다. 이 책에 포함된 다른 예제들에서는 이번 예제에서와 같은 환경이 구성되어 있다고 가정한다.

준비

필요한 것은 다음과 같다.

- ▶ 아파치 앤트apache-ant 빌드 툴 (http://ant.apache.org)
- ▶ 자바 SDK (http://www.oracle.com/technetwork/java/index.html)
- ▶ JUnit Jar (http://www.junit.org/)

예제 구현

1. 최상위 레벨 폴더를 생성한 후 이 프로젝트를 위한 몇 개의 서브 폴더를 만든다.

```
$ mkdir ~/hpcbuild
$ cd ~/hpcbuild
$ mkdir src/{java,test}
$ mkdir lib
```

2. lib 디렉토리에 카산드라 배포판으로부터 JAR 파일을 복사한다.

```
$ cp <cassandra-home>/lib/*.jar ~/hpcbuild/lib
```

설치된 JUnit으로부터 junit.jar를 라이브러리 경로로 복사한다. 자바 애플리케이션은 좀더 나은 코드 검사를 위해 JUnit 테스트를 이용할 수 있다.

```
$ cp <junit-home>/junit*.jar ~/hpcbuild/lib
```

3. 앤트Ant에서 이용할 build.xml 파일을 생성한다. build.xml 파일은 Makefile과 유사하다. 중요한 경로를 나타내는 속성은 관습적으로 위에 배치한다.

```xml
<project name="hpcas" default="dist" basedir=".">
  <property name="src" location="src/java"/>
  <property name="test.src" location="src/test"/>
  <property name="build" location="build"/>
  <property name="build.classes" location="build/classes"/>
  <property name="test.build" location="build/test"/>
  <property name="dist" location="dist"/>
  <property name="lib" location="lib"/>
```

앤트는 빌드 경로를 쉽게 사용할 수 있도록 하는 태그를 제공한다. 이는 classpath에 여러 JAR 파일이 필요한 경우 유용하다.

```xml
  <path id="hpcas.classpath">
    <pathelement location="${build.classes}"/>
    <fileset dir="${lib}" includes="*.jar"/>
  </path>
```

마지막에 생성되는 JAR 파일에서 테스트 케이스 클래스를 제외하고 싶은 경우 테스트 케이스를 위한 별도의 소스와 빌드 경로를 만든다.

```xml
  <path id="hpcas.test.classpath">
    <pathelement location="${test.build}"/>
    <path refid="hpcas.classpath"/>
  </path>
```

앤트 타겟은 compile이나 run과 같은 한 단위의 작업을 수행한다. init 타겟은 빌드의 다른 부분에서 이용하는 디렉토리를 생성한다.

```xml
  <target name="init">
    <mkdir dir="${build}"/>
    <mkdir dir="${build.classes}"/>
    <mkdir dir="${test.build}"/>
  </target>
```

compile 타겟은 javac 컴파일러를 이용해 코드를 빌드한다. 만약 구문 오류가 있는 경우 이 단계에서 보고된다.

```xml
  <target name="compile" depends="init">
```

```
  <javac srcdir="${src}" destdir="${build.classes}">
    <classpath refid="hpcas.classpath"/>
  </javac>
</target>
<target name="compile-test" depends="init">
  <javac srcdir="${test.src}" destdir="${test.build}">
    <classpath refid="hpcas.test.classpath"/>
  </javac>
</target>
```

test 타겟은 네이밍 관습을 따르는 파일을 찾고 이들을 JUnit 테스트들로 일괄 실행한다. 이 경우 파일은 Test로 시작하고 .class로 끝나는 것이 관례다.

```
<target name="test" depends="compile-test,compile" >
  <junit printsummary="yes" showoutput="true" >
   <classpath refid="hpcas.test.classpath" />
    <batchtest>
      <fileset dir="${test.build}" includes="**/Test*.class" />
    </batchtest>
  </junit>
</target>
```

만약 빌드 단계가 성공적으로 끝나면 dist 타겟은 최종 JAR 파일인 hpcas.jar를 생성한다.

```
<target name="dist" depends="compile" >
  <mkdir dir="${dist}/lib"/>
  <jar jarfile="${dist}/lib/hpcas.jar" basedir="${build.classes}"/>
</target>
```

run 타겟은 우리가 빌드한 클래스들을 실행할 수 있게 해준다.

```
<target name="run" depends="dist">
  <java classname="${classToRun}" >
    <classpath refid="hpcas.classpath"/>
  </java>
</target>
```

clean 타겟은 빌드에 의해 생성되고 남은 파일들을 제거하는 데 쓰인다.

```
<target name="clean" >
  <delete dir="${build}"/>
  <delete dir="${dist}"/>
</target>
</project>
```

만들어진 build.xml 파일이 의도한 대로 작동하는지를 확인할 차례다. 빌드 소스와 테스트 소스 경로에 각각 작은 자바 애플리케이션을 작성한다. 첫 번째 JUnit 테스트는 src/test/Test.java다.

```
import junit.framework.*;
public class Test extends TestCase {
  public void test() {
    assertEquals( "Equality Test", 0, 0 );
  }
}
```

4. 간단한 'yo cassandara' 프로그램을 hpcbuild/src/java/A.java에 작성한다.

```
public class A {
  public static void main(String [] args){
    System.out.println("yo cassandra");
  }
}
```

5. test 타겟을 실행한다.

```
$ ant test
  Buildfile: /home/edward/hpcbuild/build.xml
  ...
    [junit] Running Test
    [junit] Tests run: 1, Failures: 0, Errors: 0,
  Time elapsed: 0.012 sec
  BUILD SUCCESSFUL
  Total time: 5 seconds
```

6. dist 타겟을 실행한다. 이는 소스를 컴파일하고 JAR 파일을 빌드할 것이다.

```
$ ant dist
  compile:
    dist:
      [jar] Building jar: /home/edward/hpcbuild/dist/lib/hpcas.jar
    BUILD SUCCESSFUL
    Total time: 3 seconds
```

Jar 명령은 다음과 같이 -tf 인자를 통해서 jar 파일을 명시해줘야 정상적으로 JAR 파일을 만든다.

```
$ jar -tf /home/edward/hpcbuild/dist/lib/hpcas.jar
  META-INF/
  META-INF/MANIFEST.MF
  A.class
```

7. A 클래스를 실행하기 위해 run 타겟을 이용한다.

```
$ ant -DclassToRun=A run
  run:
    [java] yo cassandra
  BUILD SUCCESSFUL
  Total time: 2 seconds
```

예제 분석

앤트는 자바 프로젝트에서 흔히 쓰이는 빌드 시스템이다. 앤트 스크립트는 하나 이상의 타겟을 가진다. 타겟은 코드를 컴파일하는 작업이 될 수도 있고, 코드를 테스트하는 작업이 될 수도 있으며, 최종 JAR를 생성하는 작업이 될 수도 있다. 타겟은 다른 타겟에 의존적일 수도 있다. 따라서 여러 타겟을 순차적으로 직접 실행할 필요가 없다. 예를 들어 dist 타겟은 의존하고 있는 compile 및 init 타겟을 적합한 순서에 따라 자동으로 실행할 것이다.

IDE를 이용해서 작업하고자 하는 경우 넷빈즈_{Netbeans} IDE를 이용하면 된다. 넷 빈즈는 프리폼_{Free-Form} 프로젝트를 제공하는데, 이 형식의 프로젝트는 앞의 build.xml과 함께 이용할 수 있다.

디버깅 가능하도록 포어그라운드에서 실행하기

새로운 소프트웨어를 사용하거나 문제의 원인을 찾아야 하는 경우, 모든 정보 가 소중하다. 카산드라는 포어그라운드_{foreground}에서 실행하는 것과 특정한 디 버깅 레벨로 실행하는 것이 모두 가능하다. 이 예제에서는 가능한 한 가장 높 은 디버깅 레벨로 포어그라운드에서 실행하는 방법을 살펴본다.

예제 구현

1. conf/log4j-server.properties를 편집한다.

```
log4j.rootLogger=DEBUG,stdout,R
```

2. 포어그라운드에서 실행하기 위해 -f를 인자로 주고 인스턴스를 시작한다.

```
$ bin/cassandra -f
```

예제 분석

-f 옵션이 없으면 카산드라는 콘솔과 분리되어 시스템 데몬처럼 동작한다. -f 옵션이 주어지는 경우 카산드라는 표준 자바 애플리케이션처럼 동작한다.

Log4J에는 로그 레벨 개념이 있다. DEBUG, INFO, WARN, ERROR, FATAL과 같은 로 그 레벨들이 있는데 카산드라는 일반적으로 INFO 레벨에서 동작한다.

글로벌 DEBUG 레벨을 설정하는 것은 테스트를 하거나 문제를 찾는 경우에
만 적합하다. 하나의 파일에 많은 이벤트를 기록하는 것으로 인한 오버헤드
때문이다. 만약 실제 프로덕션에서 디버깅을 활성화해야 한다면, 모든 org.
apache.cassandra 클래스가 아니라 가능한 한 적은 수의 클래스에 대해서만
적용하는 것이 좋다.

랜덤 파티셔너에 사용할 이상적인 초기 토큰 구하기

카산드라는 링 사이에 데이터를 나누기 위해 일관적 해싱Consistent Hashing을
이용한다. 각각의 노드는 해당 노드의 링에서의 위치를 나타내는 초기 토큰
Initial Token을 가진다. 초기 토큰은 키스페이스를 균등하게 분할한다. 파티셔너
partitioner는 데이터의 로우 키row key를 이용하여 토큰을 계산한다. 데이터의 토
큰보다 크지 않으면서 가장 가까운 초기 토큰을 가진 노드의 데이터는 다른
복제본replica과 함께 저장된다.

데이터가 어떤 노드에 저장되는지는 초기 토큰에 의해 결정된다.

이상적인 초기 토큰을 계산하는 공식은 다음과 같다.

```
Initial_Token= Zero_Indexed_Node_Number * ((2^127) / Number_Of_Nodes)
```

5개의 노드가 있는 클러스터에서 3번째 노드의 초기 토큰은 다음과 같다.

```
initial token=2 * ((2^127) / 5)
initial token=68056473384187692692674921486353642290
```

초기 토큰은 매우 큰 숫자가 될 수 있다. 그리고 20개 이상의 큰 클러스터의 경우 각각의 노드에 대한 이상적인 초기 토큰을 계산하는 데 오랜 시간이 걸릴 수 있다. 다음 자바 프로그램은 클러스터 내의 각각의 노드에 대해 초기 토큰들을 계산한다.

준비

이 장의 앞에 있는 '빌드 및 테스트 환경 갖추기'를 따라하는 것으로 이 예제를 쉽게 빌드하고 실행할 수 있다.

예제 구현

1. src/hpcas/c01/InitialToken.java 파일을 생성한다.

```java
package hpcas.c01;
import java.math.*;
public class InitialTokens {
  public static void main (String [] args){
    if (System.getenv("tokens")==null){
      System.err.println("Usage: tokens=5 ant
-DclassToRun=InitialTokens run");
      System.exit(0);
    }
    int nodes = Integer.parseInt(System.getenv("tokens"));
    for (int i = 0 ;i <nodes;i++){
      BigInteger hs = new BigInteger("2");
      BigInteger res = hs.pow( 127 );
      BigInteger div = res.divide( new BigInteger( nodes+"") );
      BigInteger fin = div.multiply( new BigInteger(i+"") );
      System.out.println(fin);
    }
```

```
        }
    }
```

2. 환경변수 tokens를 클러스터에 있는 노드의 수로 설정한다. 이후 run 타
   겟을 호출하는데 전체 클래스 이름인 hpcas.c01.InitialTokens를 자바
   속성으로 넘긴다.

```
$ tokens=5 ant -DclassToRun=hpcas.c01.InitialTokens run
  run:
    [java] 0
    [java] 34028236692093846346337460743176821145
    [java] 68056473384187692692674921486353642290
    [java] 102084710076281539039012382229530463435
    [java] 136112946768375385385349842972707284580
```

예제 분석

각 노드에 대해 등거리 숫자를 생성하는 것으로 클러스터 내의 노드에 저장
되는 데이터가 균형을 이루도록 한다. 이는 또한 각 노드에 대한 요청도 균
형을 이루게 한다. 서버를 구동하는 시스템을 처음으로 초기화할때는 conf/
cassandra.yaml 파일에 있는 initial_tokens 필드에 있는 숫자를 이용한다.

부연 설명

이러한 초기 토큰을 계산하는 기법은 기본 파티셔너인 랜덤 파티셔너에 대해
서는 이상적이다. 하지만 순서 보존 파티셔너Order Preserving Partitioner를 이용하는
경우 키 분배에 불균형이 발생할 수 있고, 따라서 로드 균형을 맞추기 위해 초
기 토큰에 대한 조정이 필요할 수 있다.

참고 사항

만약 카산드라 노드가 이미 클러스터에 들어가있는 경우 '7장, 관리'의 '노드
툴 Move: 노드를 특정 링 위치로 옮기기'를 참고하라.

순서 보존 파티셔너에 사용할 초기 토큰 선택하기

카산드라에 있는 어떤 파티셔너들은 키의 순서를 보존한다. 이러한 파티셔너들의 예로는 ByteOrderedPartitioner, OrderPreservingPartitioner가 있다. 만약 키 분배가 균형적으로 이루어지지 않는 경우, 다른 노드보다 데이터를 더 많이 갖는 노드가 생긴다. 이 예제에서는 OrderPreservingPartitioner를 사용하는 전화번호부 데이터셋에 대한 초기 토큰을 고르는 방법을 살펴본다.

예제 구현

conf/cassandra.yaml 파일에서 파티셔너 속성을 설정한다.

```
org.apache.cassandra.dht.OrderPreservingPartitioner
```

키에 대한 대략적인 분배를 결정한다. 전화번호부에 있는 이름의 경우 특정 글자들이 다른 글자들보다 더 자주 나타날 수 있다. 예를 들어, Smith는 매우 흔한 이름이지만 Capriolo는 매우 드문 이름이다. 8개의 노드를 가진 클러스터에 대해 리스트를 충분히 균등하게 분배할 수 있는 초기 토큰들을 선택한다.

```
A, Ek, J, Mf, Nh, Sf, Su, Tf
```

 분포 계산하기

스프레드시트를 이용하여 분포를 계산하는 방법은 다음에서 찾을 수 있다.

http://www.wisc-online.com/objects/ViewObject.aspx?ID=TMH4604

예제 분석

순서를 유지하는 파티셔너들은 키의 범위로 검색하고 데이터를 순서 그대로 리턴할 수 있다. 이로 인한 단점은 개발자와 관리자가 데이터의 분배를 추적하고 계획해야 한다는 것이다.

만약 카산드라 노드가 이미 클러스터에 들어가있는 경우 '7장, 관리'의 '노드
툴 Move: 노드를 특정한 링 위치로 옮기기'를 참고하라.

카산드라와 JConsole 이해하기

자바 가상머신은 JVM 내부를 상호적으로 모니터링하는 JME Java Management
Extensions라는 통합 시스템을 가지고 있다. 또한 JVM 내부에서 애플리케이션은
자신만의 카운터를 가질 수 있고, 개발자가 원격으로 호출할 수 있는 작업을
가질 수 있다. 카산드라는 많은 수의 카운터를 가지고 있으며, 키 캐시를 비우
는 작업이나 JMX에 대한 컴팩션compaction을 비활성화하는 것과 같은 작업을 원
격으로 수행하게 할 수도 있다. 이 예제에서는 JConsole을 이용해 카산드라 인
스턴스에 연결하는 방법을 살펴본다.

JConsole은 자바 런타임 환경에 포함되어있다. 연결하고자 하는 서버가 아닌
JConsole을 실행하는 시스템에서는 X11과 같은 환경이 요구된다.

1. JConsole을 시작한다.

   ```
   $ /usr/java/latest/bin/jconsole
   ```

2. Remote Process 창에 인스턴스의 호스트와 포트를 입력한다.

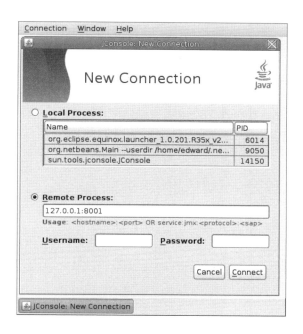

3. JVM에서 이용하는 가상 메모리에 대한 정보를 살펴보기 위해 Memory 탭
   을 클릭한다.

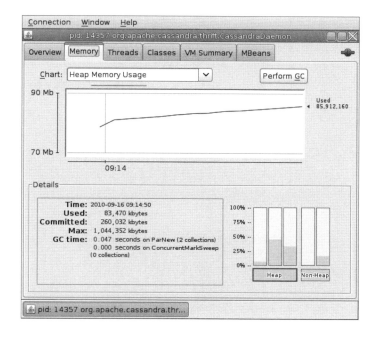

Local Process 리스트에서 현재 사용자로 실행되고 있는 프로세스를 고르면 JConsole을 호스트와 포트 정보 없이 로컬 프로세스와 연결할 수 있다. 다른 머신에 있는 프로세스에 연결하기 위해서는 호스트와 포트 정보를 Remote Process에 입력하여야 한다.

다음 'SOCKS 프록시를 이용해 JConsole과 연결하기' 예제에서는 SSH로만 접근가능한 호스트에서 JConsole을 이용하는 방법을 살펴본다.

'12장, 성능 통계 수집 및 분석'에서는 자바와 카산드라 통계에 대해 집중적으로 알아본다.

SOCKS 프록시를 이용해 JConsole과 연결하기

종종 JConsole을 데스크톱에서 실행하면서 원격 네트워크에 있는 서버에 연결하고 싶은 경우가 있다. JMX는 Remote Method Invocation(RMI)를 이용하여 시스템 사이에서 통신한다. RMI는 초기 연결 포트가 있다. 하지만 서버는 추후의 통신에 대해서는 동적으로 포트를 할당한다. RMI를 사용하는 애플리케이션들을 일반적으로 보안이 철저한 네트워크에서 문제를 겪는데 이 예제에서는 SSH상에서 다이나믹 프록시를 생성하는 방법과 JConsole이 프록시로 연결하는 방법을 알아본다.

관리 시스템에는 OpenSSH에 포함된 SSH 클라이언트가 필요할 것이다. 대부분의 유닉스/리눅스 시스템에는 기본으로 포함되어 있으며, 윈도우 사용자는 시그윈Cygwin을 이용해 OpenSSH 클라이언트를 받을 수 있다.

1. `login.domain.com`과 같은 로그인 서버에 ssh 터널링을 시작한다. `-D` 옵
   션은 SOCKS 프록시를 할당한다.

   ```
   $ ssh -f -D9998 edward@login.domain.com 'while true; do sleep 1;
   done'
   ```

2. 이전 단계에서 만든 프록시를 이용하도록 인자를 넘겨 JConsole을 실행
   한다.

   ```
   $ jconsole -J-DsocksProxyHost=localhost -J-DsocksProxyPort=9998 \
   service:jmx:rmi:///jndi/rmi://cas1.domain.com:8080/jmxrmi
   ```

다이내믹 SOCKS 프록시는 타겟 서버에서 열린 후, 작업하는 워크스테이션의 로
컬포트에 터널링된다. JConsole은 실행된 후 이 프록시를 사용한다. JConsole이
연결을 시도하는 경우, 이는 프록시를 통해서 이루어진다. 대상 호스트는 트래
픽 소스를 로컬 데스크톱이 아닌 프록시 시스템으로 볼 것이다.

자바와 스리프트로 카산드라에 연결하기

카산드라 클라이언트는 스리프트_{Thrift}에 의해 생성된 API 클래스를 통해 서버
와 통신한다. API는 클라이언트가 데이터 조작 작업 및 클러스터에 대한 정보
를 얻을 수 있게 해준다. 이 예제에서는 클라이언트에서 서버로 연결한 후, 클
러스터에 대한 정보를 리턴하는 메소드를 호출하는 과정을 살펴본다.

이 예제는 이전 예제인 '빌드 및 테스트 환경 갖추기'에서 구성된 환경에서 동
작하도록 디자인되어있다. 또한 '하나의 머신에서 여러 개의 인스턴스 실행하
기' 예제에서와 같은 카산드라가 돌아가는 시스템이 필요하다.

1. src/hpcas/c01/ShowKeyspaces.java 파일을 생성한다.

```
package hpcas.c01;
import org.apache.cassandra.thrift.*;
import org.apache.thrift.protocol.*;
import org.apache.thrift.transport.*;
public class ShowKeyspaces {
  public static void main(String[] args) throws Exception {
    String host = System.getenv("host");
    int port = Integer.parseInt(System.getenv("port"));
```

목적은 카산드라와 통신할 수 있는 Cassandra.Client 인스턴스를 생성하는 것이다. 스리프트 프레임워크는 몇 가지 단계가 필요하다.

```
    TSocket socket = new TSocket(host, port);
    TTransport transport = new TFramedTransport(socket);
    TProtocol proto = new TBinaryProtocol(transport);
    transport.open();
    Cassandra.Client client = new Cassandra.Client(proto);
```

클러스터의 이름, 버전과 같은 서버에 대한 정보를 개발자가 확인할 수 있게 해주는 메소드를 Cassandra.Client에서 호출한다.

```
    System.out.println("version "+client.describe_version());
    System.out.println("partitioner"
    +client.describe_partitioner());
    System.out.println("cluster name "
    +client.describe_cluster_name());
    for ( String keyspace: client.describe_keyspaces() ){
        System.out.println("keyspace " +keyspace);
    }
    transport.close();
  }
}
```

2. 호스트와 포트를 환경 변수로 주어 애플리케이션을 실행한다.

```
# host=127.0.0.1 port=9160 ant -DclassToRun=hpcas.c01.ShowKeyspaces
run
  run:
    [java] version 10.0.0
    [java] partitioner org.apache.cassandra.dht.RandomPartitioner
    [java] cluster name Test Cluster
    [java] keyspace Keyspace1
    [java] keyspace system
```

예제 분석

카산드라 클러스터는 클러스터의 어떠한 노드와도 연결해 작업을 수행할 수 있다는 점에서 대칭적이다. 스리프트는 다단계의 연결 프로세스를 가지고 있다. 올바른 전송 방법 및 연결 설정이 정해지면 개발자는 Cassandra.Client 인스턴스를 생성할 수 있다. 이 인스턴스를 통해 개발자는 재연결이 필요없이 메소드를 계속 호출할 수 있다. 이 예에서는 클러스터에 대한 정보를 알기 위해 describe_cluster_name()과 같은 메소드를 호출한 후 연결을 해제했다.

참고 사항

'5장, 카산드라에서의 일관성, 가용성, 파티션 허용'에 있는 '강한 일관성 보장을 위해 공식 이용하기' 예제에서는 카산드라에 연결할 때 반복적으로 쓰이는 코드를 줄여주는 간단한 래퍼wrapper에 대해서 알아본다.

2
커맨드라인 인터페이스

CLI를 이용하여 카산드라에 연결하기

사용자는 클러스터에 있는 노드에 연결해서 명령을 내릴 수 있다. 다음은 클러스터에 있는 노드에 연결하는 방법이다.

1. 대화형 세션을 시작하기 위하여 cassandra-cli 스크립트를 실행한다.

   ```
   $ <cassandra_home>/bin/cassandra-cli
   ```

2. connect 명령어를 사용해서 기본으로 9160번으로 세팅되어 있는 스리프트 포트로 연결한다(JMX나 스토리지 포트로 연결하지 않는다).

   ```
   [default@unknown] connect 127.0.0.2/9160;
   Connected to: "Test Cluster" on 127.0.0.2/9160
   ```

3. 연결된 후에는 클라이언트/서버 명령어를 사용할 수 있다.

   ```
   [default@testks] show api version;
   19.4.0
   [default@testks] describe cluster;
   Cluster Information:
     Snitch: org.apache.cassandra.locator.SimpleSnitch
     Partitioner: org.apache.cassandra.dht.RandomPartitioner
     Schema versions:
       b2046e4c-8cc7-11e0-ae9c-e700f669bcfc: [127.0.0.1]
   ```

커맨드라인 인터페이스CLI는 카산드라에 명령어를 전달할 수 있는 대화형 인터페이스를 제공한다. CLI와 카산드라 사이에서 일어나는 내부적인 커뮤니케이션은 다른 클라이언트 프로그램들이 사용하는 스리프트 인터페이스를 사용한다.

CLI에서 키스페이스 생성하기

키스페이스keyspace는 컬럼 패밀리column family를 한 개 이상 포함할 수 있는 최상위 데이터 단위다. 키스페이스를 설정하는 데 있어 가장 중요한 부분 중 하나가 복제 계수replication factor인데, 이는 클러스터의 데이터 복제본 수를 결정한다.

복제 계수는 클러스터에 있는 노드의 총 개수를 초과할 수 없다.

testkeyspace라는 이름의 키스페이스를 복제 계수 3으로 만든다.

```
[default@unknown] create keyspace testkeyspace with replication_factor=3;
```

예제 분석

키스페이스는 데이터를 직접 저장하는 역할을 하지는 않으며, 그 안에 있는 모든 컬럼 패밀리들의 설정값을 이로부터 상속한다. 키스페이스 안에 있는 서로 다른 컬럼 패밀리들이 동일한 복제 계수와 데이터 복제 전략을 사용해야한다. 하지만 키스페이스를 공유하는 것이 별로 득이 되지 않기 때문에 컬럼 패밀리별로 하나의 키스페이스를 사용하는 것을 권장한다.

부연 설명

카산드라 0.8.0 이후의 버전들에서는 복제 계수를 strategy_options의 옵션 중 하나로 넣도록 문법이 바뀌었다.

```
[default@unknown] CREATE KEYSPACE testkeyspace WITH strategy_class =
SimpleStrategy AND strategy_options:replication_factor = 1;
```

참고 사항

키스페이스를 생성할 때 부여할 수 있는 다른 옵션으로는 placement_strategy와 strategy_options가 있다. 이 옵션들은 8장에서 더 자세히 설명한다.

CLI에서 컬럼 패밀리 만들기

컬럼 패밀리는 컬럼들을 담는 컨테이너다. 데이터를 기록하거나 읽기 위해서는 일단 컬럼 패밀리를 만들어야 한다.

준비

컬럼 패밀리는 키스페이스 안에 만들어야 한다. 직전 예제 'CLI에서 키스페이스를 생성하기'를 참고한다.

예제 구현

1. use 명령어를 사용하여 기존에 있는 키스페이스에 연결한다.

   ```
   [default@testkeyspace] use testkeyspace;
   Authenticated to keyspace: testkeyspace
   ```

2. testcolumnfamily라는 이름의 컬럼 패밀리를 생성한다.

   ```
   [default@testkeyspace] create column family testcolumnfamily;
   5ec1d928-3ee5-11e0-b34a-e700f669bcfc
   Waiting for schema agreement...
   ... schemas agree across the cluster
   ```

3. 컬럼 패밀리를 만들 때 with와 and를 사용해서 여러 개의 매개변수를 넘겨 줄 수 있다.

   ```
   [default@testkeyspace] create column family testcolumnfamily with
   rows_cached=200000 and read_repair_chance=0.4;
   ```

참고 사항

컬럼 패밀리가 동작하는 방식을 크게 좌우하는 매개변수들이 있다. 다음 장들을 참고하라.

'4장, 성능 튜닝'의 예제 '쓰기집약적 작업에 맞는 멤테이블 튜닝하기', '키 캐시로 읽기 성능 개선하기', '로우 캐시로 읽기 성능 개선하기'

'7장, 관리'의 예제 '빠른 툼스톤 cleanup을 위해 gc_grace 낮추기'

키스페이스 상세 정보 보기

describe keyspace 명령어는 컬럼 패밀리의 정보를 포함한 키스페이스의 모든 정보를 보여준다.

예제 구현

1. describe keyspace 명령어와 키스페이스의 이름을 입력한다.

```
[default@unknown] describe keyspace testkeyspace;
Keyspace: testkeyspace:
  Replication Strategy: org.apache.cassandra.locator.
SimpleStrategy
    Replication Factor: 1
  Column Families:
    ColumnFamily: testcolumnfamily
      Columns sorted by: org.apache.cassandra.db.marshal.BytesType
      Row cache size / save period: 0.0/0
      Key cache size / save period: 200000.0/3600
      Memtable thresholds: 0.0703125/15/60
      GC grace seconds: 864000
      Compaction min/max thresholds: 4/32
      Read repair chance: 1.0
```

예제 분석

키스페이스와 컬럼 패밀리의 정보는 클러스터의 모든 노드에 저장되는 복합 정보이며, describe keyspace 명령어를 써서 이 정보를 볼 수 있다.

CLI를 이용하여 데이터 기록하기

커맨드라인에서 set 명령어를 써서 데이터를 삽입할 수 있다.

데이터를 삽입하려면 데이터를 삽입하려는 키스페이스와 컬럼 패밀리가 미리 존재해야 한다. 데이터 삽입에는 로우 키_{row key}, 컬럼 이름, 그리고 컬럼의 값 정보가 있어야 한다.

1. 키스페이스에 연결한다.

    ```
    [default@unknown] use testkeyspace;
    Authenticated to keyspace: testkeyspace
    ```

2. set 명령어를 써서 'server01'에 해당하는 로우의 'os'를 'linux'로 만든다.

    ```
    [default@testkeyspace] set testcolumnfamily['server01']
    ['os']='linux';
    Value inserted.
    ```

3. set 명령어를 써서 'server01'에 해당하는 로우의 'distribution'을 'CentOS_5'로 만든다.

    ```
    [default@testkeyspace] set testcolumnfamily['server01']
    ['distribution']='CentOS_5';
    Value inserted.
    ```

set 명령어 사용시에 컬럼이 존재하지 않으면 자동으로 생성된다. 해당하는 컬럼이 이미 존재한다면 이는 새로운 값으로 대체된다. CLI가 어떠한 노드에 연결이 되어있든 간에 카산드라는 자동으로 키값을 알맞은 노드에 저장하게 된다.

관례적으로 CLI는 컬럼의 타임스탬프 값으로 마이크로초 단위의 에포크 타임 epoch time 을 사용한다.

CLI를 이용하여 데이터 읽기

커맨드라인에서 get 명령어로 데이터를 읽을 수 있다.

get 명령어로 데이터를 가져올 때에 컬럼 이름은 입력하지 않아도 되나 로우 키는 반드시 필요하다.

1. 키스페이스에 연결한다.

   ```
   [default@unknown] use testkeyspace;
   Authenticated to keyspace: testkeyspace
   ```

2. 로우 키와 컬럼 이름을 둘 다 입력해 본다.

   ```
   [default@testkeyspace] get testcf['server01']['distribution'];
   => (column=646973747269627574696f6e, value=43656e744f535f35,
   timestamp=1298461364486000)
   ```

3. 해당 로우 키에 대한 모든 값을 얻어 오려면 로우 부분만 입력한다.

   ```
   [default@testkeyspace] get testcf['server01'];
   => (column=646973747269627574696f6e, value=43656e744f535f35,
   timestamp=1298461364486000)
   => (column=6f73, value=6c696e7578, timestamp=1298461314264000)
   Returned 2 results.
   ```

4. 존재하지 않는 데이터를 가져와 본다.

```
[default@testks] get testcf['doesnotexist'];
Returned 0 results.
[default@testks] get testcf['doesnotexist']['nope'];
Value was not found
```

카산드라는 노드에서 데이터를 찾고 가져올 때 로우 키를 사용한다. 클라이언트는 해당 데이터를 가지고 있는 노드에 군이 연결할 필요가 없다.

2장의 뒤에서 나오는 'assume 명령어로 컬럼 이름 또는 컬럼 값 디코드하기' 예제에서는 CLI에서 컬럼 이름과 값을 좀 더 이해하기 쉬운 포맷으로 보여주게 하는 법에 대해서 설명한다.

'컬럼 메타데이터와 컴패러터 사용으로 타입 정하기' 예제에서는 스키마에 메타데이터를 저장하여 데이터가 제대로 표시되게 하는 방법에 대해서 설명한다.

CLI에서 로우와 컬럼 지우기

del 명령어와 로우 키 또는 컬럼 이름을 입력함으로써 로우와 컬럼을 지울 수 있다.

1. 카산드라 키스페이스에 연결한다.

```
[default@unknown] use testkeyspace;
Authenticated to keyspace: testkeyspace
```

2. server01 로우 키와 distrubution 컬럼을 갖는 컬럼을 delete 명령어로
   지운다.

```
[default@testkeyspace] del testcf['server01']['distribution'];
column removed.
```

 주의

delete 명령어 사용 시 컬럼 이름 없이 로우 키만 입력하면 해당 로우에 있는 모든 컬럼이
지워진다.

3. server01 로우 키에 해당하는 모든 컬럼을 delete 명령어로 지운다.

```
[default@testkeyspace] del testcolumnfamily['server01'];
row removed.
```

예제 분석

카산드라에서 삭제는 툼스톤tombstone이라는 특별한 쓰기 기법으로 구현되어
있다. 데이터를 삭제하면 실제 정보는 일정 시간이 흐른 후에 지워지지만, 삭
제 명령어를 내린 후에는 해당 데이터를 읽을 수 없게 된다.

참고 사항

'7장, 관리'의 예제 '빠른 툼스톤 cleanup을 위해 gc_grace 낮추기'와 '4장, 성
능 튜닝'의 '컴팩션 한계값 설정하기' 예제들을 참고하라.

컬럼 패밀리에 있는 모든 로우의 목록 보기

list 명령어는 데이터를 페이지 형태로 표시한다.

준비

컬럼 패밀리에 데이터를 미리 입력해 둔다.

```
[default@testks] set testcf['a']['thing']='35';
[default@testks] set testcf['g']['thing']='35';
[default@testks] set testcf['h']['thing']='35';
```

1. list 명령어로 컬럼 패밀리의 처음 몇 개 항목을 읽어 본다.

   ```
   [default@testks] list testcf;
   Using default limit of 100
   RowKey: a
   => (column=7468696e67, value=35, timestamp=1306981...)
   RowKey: h
   => (column=7468696e67, value=35, timestamp=1306981...)
   RowKey: g
   => (column=7468696e67, value=35, timestamp=1306981...)
   ```

2. 'h'라는 시작 키를 갖고 최대 2개의 결과값을 보여준다.

   ```
   [default@testks] list testcf['h':] limit 2;
   RowKey: h
   => (column=7468696e67, value=35, timestamp=1306981...)
   RowKey: g
   => (column=7468696e67, value=35, timestamp=1306981...)
   ```

3. 'a'에서 'h'까지의 값을 찾아 보여준다.

   ```
   [default@testks] list testcf['a':'h'] limit 5;
   RowKey: a
   => (column=7468696e67, value=35, timestamp=1306981...)
   RowKey: h
   => (column=7468696e67, value=35, timestamp=1306981...)
   ```

List 명령어는 컬럼 패밀리의 데이터를 주어진 범위 내에서 스캔하여 보여준다. 만약 RandomPartitioner를 사용한다면 데이터가 알파벳 순서가 아닌 숫자순으로 정렬되어 표시된다. List 명령어는 표시할 데이터의 개수를 제한하고, 특정 키 값에서 시작하고 특정 키 값에서 멈추는 등의 기능이 있다.

키스페이스와 컬럼 패밀리 삭제하기

drop 명령어로 컬럼 패밀리 또는 키스페이스를 삭제할 수 있다.

 주의
컬럼 패밀리 또는 키스페이스를 삭제하면 클러스터의 모든 노드에 있는 해당 컬럼 패밀리/키스페이스의 정보가 삭제되며, 이는 되돌릴 수 없다.

예제 구현

drop column family 명령어로 컬럼 패밀리를 제거한다.

```
[default@testkeyspace] use testkeyspace;
Authenticated to keyspace: testkeyspace
[default@testkeyspace] drop column family testcolumnfamily;
```

drop keyspace 명령어를 testkeyspace에 실행해 본다.

```
[default@testkeyspace] drop keyspace testkeyspace;
```

예제 분석

drop 명령어는 클러스터에서 해당 키스페이스 혹은 컬럼 패밀리를 제거한다. 이 명령어를 실행하면 해당 데이터에 접근해서 쓰거나 읽는 것이 불가능해진다.

참고 사항

'7장, 관리'의 '백업을 위해 노드툴 snapshot 사용하기'

'7장, 관리'의 'sstable2json을 이용하여 데이터를 JSON으로 내보내기'

CLI에서 슈퍼 컬럼 다루기

슈퍼 컬럼은 기본 컬럼에 있는 중첩_{nest} 구조를 한 단계 더 사용할 수 있게 해준다. CLI에서는 슈퍼 컬럼을 일반 컬럼을 사용하는 것과 동일하게 사용할 수 있다. get 명령어로 데이터를 읽을 수 있고, set 명령어로 데이터를 쓸 수 있으며, del 명령어로 지울 수 있다. 슈퍼 컬럼에 이러한 명령어를 사용할 때에는 ['xxx'] 꼴의 구조를 하나 더 붙여서 사용하면 된다.

예제 구현

1. with column_type=super; 절을 뒤에 덧붙여서 supertest라는 이름의 컬럼 패밀리를 만든다.

   [default@testkeyspace] create column family supertest with column_type='Super';

2. 데이터를 삽입한다. 슈퍼 컬럼은 ['XXX']꼴의 접근을 한 단계 더 할 수 있다.

   [default@test..] set supertest['mynewcar']['parts']['engine']='v8';
   [default@test..] set supertest['mynewcar']['parts']['wheelsize']='20";
   [default@test..] set supertest['mynewcar']['options']['cruise control']='yes';
   [default@test..] set supertest['mynewcar']['options']['heated seats']='yes';

3. assume 명령어로 컬럼을 ASCII 텍스트로 포매팅한 후에 'mynewcar'로우의 모든 컬럼의 값을 가져온다.

   [default@testkeyspace] assume supertest comparator as ascii;
   [default@testkeyspace] assume supertest sub_comparator as ascii;
   [default@testkeyspace] assume supertest validator as ascii;
   [default@testkeyspace] get supertest['mynewcar'];
   => (super_column=options,
      (column=cruise control, value=yes, timestamp=1298581426267000)

```
    (column=heated seats, value=yes, timestamp=1298581436937000))
=> (super_column=parts,
    (column=engine, value=v8, timestamp=1298581276849000)
    (column=wheelsize, value=20", timestamp=1298581365393000))
```

예제 분석

슈퍼 컬럼은 데이터 모델에서 중첩 구조의 레벨을 한 단계 더 사용할 수 있도록 해 준다. CLI에서 슈퍼 컬럼을 사용할 때에는 대괄호 []를 하나 더 사용함으로써 이 레벨의 데이터에 접근할 수 있다.

부연 설명

내부적으로 슈퍼 컬럼은 직렬화와 역직렬화 과정을 거쳐야 데이터에 접근할 수 있다. 이러한 이유 때문에 여러 개의 컬럼에서 슈퍼 컬럼 기능을 사용하는 것은 비효율적이다. 슈퍼 컬럼은 매우 매력적인 선택으로 보일지 몰라도, 이러한 비효율성 때문에 슈퍼 컬럼과 원래의 컬럼을 구분 문자로 구분해서 붙여서 쓰는 게 더 좋다. 슈퍼 컬럼을 사용할 때 수반되는 직렬화 과정과 추가로 사용되어야 하는 공간 때문에 비효율성이 발생한다.

assume 명령어로 컬럼 이름과 컬럼 값 디코드하기

assume 명령어는 데이터를 수정하는 명령어는 아니지만, 커맨드라인에서 get 과 list 명령어를 사용할 때 보이는 데이터를 디코드하여 보여주는 역할을 한다.

예제 구현

1. assume 명령어로 컴패러터comparator, 밸리데이터validator, 키를 ASCII타입으로 정한다. 슈퍼 컬럼을 사용할 때에는 서브컴패러터의 값도 정해준다

   ```
   [default@testkeyspace] assume testcf comparator as ascii;
   Assumption for column family 'testcf' added successfully.
   ```

```
[default@testkeyspace] assume testcf validator as ascii;
Assumption for column family 'testcf' added successfully.
[default@testkeyspace] assume testcf keys as ascii;
Assumption for column family 'testcf' added successfully.
```

2. 로우 키를 읽어 본다. 16진수 값 대신 컬럼과 값이 제대로 표시될 것이다.

```
[default@testkeyspace] get testcf ['server01'];
=> (column=distribution, value=CentOS_5, timestamp=1298496656140000)
Returned 1 results.
```

예제 분석

로우 키, 컬럼 이름, 컬럼 값은 바이트 배열byte array로 구성되어 있으므로 탭과 개행 문자 등의 화면에 표시될 수 없는 문자들이 있을 수 있어 CLI의 출력 화면에 영향을 미칠 수 있다. 따라서 메타데이터가 없는 컬럼들은 기본적으로 16진수 포맷으로 표시한다. assume 명령어는 이러한 값을 특정한 포맷으로 바꾸어서 표시한다.

부연 설명

카산드라에는 assume 명령어와 함께 사용할 수 있는 몇 가지의 기본 탑재 타입들이 있다. 카산드라에서는 bytes, integer, long, lexicaluuid, timeuuid, utf8, ascii타입을 사용할 수 있다.

컬럼을 삽입할 때 TTL값 넣기

TTLTime To Live값은 컬럼이 특정 시간 후에 자동으로 지워지도록 하는 세팅값이다.

예제 구현

1. 10초 후에 로우가 지워지도록 with ttl 절을 set 명령어에 붙인다.

```
[default@testkeyspace] set testcf['3']['acolumn']='avalue' with ttl
= 10;
Value inserted.
[default@testkeyspace] get testcf['3'];
=> (column=61636f6c756d6e, value=6176616c7565,
timestamp=1298507877951000, ttl=10)
Returned 1 results.
```

2. 10초 이상 기다린 후에 해당 값을 읽어 보면 값이 지워져 있음을 알 수
   있다.

```
[default@testkeyspace] get testcf['3'];
Returned 0 results.
```

참고 사항

'3장, API'의 'TTL을 이용하여 자가 탐지 시간이 있는 컬럼 만들기'를 참고하라.

CLI 내장 함수 사용하기

기본적으로 카산드라는 데이터를 바이트 배열로 취급한다. 하지만 `long` 등
의 직렬화된 64비트 정수값도 사용할 수 있다. CLI는 스트링에서 `long` 타입
으로 바꿔주는 함수 등의 내장된 함수가 있어서 데이터의 타입을 바꿀 수 있
다. 프로그램에 의해 주로 생성되는 `timeuuid()` 값을 생성하는 함수도 존재
한다.

예제 구현

1. `help` 명령어로 사용 가능한 함수의 목록을 확인한다.

```
[default@unknown] help set;
set <cf>['<key>']['<col>'] = <value>;
set <cf>['<key>']['<super>']['<col>'] = <value>;
set <cf>['<key>']['<col>'] = <function>(<argument>);
```

```
set <cf>['<key>']['<super>']['<col>'] = <function>(<argument>);
set <cf>[<key>][<function>(<col>)] = <value> || <function>;
set <cf>[<key>][<function>(<col>) || <col>] = <value> || <function>
with ttl = <secs>;
Available functions: bytes, integer, long, lexicaluuid, timeuuid,
utf8, ascii.
examples:
set bar['testkey']['my super']['test col']='this is a test';
set baz['testkey']['test col']='this is also a test';
set diz[testkey][testcol] = utf8('this is utf8 string.');
set bar[testkey][timeuuid()] = utf('hello world');
set bar[testkey][timeuuid()] = utf('hello world') with ttl = 30;
set diz[testkey][testcol] = 'this is utf8 string.' with ttl = 150;
```

2. timeuuid() 함수를 이름으로 갖는 컬럼에, 문자열 7을 Long 타입으로 변환해 값을 넣자.

```
[default@testkeyspace] set testcf['atest'][timeuuid()] = long(7);
Value inserted.
```

예제 분석

CLI에서 문자열을 다른 타입으로 바꿀 때 이러한 함수들은 유용하게 사용된다.

컬럼 메타데이터와 컴패러터 사용으로 타입 정하기

카산드라는 단순한 바이트 배열을 다루도록 디자인되어 있으며, 데이터를 인코딩하고 디코딩하는 것은 전적으로 개발자의 손에 달려 있다. 카산드라는 timeuuid, ASCII, long 등의 내장된 타입을 지원한다. 컬럼 패밀리를 만들거나 업데이트 할 때에 개발자는 컬럼 메타데이타를 사용해서 CLI가 데이터를 보여주는 방식과 서버가 데이터를 삽입할 때 형식을 지정해 줄 수 있다.

1. cars라는 이름의 컬럼 패밀리를 LongType 컴패러터_{comparator}를 사용해서
   만든다.

   ```
   [default@testkeyspace] create column family cars with
   comparator=LongType;
   46e82939-400c-11e0-b34a-e700f669bcfc
   ```

2. 숫자가 아닌 컬럼 이름을 가진 로우를 삽입해 본다.

   ```
   [default@testkeyspace] set cars ['3']['343zzz42']='this should fail';
   '343zzz42' could not be translated into a LongType.
   ```

3. long() 함수를 사용해서 정수를 인코딩해서 넣어 본다.

   ```
   [default@testkeyspace] set cars ['3'][long('3442')]='this should
   pass';
   Value inserted.
   ```

4. 카산드라는 특정한 이름을 가진 컬럼의 값을 특정 타입으로 지정할 수
   있다. cars2라는 이름의 컬럼 패밀리를 만들고 컬럼 메타데이타를 다음
   과 같이 채워 넣는다.

   ```
   create column family cars2 with column_metadata=[{column_
   name:'weight', validation_class:IntegerType},{column_name:'make',
   validation_class:AsciiType}];
   ```

5. 'weight' 컬럼에 데이터를 써 본다. 쓰려고 하는 값이 정수가 아니라면
   이는 실패할 것이다.

   ```
   [default@testkeyspace] set cars2['mynewcar']['weight']='200fd0';
   '200fd0' could not be translated into an IntegerType.
   ```

6. 올바른 타입에 해당하는 값을 두 개 써 본다.

   ```
   [default@testkeyspace] set cars2['mynewcar']
   ['weight']=Integer('2000');
   Value inserted.
   ```

```
[default@testkeyspace] set cars2['mynewcar']['make']='ford';
Value inserted.
```

7. 결과값을 받아본다.

```
[default@testkeyspace] assume cars2 comparator as ascii;
Assumption for column family 'cars2' added successfully.
[default@testkeyspace] get cars2['mynewcar'];
=> (column=make, value=ford, timestamp=1298580528208000)
=> (column=weight, value=2000, timestamp=1298580306095000)
Returned 2 results.
```

예제 분석

카산드라는 기본적으로 특정 타입을 받기보다는 임의의 바이트 데이터를 받는다. 컬럼 메타데이터와 컴패러터들은 쓰기를 시행할 때 데이터의 무결성을 보장한다. 또한 이는 데이터에 대한 정보로서 활용되어 데이터를 읽을 때 데이터가 제대로 디코딩될 수 있도록 도와준다.

참고 사항

'9장, 코딩과 내부구조'의 예제 '기본 타입을 서브클래스화하여 새로운 타입 만들기'를 참고한다.

CLI의 일관성 레벨 바꾸기

카산드라의 데이터 모드는 정보를 여러 노드들과 데이터 센터에 저장하게 된다. 데이터를 다룰 때 개발자는 요청에 따른 일관성 레벨Consistency Level을 설정하게 된다. CLI에서 기본으로 사용되는 일관성 레벨은 ONE이다. 여기서는 consistencylevel 키워드로 일관성 레벨을 바꾸는 방법을 알아보자.

1. consistencylevel 명령어로 일관성 레벨을 변경한다.

   [default@ks33] consistencylevel as QUORUM;
   Consistency level is set to 'QUORUM'.

2. 레벨을 변경한 후 set, get, list 명령어를 수행해 본다.

   [default@testkeyspace] get cars2['mynewcar'];
   => (column=make, value=ford, timestamp=1298580528208000)
   => (column=weight, value=2000, timestamp=1298580306095000)
   Returned 2 results.

일관성 레벨을 바꾸는 것은 현재의 CLI 세션에만 영향을 미치며, 이는 사용자들이 보고하는 에러를 해결하고자 할 때 유용하다. ONE의 일관성 레벨은 여러 개의 노드에서 에러가 나더라도 결국 하나라도 성공한다면 정상이라고 보며, ALL 등의 다른 옵션들은 조건이 더 엄격하다. 이 명령어는 다수의 데이터센터가 있는 환경에서 LOCAL_QUORUM 등의 레벨을 사용할 때에도 유용하다.

'5장, 카산드라에서의 일관성, 가용성, 파티션 허용'의 '강한 일관성 보장을 위해 공식 이용하기'

'8장, 다수의 데이터센터 사용하기'의 '다수 데이터센터 환경에서 CLI를 이용한 일관성 레벨 테스트'

CLI에서 도움말 보기

CLI에는 help 명령어로 볼 수 있는 내장된 도움말 문서가 있다. 여기서는 CLI에서 도움말을 보는 방법을 알아 볼 것이다.

1. help 명령어를 실행해 본다.

```
[default@testks] help;
List of all CLI commands:
help;
Display this help.
help <command>; Display detailed, command-specific help.

connect <hostname>/<port> (<username> '<password>')?; Connect to
thrift service.

use <keyspace> [<username> 'password'];
Switch to a keyspace.

...
del <cf>['<key>'];
Delete record.

del <cf>['<key>']['<col>'];
Delete column.

del <cf>['<key>']['<super>']['<col>'];
Delete sub column
...
```

2. help del 명령어를 통해서 delete 명령어에 대한 도움말을 본다.

```
[default@testks] help del;
del <cf>['<key>'];
del <cf>['<key>']['<col>'];
del <cf>['<key>']['<super>']['<col>'];

Deletes a record, a column, or a subcolumn.

example:
del bar['testkey']['my super']['test col'];
```

```
del baz['testkey']['test col'];
del baz['testkey'];
```

help 명령어만 치면 모든 가능한 명령어에 대한 정보를 보여주게 된다. 다른
명령어와 함께 help 명령어를 사용하면 그 특정 명령어에 대한 더 자세한 정
보를 보여준다.

파일에서 CLI 명령어 불러오기

카산드라 CLI는 파일에서 명령어를 불러와서 수행할 수 있는 배치 유틸리티
batch utility가 있다.

1. 카산드라 CLI의 명령어의 리스트를 담고 있는 파일을 만든다.

```
$ echo  "create keyspace abc;" >> bfile
$ echo  "use abc;" >> bfile
$ echo "create column family def;" >> bfile
$ echo "describe keyspace abc;" >> bfile
```

2. -b 옵션과 배치파일의 파일 이름을 사용하여 카산드라 CLI를 실행한다.

```
$ <cassandra_home>/bin/cassandra-cli --host localhost -p 9160 -f
bfile;
Connected to: "Test Cluster" on localhost/9160
Authenticated to keyspace: abc
Keyspace: abc:
  Replication Strategy: org.apache.cassandra.locator.
SimpleStrategy
  Replication Factor: 1
...
```

배치 모드batch mode에서는 CLI와 동일한 명령어들을 모두 사용할 수 있으며, 이 방식으로 간단한 스크립트를 작성할 수 있다. 향후 클러스터에 있을 변경사항을 위해서 중요한 작업을 배치 파일로 만들어 놓는 것이 좋다.

-B 또는 --batch 스위치는 배치 모드를 활성화시키며, 이 모드에서는 출력값이 화면에 나오지 않고 에러가 발생하면 도중에 명령어 처리가 중단된다.

3
API

소개

프로그램에서 카산드라 클러스터에 대한 접근은 API를 통해 이루어진다. 이 클라이언트 API는 아파치 스리프트Apache Thrift로 만들어져 있다. 스리프트에서는 인터페이스 파일이라는 언어 중립적인 파일에 구조, 예외, 서비스, 그리고 메소드 등이 정의되어 있다. 스리프트는 인터페이스 파일을 입력으로 받아 다양한 언어를 위한 네트워크 RPC 클라이언트를 생성한다. 이처럼 다양한 언어로 코드가 생성되기 때문에 C++이나 펄Perl로 작성된 프로그램에서도 자바 클라이언트에서와 동일한 메소드를 호출할 수 있다. 이 자바 클라이언트는 카산드라 패키지에 포함되어 있다.

카산드라에서 제공하는 API는 데이터, 키스페이스, 컬럼 패밀리의 저장을 위한 메타 구조를 생성, 변경, 제거할 수 있는 메소드를 제공한다. 또한 컬럼 패밀리로부터 데이터를 삽입, 제거, 읽을 수 있는 메소드도 제공한다.

클라이언트의 스리프트는 다양한 언어에서 동작해야하기 때문에 더욱 보편적이다. 고수준 클라이언트들을 일반적으로 하나의 언어를 위해 존재한다. 예를들어, 자바에는 헥토르Hector, 펠롭스Pelops가 있고, 파이썬에는 피카사Pycassa가 있다. 이러한 고수준 클라이언트들은 일반적으로 생성된 스리프트 코드를 개발자로부터 보호하는 장점이 있다. 이 장에서는 언어와 무관하게 내용을 설명할 수 있기 때문에 스리프트 API를 이용하겠다.

카산드라 서버에 연결하기

첫 번째 작업은 카산드라 클러스터의 노드에 연결하는 것이다. 연결을 열고 닫는 작업을 위해 코드를 몇 줄 작성해야 한다. 이 예제에서는 재사용을 위해 클래스를 이용해 해당 코드를 추상화하는 작업을 다룬다.

예제 구현

〈hpc_build〉/src/java/hpc3as/c03/FramedConnWrapper.java 파일을 생성한다.

```
package hpcas.c03;
import org.apache.cassandra.thrift.Cassandra;
import org.apache.thrift.protocol.*;
import org.apache.thrift.transport.*;
public class FramedConnWrapper {
    /* 서버 클라이언트 통신에 필요한 변수를 선언한다. */
    private TTransport transport;
    private TProtocol proto;
    private TSocket socket;
```

```
/* 호스트와 포트 정보를 담고 있는 컨스트럭터를 만든다.*/
public FramedConnWrapper(String host, int port) {
  socket = new TSocket(host, port);
  transport = new TFramedTransport(socket);
  proto = new TBinaryProtocol(transport);
}
public void open() throws Exception {
  transport.open();
}
public void close() throws Exception {
  transport.close();
  socket.close();
}
public Cassandra.Client getClient() {
  Cassandra.Client client = new Cassandra.Client(proto);
  return client;
}
}
```

예제 분석

스리프트로 생성된 클래스는 연결 프로세스가 비교적 복잡한 편이다. 이는
스리프트에 제공되는 다양한 옵션과 트랜스포트transport 때문이다. 연결 프로
세스의 리턴값은 TProtocol 타입의 인스턴스다. 이 TProtocol 인스턴스는
Cassandra.Client 클래스의 생성자에서 사용된다. Cassandra.Client 클래스
는 개발자들이 카산드라를 이용하는 데 필요한 메소드를 담고 있다.

부연 설명

이러한 방식의 연결 구성은 서버의 장애 극복fail-over 또는 재시도를 처리하
지 않는다. 이것이 바로 하이레벨의 클라이언트의 장점 중 하나다. 카산드라
0.7.x에서 0.8.x로 넘어가면서 복제 계수replication factor가 KsDef 객체의 속성에
서 StrategyOptions의 이름 값 쌍으로 바뀌었다.

클라이언트에서 키스페이스와 컬럼 패밀리 생성하기

저장소에서 가장 하이레벨 구성요소는 키스페이스다(컬럼 패밀리는 데이터를 들고 있는 구조다). 일반적으로 애플리케이션에서 적합한 메타데이터가 존재하는지 확인 후, 만일 없을 경우에는 새로 생성해 준다. 이 예제에서는 hpcas.c03.Util. java에 3개의 인자로부터 키스페이스와 컬럼 패밀리를 생성해주는 메소드를 추가한다.

예제 구현

〈hpcbuild〉/src/hpcas/c03/Util.java 파일을 생성한다.

```java
package hpcas.c03;
import java.io.UnsupportedEncodingException;
import java.util.*;
import org.apache.cassandra.thrift.*;
public class Util {
    /* 키 스페이스 리스트를 리턴한다. 키 스페이스가 있는지 빠르게 확인할 때 유용하다.*/
    public static List<String> listKeyspaces(Cassandra.Client c) throws
Exception{
        List<String> results = new ArrayList<String>();
        for (KsDef k : c.describe_keyspaces()) {
            results.add(k.getName());
        }
        return results;
    }
    /* system_add_keyspaces()를 이용해서 KsDef CfDef를 만든다. */
    public static KsDef createSimpleKSandCF(String ksname, String
cfname,
int replication) {
        KsDef newKs = new KsDef();
        newKs.setStrategy_class("org.apache.cassandra.locator.
SimpleStrategy");
        newKs.setName(ksname);
        newKs.setReplication_factor(replication);
        CfDef cfdef = new CfDef();
        cfdef.setKeyspace(ksname);
        cfdef.setName(cfname);
```

```
          newKs.addToCf_defs(cfdef);
          return newKs;
      }
      /* 환경변수나 -D 옵션을 통해서 유저에게 받은 값을 전달하는 함수다. */
      public static String envOrProp(String name) {
      if (System.getenv(name) != null) {
        return System.getenv(name);
      } else if (System.getProperty(name) != null) {
        return System.getProperty(name);
      } else {
        return null;
      }
    }
  }
```

createSimpleKSandCF 메소드는 키스페이스 이름, 컬럼 패밀리 이름, 복제 계수 등 총 3개의 인자를 받고, 초기화된 CfDef 인스턴스를 내부에 가지고 있는 KsDef 인스턴스를 생성한다. 이는 system_add_keyspace 혹은 system_add_column_family 같은 메소드에서 클러스터 간에 키스페이스와 컬럼 패밀리를 생성하는 데 이용될 수 있다.

참고 사항

▶ '2장, 커맨드라인 인터페이스'의 'CLI에서 키스페이스 생성하기'

▶ '2장, 커맨드라인 인터페이스'의 'CLI에서 컬럼 패밀리 만들기'

MultiGet을 이용하여 라운드 트립과 오버헤드 제한하기

MultiGet은 동일한 SlicePredicate을 사용하는 복수 개의 get에 대신 사용된다. MultiGet을 사용하면 각각의 로우 키에 대해 get을 쓰는 것에 비해 요청 수와 네트워크 라운드트립round trip의 수가 줄어든다.

1. 〈hpc_build〉/src/java/hpcas/c03/GetVMultiGet.java 프로그램을 만든다.

```java
package hpcas.c05;
import hpcas.c03.*;
import java.util.*;
import org.apache.cassandra.thrift.*;

public class GetVMultiGet {
  public static void main (String [] args) throws Exception {
    /* 개발자가 호스트와 포트, 키스페이스, 컬럼 패밀리 카운트값을 지정할 것이다. */
    int inserts = Integer.parseInt(Util.envOrProp("inserts"));
    String ks = Util.envOrProp("ks");
    String cf = Util.envOrProp("cf");
    FramedConnWrapper fcw = new FramedConnWrapper(Util.
envOrProp("host"), Integer.parseInt(Util.envOrProp("port")));
    fcw.open();

    /* ColumnParent는 데이터 저장소로 쓰인다. */
    ColumnParent parent = new ColumnParent();
    parent.setColumn_family(cf);

    /* ColumnPath는 데이터를 얻을 때 쓰인다. */
    ColumnPath path = new ColumnPath();
    path.setColumn_family(cf);
    path.setColumn("acol".getBytes("UTF-8"));
```

키의 수는 개발자에 의해 명시된다. 카운터가 생성되면, 카운터의 값은 로우 키와 값으로 이용된다.

```java
    Column c = new Column();
    fcw.getClient().set_keyspace(ks);
    c.setName("acol".getBytes());
    for (int j = 0; j < inserts; j++) {
      byte [] key = (j+"").getBytes();
      c.setValue(key);
      fcw.getClient().insert(key, parent, c, ConsistencyLevel.ALL);
```

```
fcw.getClient().get(key, path, ConsistencyLevel.ALL);
  }
```

2. 타이머를 생성하고 get 메소드를 이용해 데이터를 한 번에 하나의 키씩
읽는다.

```
long getNanos = System.nanoTime();
for (int j = 0; j < inserts; j++) {
  byte [] key = (j+"").getBytes();
  c.setValue(key);
  fcw.getClient().get(key, path, ConsistencyLevel.ONE);
}
long endGetNanos = System.nanoTime()-getNanos;
```

3. MultiGet은 SlicePredicate을 필요로 한다. 이는 컬럼의 리스트가 될 수
도 있고 슬라이스 범위_{slice range}가 될 수도 있다.

```
SlicePredicate pred = new SlicePredicate();
pred.addToColumn_names("acol".getBytes());
long startMgetNanos = System.nanoTime();
```

4. 루프를 이용하여 요청을 5개의 그룹으로 나눈 후 각각의 그룹을 불러오
기 위해 MultiGet 메소드를 호출한다.

```
for (int j = 0; j < inserts; j=j+5) {
  List<byte[]> wantedKeys = new ArrayList<byte[]>();
  for (int k=j;k<j+5;k++){
    wantedKeys.add((j+"").getBytes());
  }
  fcw.getClient().multiget_slice(wantedKeys, parent, pred,
ConsistencyLevel.ONE);
  }
  long endMGetNanos = System.nanoTime()-startMgetNanos;
  System.out.println("get time "+endGetNanos);
  System.out.println("mget time "+endMGetNanos);
  }
}
```

5. 호스트, 포트, 삽입의 수, 키스페이스 이름, 컬럼 패밀리 이름을 입력하고
   애플리케이션을 실행한다.

```
$ host=127.0.0.1 port=9160  inserts=4000 ks=ks33 cf=cf33 ant
-DclassToRun=hpcas.c05.GetVMultiGet run
run:
  [java] get time 2632434394
  [java] mget time 1754092111
```

MultiGet을 이용했을 때 줄어든 시간은 애플리케이션과 서버 사이에서 줄어
든 라운드 트립 시간과 비슷하다. 특히 그 차이는 선형으로 읽어들인 데이터
크기가 작을수록 줄어든다. 하지만 MultiGet을 사용하더라도 데이터가 캐시
나 디스크에 저장되는 방법은 바뀌지 않는다. 따라서 네트워크와 관련되지 않
은 시간은 어떤 메소드를 쓰는지와 관계없이 동일하다.

임베디드 카산드라 서버를 이용하여 유닛 테스트 작성하기

코드 안에 인스턴스가 포함되어 있으면, 코드와 카산드라 서비스를 별도로 관
리해야 하는 것에 비해 큰 이점을 가진다. 이러한 접근방법은 많은 수의 개발
자들이 프로젝트를 공유하거나 허드슨Hudson과 같이 코드의 빌드와 테스트를
자동화해주는 지속적 통합continuous integration 툴을 이용하는 경우 장점이 극대화
된다. 이 예제에서는 EmbeddedCassandraService와 JUnit 테스트를 이용하는
방법을 보여준다.

1. Hpcbuild/build.xml에 test.conf 경로에 대한 속성을 지정한다.

```
<property name="dist" location="dist"/>
<property name="lib" location="lib"/>
<property name="test.conf" location="test_conf"/>
```

88

그리고 test.classpath를 test target에 포함시킨다.

```
<path id="hpcas.test.classpath">
  <pathelement location="${test.build}"/>
  <pathelement location="${test.conf}" />
  <path refid="hpcas.classpath"/>
</path>
```

2. hpcbuild 디렉토리 안에 테스트 설정을 위한 디렉토리를 만들고, 기존 설
정값을 복사한다.

```
$ mkdir hpcbuild/test_conf
$ cp <cassandra_home>/conf/ <home>/hpcbuild/test_conf/
```

3. 테스트 설정이 다른 카산드라 인스턴스와 겹치지 않도록 Cassandra.yaml
파일을 수정한다.

```
data_file_directories:
  - /tmp/test_data
commitlog_directory: /tmp/test_commit
storage_port: 7009
rpc_port: 9169
```

4. 〈hpcbuild〉/src/test/hpcas/c05/EmbeddedCassandraTest.java 파일을 생
성한다.

```
package hpcas.c05;
/* assertEquals 메소드 때문에 org.junit.*을 임포트해야 한다. */
import org.junit.*;
import static org.junit.Assert.assertEquals;
import org.apache.cassandra.service.*;
import org.apache.cassandra.thrift.*;
import hpcas.c03.FramedConnWrapper;

public class EmbeddedCassandraTest {
```

5. EmbeddedCassandraService 인스턴스를 스태틱_{static}으로 선언한다. 많은 카산드라는 내부적으로 재진입_{re-entrant} 가능하게 설계되어 있지 않으며, 따라서 스태틱으로만 사용된다. 현재 하나의 JVM에서 여러 개의 인스턴스를 사용하는 것은 불가능하다.

```
private static EmbeddedCassandraService cassandra;
```

6. @BeforeClass는 JUnit 애노테이션으로 JUnit이 이 클래스 내부에 있는 테스트 케이스가 실행되기 전에 이 메소드를 실행시킨다. Setup() 메소드는 카산드라 인스턴스를 초기화한다.

```
@BeforeClass
public static void setup() throws Exception {
    cassandra = new EmbeddedCassandraService();
    cassandra.init();
    Thread t = new Thread(cassandra);
    t.setDaemon(true);
    t.start();
}
```

7. @Test 애노테이션을 쓰면, JUnit이 해당 메소드를 테스트 케이스_{test case}로 실행한다. 카산드라 인스턴스가 돌아가고 있는지 확인하고, 인스턴스에 연결한 후 assert 명령어로 클러스터 이름을 확인한다.

```
@Test
public void testInProcessCassandraServer()
        throws Exception {
    FramedConnWrapper fcw = new FramedConnWrapper("127.0.0.1", 9169);
    fcw.open();
    Cassandra.Client client = fcw.getClient();
    assertEquals("Test Cluster", client.describe_cluster_name());
    fcw.close();
    System.out.println("All tests complete");
}
}
```

8. Ant test를 이용해 유닛 테스트를 실행한다.

```
$ ant test
test:
   [junit] Running Test
   [junit] Tests run: 1, Failures: 0, Errors: 0, Time elapsed:
0.42 sec
   [junit] Running hpcas.c05.EmbeddedCassandraTest
   [junit] All tests complete
   [junit] Tests run: 1, Failures: 0, Errors: 0, Time elapsed:
3.26 sec
```

예제 분석

카산드라 스레드는 데몬의 상태값을 참$_{true}$으로 설정한다. 만일 데몬 스레드만 돌아가고 있는 경우 JVM은 종료된다. 카산드라를 애플리케이션에 내장시켜서 실행하는 방식은 개발을 쉽고 빠르게 만들어주며, 이는 마치 미들웨어에 데이터를 저장하는 애플리케이션처럼 구현할 수 있다.

참고 사항

▶ 다음 예제인 '유닛 테스트 전에 데이터 디렉토리 비우기'

▶ '9장, 코딩과 내부구조'의 예제 '카산드라 메이븐 플러그인 사용하기'

유닛 테스트 전에 데이터 디렉토리 비우기

스리프트 API를 이용하면 개별 키, 컬럼 패밀리, 키스페이스를 삭제할 수도 있고 컬럼 패밀리들을 잘라낼 수도 있다. 어떤 경우에는 유닛 테스트를 시작하면서 모든 데이터 디렉토리를 삭제하는 것이 편할 수도 있다. 이를 위한 도구가 contrib 서브 프로젝트에 존재한다. 이번 예제에서는 데이터 삭제를 포함한 contrib을 어떻게 만드는지 알아보고, 이를 테스트 케이스 내부에서 사용해 본다.

배포판에 Cassandra-javautils.jar가 포함되어 있지 않다면, 이번 예제에서는
카산드라 소스코드가 필요하다. 이러한 경우 '9장, 코딩과 내부구조'의 '소
스코드에서 카산드라 빌드하기' 예제를 살펴보도록 한다. 이번 예제는 이전
예제인 '임베디드 카산드라 서버를 이용하여 유닛 테스트 작성하기'를 바
탕으로 만든다.

예제 구현

1. 카산드라 소스를 빌드한다. 이후 contrib/javautils 디렉토리에서 JAR 타겟
   을 실행한다.

```
$ cd <cassandra_src>
$ ant
$ cd contrib/javautils
$ ant jar
jar:
  [mkdir] Created dir: /home/edward/cas-trunk/contrib/javautils/
build/classes/META-INF
  [jar] Building jar: /home/edward/cas-trunk/contrib/javautils/build/
cassandra-javautils.jar
```

2. 생성된 JAR를 classpath에 복사한다.

```
$ cp <cassandra_src>/contrib/javautils/build/cassandra-javautils.jar
/home/edward/hpcbuild/lib/
```

3. src/test/hpcas/c03/EmbeddedCassandraTest.java에 CassandraService
   DataCleaner를 추가한다.

```
@BeforeClass
public static void setup() throws Exception {
  CassandraServiceDataCleaner cleaner = new
    CassandraServiceDataCleaner();
  cleaner.prepare();
```

```
    cassandra = new EmbeddedCassandraService();
  cassandra.init();
  Thread t = new Thread(cassandra);
  t.setDaemon(true);
  t.start();
}
```

4. 데이터 삭제가 작동하는지 확인하기 위해 data 디렉토리 안에 새로운 파일을 생성한다.

```
$ touch /tmp/test_data/a
$ ls /tmp/test_data/

a system
```

5. 유닛 테스트를 실행한다. 위에서 생성한 파일이 지워져야 한다.

```
$ ant test
  [junit] Tests run: 1, Failures: 0, Errors: 0
$ ls /tmp/test_data/
system
```

예제 분석

카산드라는 여러개의 contrib 서브 프로젝트로 가진다. 이 contrib 프로젝트는 현재 바이너리 배포판에 없다. 우리가 필요로 하는 클래스는 javautils contrib 프로젝트의 일부이다. 여기서 우리는 앤트를 이용하여 contrib을 빌드하고 결과물인 JAR를 classpath에 추가하는 것으로 유닛 테스트를 실행할 수 있다. 이 방법은 간단하며, 깨끗한 상태로 실행할 수 있다.

다양한 언어를 위한 스리프트 바인딩 생성 (C++, PHP 등)

카산드라를 위한 로우레벨 클라이언트는 스리프트를 이용해 만든다. <Cassandra_home>/interface/Cassandra.thrift에 있는 스리프트 인터페이스 설명 파일은 닷넷, C, 펄, PHP, 루비 등 다양한 프로그래밍 언어를 위해 존재한다. 이번 예제에서는 다양한 언어를 위한 바인딩을 생성하기 위해 스리프트를 다운로드하고 설치하는 방법을 살펴본다.

스리프트를 빌드하려면 GCC 컴파일러 등 개발 도구들이 필요하다.

```
$ yum group install "Development Tools"
```

여러 언어들에 대한 바인딩을 생성하기 위해서는 추가적인 컴포넌트를 설치해야 한다. 예를 들어 루비 바인딩을 생성하려면 ruby와 ruby-devel 패키지를 설치해야 한다. 좀더 많은 정보는 스리프트의 문서를 참조하라.

1. 사용중인 카산드라 서버에서 사용하고 있는 스리프트 버전을 확인한다.

   ```
   $ ls <cassandra_home>/lib | grep thrift
   libthrift-0.5.jar
   ```

2. 해당 버전의 스리프트를 다운로드하고 컴파일한다.

   ```
   $ wget http://apache.imghat.com/incubator/thrift/0.5.0-incubating/
   thrift-0.5.0.tar.gz
   $ tar -xf thrift*.tar.gz
   $ cd thrift*
   $ ./configure
   $ make
   $ sudo make install
   ```

3. cassandra.thrift 파일이 있는 디렉토리를 찾는다. 이는 소스 또는 바이너리 배포판 폴더 아래의 인터페이스 폴더에 있다.

   ```
   $ cd <cassandra_home>/interface
   $ thrift -gen java:hashcode -gen py -o $HOME/thrift-out cassandra.
   thrift
   ```

스리프트는 cassandra.thrift 파일로 바인딩을 만들 때, -gen 인자로 지정된 언어로 생성한다. 따라서 카산드라는 다양한 언어의 클라이언트와 상호작용하는 것이 가능하다. 이렇게 만들어진 클라이언트는 스리프트 인터페이스에서 제공되는 동일한 RPC로 접근이 가능하다. 즉 PHP 웹 애플리케이션, 파이썬 배치 프로그램, 자바 애플리케이션에서 사용 할 수 있다.

카산드라 스토리지 프록시, 팻 클라이언트(Fat Client) 사용하기

스리프트 등의 하이레벨 클라이언트의 API는 오버헤드가 크다. 그럼에도 불구하고 안정적이기 때문에 대부분의 개발자는 스리프트나 헥토르르Hector, 펠롭스Pelops 같은 하이레벨 클라이언트를 쓴다. 하지만 카산드라 내부에 접근을 필요로 하는 개발자도 있다. 이 개발자들은 스토리지 프록시Storage Proxy를 사용해야 한다. 아쉽게 스토리지 프록시 API는 마이너 버전 간에도 일관성이 보장되진 않는다. 이 예제에서는 스토리지 프록시 API 사용법을 살펴본다.

1. configuration 폴더를 서브폴더 안에 복사한다. 이후 리스닝 주소와 RPC 주소를 사용하지 않는 IP 주소로 변경한다.

```
$ cp -r $home/hpcas/apache-cassandra-0.7.0-beta2-1/conf conf-5node
vi conf-5node/cassandra.yaml
listen_address: 127.0.0.10
rpc_address: 127.0.0.10
```

2. 〈hpc_build〉/src/java/hpcas/c05/StorageServiceExamples.java 파일을 생성한다.

```
package hpcas.c05;
import java.util.*;
import org.apache.cassandra.db.*;
```

```
import org.apache.cassandra.db.filter.QueryPath;
import org.apache.cassandra.db.TimeStampClock;
import org.apache.cassandra.service.StorageProxy;
import org.apache.cassandra.service.StorageService;
import org.apache.cassandra.thrift.ColumnPath;
import org.apache.cassandra.thrift.ConsistencyLevel;

public class StorageServiceExample {
```

3. StorageService는 초기화를 해야 하는 스태틱 클래스다. 초기화 이후 10
   초간 가십Gossip 프로토콜이 다른 노드들에 클라이언트에 대한 정보를 전
   송하도록 대기한다.

```
private static void doInit() throws Exception {
    StorageService.instance.initClient();
    System.out.println("Wait 10 seconds for gossip initialization");
    Thread.sleep(10000L);
}
```

4. 다섯 개의 아이템을 삽입하는 스태틱 메소드는 RowMutation 객체를 사
   용해서 만든다. 그리고 이렇게 만들어진 것을 StorageProxy.mutate 메
   소드로 삽입한다.

```
private static void testWriting() throws Exception {
    for (int i = 0; i < 2; i++) {
        RowMutation change = new RowMutation("ks33",
("key" + i).getBytes());
        ColumnPath cp = new ColumnPath("cf33").setColumn(("colb")
.getBytes());
        IClock ic = new TimestampClock(System.currentTimeMillis());
        change.add(new QueryPath(cp), ("value" + i).getBytes("UTF-8"),
ic, 0);
        StorageProxy.mutate(Arrays.asList(change),
ConsistencyLevel.ONE);
        System.out.println("wrote key" + i);
    }
```

```
      }
   /* testReading() 메소드는 testWriting() 메소드가 넣은 모든 것을 읽으려고 시도한다. */
   private static void testReading() throws Exception {
     Collection<byte[]> cols = new ArrayList<byte[]>();
     cols.add("colb".getBytes("UTF-8"));
     for (int i = 0; i < 2; i++) {
       List<ReadCommand> commands = new ArrayList<ReadCommand>();
       SliceByNamesReadCommand readCommand = new
SliceByNamesReadCommand(
            "ks33",
            ("key"+i).getBytes("UTF-8") ,
            new QueryPath("cf33", null, null),
            cols);
       readCommand.setDigestQuery(false);
       commands.add(readCommand);
       List<Row> rows = StorageProxy.readProtocol(commands,
ConsistencyLevel.ONE);
       Row row = rows.get(0);
       ColumnFamily cf = row.cf;
       if (cf != null) {
         for (IColumn col : cf.getSortedColumns()) {
           System.out.println(new String(col.name()) + ", " + new
String(col.value()));
         }
       }
     }
   }
```

5. 이 애플리케이션의 시작점은 Main() 메소드다.

```
   public static void main(String args[]) throws Exception {
     doInit();
     for (String member : StorageService.instance.getLiveNodes() ){
       System.out.println("live node "+member);
     }
     testWriting();
     testReading();
```

```
        StorageService.instance.stopClient();
        System.exit(0);
    }
}
```

6. 드라이버 스크립트를 다음과 같이 run.sh라는 이름으로 만든다.

```
CP=dist/lib/hpcas.jar
for i in lib/*.jar ; do
  CP=$CP:$i
done
conf=/home/edward/hpcbuild/conf-5node
java -cp $CP -Dcassandra.config=file://${conf}/cassandra.yaml \
-Dstorage-config=$conf hpcas.c05.StorageServiceExample
```

7. 애플리케이션을 실행한다.

```
$ sh run.sh
Will sleep for 10 seconds for gossip initialization
live node 127.0.0.10
live node 127.0.0.5
live node 127.0.0.3
live node 127.0.0.4
live node 127.0.0.2
live node 127.0.0.1
wrote key0
wrote key1
colb, value0
colb, value1
```

예제 분석

StorageProxy와 StorageService는 일반 개발자를 위해 만들어진 것이 아니다. 이들을 이용하는 것은 클라이언트로의 연결보다는 임베디드 카산드라 서버를 사용하는 것에 가깝다. StorageService를 이용하는 노드가 클러스터에 추가되는 경우, 이 노드는 데이터를 저장하지 않지만 스리프트를 실행하고 특

98

정 IP주소에 스토리지 포트들을 열 것이다. 일단 연결되면, 이 API는 카산드라 내부에 대한 접근을 가능하게 허용한다.

하나의 클러스터 안에서 실행되는 StorageProxy 인스턴스의 IP는 모두 달라야 한다. 그리고 네트워크 내부에서 StorageProxy는 마치 클러스터의 일부인 것처럼 다른 노드들에 접근할 수 있어야 한다. 또한 카산드라의 코드는 스태틱하며 재진입 가능하지 않다. StorageService는 JVM에서 단 한 번 초기화될 수 있다.

범위 검색을 이용하여 오래된 데이터를 검색하고 삭제하기

카산드라에서 가장 많이 하는 작업은 get과 insert 작업이다. 많은 애플리케이션에서 데이터가 오래되면 더 이상 필요 없다. 이런 애플리케이션에선 범위 검색을 이용하여 모든 데이터를 탐색하는 데에 하나의 프로세스가 필요하다. 이번 예제에서는 범위 검색을 이용해 클러스터 내의 데이터를 탐색하고 명시된 시간보다 오래된 데이터를 삭제하는 작업을 살펴본다.

1. 〈hpc_build〉/src/hpcas/c03/Ranger.java 파일을 생성한다.

```
package hpcas.c03;
import hpcas.c03.FramedConnWrapper;
import hpcas.c03.Util;
import java.math.BigInteger;
import java.util.*;
import org.apache.cassandra.thrift.*;
import org.apache.cassandra.utils.FBUtilities;

public class Ranger {
  int size = 0;
  Cassandra.Client client = null;
```

```
FramedConnWrapper fcw = null;
/* 카산드라의 최대 토큰은 2^127이다. 따라서 이 값보다 클 수 없다.*/
java.math.BigInteger max = new java.math.BigInteger("2").pow(127);
java.math.BigInteger start = new java.math.BigInteger("0");
java.math.BigInteger current = new java.math.BigInteger("0");
GregorianCalendar cutoff = new GregorianCalendar();

public void doConnect() throws Exception {
  fcw = new FramedConnWrapper(
  Util.envOrProp("host"),
  Integer.parseInt(Util.envOrProp("port")));
  fcw.open();
  client = fcw.getClient();
}

public void runRepair() {
  start = new BigInteger("0");
  current = new BigInteger(start.toString());
  do {
    try {
      doConnect();
      doRange();
      Thread.sleep(1000);
    } catch (Exception e) {
      System.out.println(e);
    }
  } while (size != 0);
}
public void doRange() throws Exception {
```

2. Get_range_slices는 인자 중 하나로 SlicePredicate을 필요로 한다.

```
SlicePredicate pred = new SlicePredicate();
SliceRange sr = new SliceRange();
sr.setStart(new byte[0]);
sr.setFinish(new byte[0]);
sr.setCount(9000);
```

```
pred.setSlice_range(sr);
ColumnParent parent = new ColumnParent();
parent.setColumn_family(Util.envOrProp("cf"));
```

KeyRange는 동작을 위한 키를 고를 때 쓰인다. SlicePredicate이 큰 크기를 가지도록 설정하고, 어떤 종류의 컬럼도 포함할 수 있도록 시작과 끝에 빈 ByteArray를 지정해준다.

```
KeyRange kr = new KeyRange();
kr.setStart_token(this.current.toString());
kr.setEnd_token(this.max.toString());
kr.setCount(100);
```

3. Get_range_slices를 호출하고 그 결과를 handleResults() 메소드에 넘긴다.

```
client.set_keyspace(Util.envOrProp("ks"));
List<KeySlice> results = client.get_range_slices(
        parent, pred, kr, ConsistencyLevel.ONE);
this.handleResults(results);
size = results.size();
}
```

4. 이 메소드는 KeySlice 객체의 리스트를 탐색한다. 각각의 KeySlice에 대해 주어진 키에 대한 컬럼을 찾는다. 만약 컬럼이 주어진 시간보다 오래된 경우엔 삭제한다.

```
public void handleResults(List<KeySlice> results) {
  for (KeySlice ks : results) {
    for (ColumnOrSuperColumn columnOrSuper : ks.getColumns()) {
      if (columnOrSuper.isSetColumn() == true) {
        Column c = columnOrSuper.column;
        if (c.getTimestamp() < cutoff.getTimeInMillis() * 1000L) {
          ColumnPath cp = new ColumnPath();
          cp.setColumn_family(Util.envOrProp("cf"));
          cp.setColumn(c.name);
          try {
```

```
                client.remove(ks.getKey(), cp,
                        System.currentTimeMillis(), ConsistencyLevel.ONE);
                System.out.println("Removed " + new String(ks.key)
                        + " " + new String(c.name));
            } catch (Exception ex) {
                System.out.println(ex);
            }
        }
    }
}
```

5. 현재 변수를 KeySlice의 마지막 키에 대한 해시값으로 다시 설정한다.
   이는 get_range_slices가 다음 호출에서 다음 키의 집합을 탐색하도록
   만든다.

```
        this.current = FBUtilities.md5hash(ks.key);
    }
}
```

```
  public static void main(String[] args) throws Exception {
      Ranger ranger = new Ranger();
      int retentionDays = Integer.parseInt(Util.
envOrProp("retentionDays"));
      ranger.cutoff.add(GregorianCalendar.DAY_OF_YEAR, -
retentionDays);
      ranger.runRepair();
  }
}
```

6. 프로그램을 실행한다.

```
$cf=cf33 ks=ks33 host=127.0.0.1 port=9160 retentionDays=1 ant run
-DclassToRun=hpcas.c05.Ranger
Run:
  [java] Removed key30 colb
  [java] Removed key16 colb
  [java] Removed key55 colb
  [java] Removed key51 colb
```

클러스터가 RandomPartitioner를 사용하든 OrderPreservingPartitioner를 사용하든지 간에 전체 데이터는 순서를 가지고 있다. 범위 검색_{range scan}은 마지막 또는 첫 범위 검색에서 얻은 키를 다음 범위 검색 토큰으로 사용함으로써, 모든 데이터 탐색이 가능하다.

부연 설명

범위 검색은 오랜 시간이 걸릴 수 있으며, 그 속도는 프로세서 성능에 따라 결정된다. 또한 설정값이 이 속도에 영향을 미치는데, 더 큰 키 범위를 이용하거나 슬라이스 범위를 사용하면 더 많은 데이터를 탐색하므로 시간이 더 걸린다.

프로그램이 프로세서 자원을 독차지하는 것을 막는 데에는 몇 가지 방법이 있다. 첫 번째는 sleep() 메소드를 코드에 넣는 것이다. 큰 클러스터에 대해서는 하나의 프로그램에서 전부 처리하는 것이 아니라 여러 개의 탐색 프로그램이 작은 부분을 탐색하게 하는 것이 효과적이다. 또한 프로그램이 적게 돌고 있는 시간대에 작동하게 하는 것도 방법이다.

참고 사항

- ▶ 'TTL을 이용하여 자가 탐지 시간이 있는 컬럼 만들기'는 오래된 데이터를 자동으로 삭제하는 방법을 다룬다.
- ▶ 만약 특정 키에 대한 컬럼들이 슬라이스 범위 크기보다 큰 경우 다음 예제인 '커다란 키에 대해 모든 컬럼 탐색하기'를 참고하라.

커다란 키에 대해 모든 컬럼 탐색하기

어떤 디자인의 경우 특정한 로우 키가 여러개의 연관된 컬럼을 가지고 있을 수 있다. 한 번의 연산으로 모든 컬럼을 불러오는 것은 매우 비효율적이거나 불가능할 수도 있다. 이번 예제에서는 하나의 키에 대해 몇 개의 컬럼씩 나눠서 탐색하는 SlicePredicate에 대해서 알아본다.

1. 〈hpc_build〉/src/java/hpcas/c03/IterateLargeKey.java 파일을 생성한다.

```java
package hpcas.c03;
import hpcas.c03.*;
import java.util.List;
import org.apache.cassandra.thrift.*;

public class IterateLargeKey {
  public static void main (String [] args) throws Exception {
    FramedConnWrapper fcw = new FramedConnWrapper(Util.
envOrProp("host"),
        Integer.parseInt(Util.envOrProp("port")));
    fcw.open();
    fcw.getClient().set_keyspace(Util.envOrProp("ks"));
    ColumnParent parent = new ColumnParent();

    /* "friends" 키 안에 있는 많은 리스트를 갖고 시뮬레이션 해 보자. */
    byte [] key = "friends".getBytes("UTF-8");
    String [] names = new String [] {"sandy","albert","anthony",
"bob","chuck"};
    parent.setColumn_family(Util.envOrProp("cf"));

    /* 모든 이름을 컬럼 형태로 넣자.*/
    for (String name : names) {
      Column c = new Column();
      c.setName(name.getBytes());
      c.setTimestamp(System.currentTimeMillis()*1000L);
      c.setValue("".getBytes("UTF-8"));
      fcw.getClient().insert(key, parent, c, ConsistencyLevel.QUORUM);
    }
```

2. SlicePredicate을 생성하고 카운트를 3으로 한다. 처음부터 슬라이스를 하게 하기 위해 빈 바이트 배열에서 시작한다. 각 컬럼 패밀리의 컬럼 정렬 순서 기본값은 바이트 순서다.

```
SlicePredicate pred = new SlicePredicate();
SliceRange range = new SliceRange();
range.setCount(3);
range.setStart(new byte[0]);
range.setFinish(new byte[0]);
pred.setSlice_range(range);
List<ColumnOrSuperColumn> cols = fcw.getClient().get_slice
            (key, parent, pred, ConsistencyLevel.QUORUM);
while (cols.size()>1 || cols.size()==0){
  for (int i=0;i<cols.size();++i){
    System.out.println( new String( cols.get(i).getColumn().
getName()));

        /* 결과 리스트의 마지막 컬럼까지 진행하자.*/
      range.setStart( cols.get(i).getColumn().getName() );
  }
  cols = fcw.getClient().get_slice(key, parent, pred,
ConsistencyLevel.QUORUM);
    System.out.println("----");
  }
  }
}
```

3. 애플리케이션을 실행한다.

```
$ cf=cf33 ks=ks33 host=127.0.0.1 port=9160 ant -DclassToRun=hpcas.
c05.IterateLargeKey
run:
  [java] albert
  [java] anthony
  [java] bob
  [java] ----
  [java] bob
  [java] chuck
  [java] sandy
  [java] ----
```

get_sllice 메소드는 해당 키의 컬럼을 선택하기 위해 SlicePredicate과 SliceRange를 사용한다. 키의 컬럼은 정렬되어 있기 때문에 리스트에서 여러 개의 아이템을 한 번에 건너뛸 수 있다. 컬럼의 리스트를 탐색하는 것은 마지막으로 본 컬럼을 다음 슬라이스의 시작으로 쓰면 된다. 이전 슬라이스의 마지막 엘리먼트는 다음 슬라이스의 첫 번째 엘리먼트다.

컬럼 순서 뒤바꾸기

하나의 키에 대한 컬럼들은 정렬된 맵 구조 순이다. 이때, Get_slice를 이용하여 컬럼을 선택하면, 컬럼의 정렬 순서가 영향을 받는다. 이 예제에서는 슬라이스 결과의 순서를 뒤집는 방법을 살펴본다.

이 예제는 이전 예제의 코드가 필요하다.

1. ⟨hpc_build⟩/src/java/hpcas/c03/IterateLargeKey.java에 range. setReversed(true)를 추가한다.

```
SliceRange range = new SliceRange();
range.setCount(3);
range.setStart(new byte[0]);
range.setFinish(new byte[0]);
range.setReversed(true);
```

2. 애플리케이션을 실행한다.

```
$ cf=cf33 ks=ks33 host=127.0.0.1 port=9160 ant -DclassToRun=hpcas.
c05.IterateLargeKey run
run:
```

106

```
[java] sandy
[java] chuck
[java] bob
[java] ----
[java] bob
[java] anthony
[java] albert
[java] ----
```

컬럼의 정렬 순서를 역순으로 바꾸는 것은 몇몇 인스턴스에서 매우 유용하
다. 그 중 하나는 가장 큰 컬럼을 얻고자 하는 경우다. 만약 컬럼이 숫자인 경
우 이는 가장 큰 숫자가 될 것이며, 만약 문자열인 경우 이는 사전순서에서
가장 마지막인 문자열이 될 것이다. 만약 타임스탬프timestamp라면, 가장 최신
데이터가 될 것이다.

데이터 삽입 성능을 향상시키고 코드를 견고하게 하기 위해 배치 뮤테이션 사용하기

배치 뮤테이션batch mutation은 데이터 삽입 작업을 여러 번 하는 것에 비해서 장
점이 몇 가지 있다. 큰 메시지를 묶어서 보내는 작업은 작은 메시지를 여러 번
보내는 작업보다 클라이언트와 카산드라 사이의 네트워크 오버헤드가 적다.
예를 들어 여러 번의 전송을 하는 경우엔 코드의 try-catch 블록과 재시도 로
직이 매번 반복될 것이다. 배치 뮤테이션을 이용하는 경우 많은 작업들이 한
꺼번에 실행되는데, 만일 뮤테이션이 실패하면, 연관된 타임스탬프 때문에 전
체 리스트를 다시 전송하는 것이 좋다.

1. 〈hpc_build〉/src/hpcas/c05/BatchMutate.java 파일을 만든다.

```
package hpcas.c05;
import hpcas.c03.FramedConnWrapper;
import hpcas.c03.Util;
import java.util.*;
import org.apache.cassandra.thrift.*;

public class BatchMutate {
  public static void main(String[] args) throws Exception {
```

2. 배치 뮤테이션은 큰 중첩 객체nested object다. 최상위 레벨의 맵은 맵에 대한 byte[] 키를 가진다. 내부 맵은 컬럼 패밀리를 표현하기 위해 문자열 키를 사용한다. 내부 맵의 값은 뮤테이션의 리스트다. 각각의 뮤테이션은 삽입 또는 삭제할 컬럼의 리스트가 될 수 있다.

```
    Map<byte[],Map<String,List<Mutation>>> mutations = new HashMap
<byte[],Map<String,List<Mutation>>>();
    for (String key : new String[]{"ekey", "fkey", "gkey"}) {
      List<Mutation> mutationList = new ArrayList<Mutation>();
      for (int i = 0; i < 2; i++) {
```

3. 각 뮤테이션은 간단한 정수를 값으로 가지는 컬럼이다.

```
        Mutation xMut = new Mutation();
        Column x = new Column();
        x.setName(("x"+i).getBytes("UTF-8"));
        x.setTimestamp(System.currentTimeMillis() * 1000L);
        x.setValue(("" + i).getBytes("UTF-8"));
        ColumnOrSuperColumn xcol = new ColumnOrSuperColumn();
        xcol.setColumn(x);
        xMut.setColumn_or_supercolumn(xcol);
```

4. 두 번째 뮤테이션은 첫 번째 뮤테이션과 같은 작업을 수행하지만 값은 제곱이다.

```
Mutation yMut = new Mutation();
Column y = new Column();
y.setName(("y"+i).getBytes("UTF-8"));
y.setTimestamp(System.currentTimeMillis() * 1000L);
y.setValue(("" + (i * i)).getBytes("UTF-8"));
ColumnOrSuperColumn ycol = new ColumnOrSuperColumn();
ycol.setColumn(y);
yMut.setColumn_or_supercolumn(ycol);
```

5. 두 뮤테이션 모두를 뮤테이션 리스트에 추가한다.

```
mutationList.add(yMut);
mutationList.add(xMut);
HashMap<String,List<Mutation>> mutationMap =
new HashMap<String,List<Mutation>>();
```

6. 컬럼 패밀리 이름과 앞 단계에서 만든 뮤테이션 리스트로 맵을 만든다.

```
mutationMap.put("cf33", mutationList);
```

7. 만들어진 뮤테이션 맵을 최상위 레벨 mutation 객체에 삽입한다.

```
        mutations.put(key.getBytes("UTF-8"), mutationMap);
    }
}
FramedConnWrapper fcw = new FramedConnWrapper(Util.
envOrProp("host"),
        Integer.parseInt(Util.envOrProp("port")));
fcw.open();
fcw.getClient().set_keyspace(Util.envOrProp("ks"));
long start = System.nanoTime();
```

8. batch_mutate 메소드를 호출하여 변경사항을 한꺼번에 적용한다.

```
fcw.getClient().batch_mutate( mutations, ConsistencyLevel.
QUORUM);
System.out.println("Time taken " +(System.nanoTime() - start));
```

```
        fcw.close();
    }
}
```

9. 애플리케이션을 실행한다.

```
$ cf=cf33 ks=ks33 host=127.0.0.1 port=9160 ant run
-DclassToRun=hpcas.c05.BatchMutate
run:
   [java] Time taken 59809657
```

10. 카산드라 cli를 이용하여 결과를 확인한다.

```
$ ${HOME}/hpcas/apache-cassandra-0.7.0-beta2-1/bin/cassandra-cli
[default@unknown] connect localhost/9160
[default@unknown] use  ks33
```

11. ks33 키스페이스에 증명된 결과를 확인한다.

```
[default@ks33] get cf33['ekey']

=> (column=7931, value=1, timestamp=1291477677622000)
=> (column=7930, value=0, timestamp=1291477677622000)
=> (column=7831, value=1, timestamp=1291477677622000)
=> (column=7830, value=0,  timestamp=1291477677551000)
Returned 4 results.
```

예제 분석

배치 뮤테이션은 값을 하나하나 삽입하는 것에 비해 효과적이다. 네트워크 라
운드 트립 시간도 줄어들며, 총 전송되는 데이터 양도 줄어든다. 각 컬럼이 타
임스탬프를 가진다는 것을 기억해보자. 타임스탬프는 카산드라에서 삽입 연산
에 대해 멱등idempotent을 유지할 수 있게 도와준다. 따라서 배치 뮤테이션 삽입
이 부분적으로 실패할 경우, 뮤테이션 밖에서 발생했을 데이터의 변경에 대해
걱정할 필요 없이 뮤테이션 전체를 다시 수행하면 된다.

'10장, 라이브러리와 애플리케이션'의 예제 '헥토르를 이용하여 일괄처리하기'에서는 고수준 라이브러리인 헥토르Hector가 일괄처리를 얼마나 쉽게 해주는지 알아본다.

TTL을 이용하여 자가 탐지 시간이 있는 컬럼 만들기

삭제하고자 하는 데이터를 찾기 위해 get_range_slices를 이용하여 특정 범위를 스캔하는 것은 낭비다. 이러한 방법은 캐시 히트율cache hit rate를 낮추고 클러스터에 큰 부하를 준다. 대안으로는 컬럼에 TTLtime-to-live 속성을 주는 방법이 있다. 이때 TTL이 지난 경우 컬럼은 자동으로 삭제된다. 이 예제에서는 TTL 속성과 가짜 메시징 프로그램을 이용하여 자동으로 오래된 메시지들을 없애는 방법을 알아본다.

1. 〈hpc_build〉/src/hpcas/c03/TTLColumns.java 파일을 아래 내용으로 만든다.

```
package hpcas.c03;
import hpcas.c03.FramedConnWrapper;
import hpcas.c03.Util;
import java.util.List;
import org.apache.cassandra.thrift.*;

public class TTLColumns {
  public static void main(String[] args) throws Exception {
```

2. 개발자는 다음 인자를 설정한다. 메시지가 누구에게 전송될지(message_to), 메시지의 이름(message_name), 메시지의 내용(message_content), 그리고 메시지가 만료되기까지의 시간(expire_seconds)

```java
Column x = new Column();
x.setName((Util.envOrProp("message_name")).getBytes("UTF-8"));
x.setTimestamp(System.currentTimeMillis() * 1000L);
x.setValue(Util.envOrProp("message_content").getBytes("UTF-8"));
x.setTtl(Integer.parseInt(Util.envOrProp("expire_seconds")));
FramedConnWrapper fcw = new FramedConnWrapper(Util.
envOrProp("host"),
      Integer.parseInt(Util.envOrProp("port")));
fcw.open();
fcw.getClient().set_keyspace("ks33");
ColumnParent parent = new ColumnParent();
parent.setColumn_family("cf33");
fcw.getClient().insert(
    Util.envOrProp("message_to").getBytes("UTF-8"),
    parent, x, ConsistencyLevel.QUORUM);

/* 해당 키에 대해서 30개의 컬럼을 얻기 위해서 get_slice를 쓴다. */
SlicePredicate predicate = new SlicePredicate();
SliceRange range = new SliceRange();
range.setCount(30);
range.setStart(new byte[0]);
range.setFinish(new byte[0]);
predicate.setSlice_range(range);
List <ColumnOrSuperColumn> results = fcw.getClient().get_slice(
      Util.envOrProp("message_to").getBytes("UTF-8"),
      parent, predicate, ConsistencyLevel.QUORUM);
for (ColumnOrSuperColumn result: results){
  System.out.println( "Message name: "+new String(result.column.
name) );
  System.out.println( "Message value: "+new String(result.column.
value) );
  }
  fcw.close();
 }
}
```

3. 프로그램을 여러 번 실행한다. 매번 실행할 때마다 다른 message_name과 message_content를 이용하라. 각각의 메시지는 TTL을 30초로 설정한다.

```
message_to=edward message_name=1st message_content="first message" \
expire_seconds=30 host=127.0.0.1 port=9160  ant run \
-DclassToRun=hpcas.c05.TTLColumns
run:
  [java] Message name: 1st
  [java] Message value: first message


$ message_to=edward message_name=2nd message_content="second
message" \ expire_seconds=30 host=127.0.0.1 port=9160  ant run
-DclassToRun=hpcas.c05.TTLColumns
run:
  [java] Message name: 1st
  [java] Message value: first message
  [java] Message name: 2nd
  [java] Message value: second message
```

4. sleep을 이용하거나 3번째 명령어를 실행하기 전에 잠시 기다려라. 그때 쯤이면 첫번째 메시지가 만료될 것이다.

```
$ sleep 20
$ message_to=edward message_name=3rd \
message_content="third message" expire_seconds=30 \
host=127.0.0.1 port=9160  ant run -DclassToRun=hpcas.c05.TTLColumns
run:
  [java] Message name: 2nd
  [java] Message value: second message
  [java] Message name: 3rd
  [java] Message value: third message
```

예제 분석

TTL이 설정되고 나면 만료시간이 지난 컬럼은 get이나 get_slice 요청의 결과에 나타나지 않게 된다. TTL은 컬럼을 두 번 저장하는 것보다 공간을 적게

차 지하며 오래된 엔트리를 찾기 위해 범위 검색을 하는 것보다 효율적이다. TTL은 캐시를 사용하는 경우에 자주 쓰인다.

참고 사항

▶ 이 장의 '범위 검색을 이용하여 오래된 데이터를 검색하고 삭제하기'

▶ '6장, 스키마 디자인'의 예제 '카산드라로 분산 캐싱하기'

2차 인덱스 다루기

로우 키를 사용하면 주primary 정렬과 샤딩sharding이 가능하다. 그러면 키값에 의한 검색이 매우 빨라진다. 로우 키와 연관된 컬럼은 컬럼 이름에 의해 정렬된다. 2차 인덱스를 사용하면 컬럼의 값으로 검색하는 것이 가능하다. 이 예제에서는 2차 인덱스를 생성하고 사용하는 방법을 살펴본다.

준비

이 예제에서는 제한된 CRM 애플리케이션을 이용해 2차 인덱스를 살펴본다. 주어진 엔트리에는 고객들의 이름과, 그들이 사는 도시, 그리고 전화번호를 저장했다. 이제 도시 컬럼에 대해 인덱스를 생성하자.

```
[default@ks33] create keyspace ks33 with replication_factor=3;
[default@ks33] create column family customers with comparator=UTF8Type and
column_metadata=[{column_name: customer_name, validation_class:UTF8Type}
,{column_name:state, validation_class:UTF8Type ,index_type:KEYS}];
```

예제 구현

1. customers 컬럼 패밀리에 예제 데이터를 삽입한다. 두 명의 사람이 뉴욕 New York에 거주하는 것을 기억하자.

    ```
    [default@ks33] set customers['bobsmith']['state']='New York';
    [default@ks33] set customers['bobsmith']['phone']='914-555-5555';
    ```

```
[default@ks33] set customers['peterjones']['state']='Texas';
[default@ks33] set customers['peterjones']['phone']='917-555-5555';
[default@ks33] set customers['saraarmstrong']['state']='New York';
[default@ks33] set customers['saraarmstrong']
['phone']='914-555-5555';
```

2. 도시 컬럼은 균등 인덱스를 사용하고 있다. 정확히 일치하는 도시에 대한 검색이 가능하다. 어떠한 사람들이 '뉴욕'에 거주하는지를 살펴본다.

```
[default@ks33] get customers where state = 'New York';
-------------------
RowKey: saraarmstrong
=> (column=phone, value=3931342d3535352d35353535,
timestamp=1291575939033000)
=> (column=state, value=New York, timestamp=1291575892195000)
-------------------
RowKey: bobsmith
=> (column=phone, value=3931342d3535352d35353535,
timestamp=1291575717285000)
=> (column=state, value=New York, timestamp=1291575686951000)
2 Rows Returned.
```

예제 분석

2차 인덱스는 컬럼 값에 대한 최적화된 검색을 도와준다. 2차 인덱스는 데이터에 대한 또 다른 순서를 유지하므로 디스크 공간을 더욱 많이 차지한다. 따라서 카산드라는 인덱스를 관리하고 업데이트하는 데 더 많은 작업을 필요로 한다. 2차 인덱스는 원자적_{atomic}이지 않다. 이들은 백그라운드에서 생성되고 관리된다.

참고 사항

'6장, 스키마 디자인'의 예제 '2차 데이터 정렬 방법과 인덱스 만들기'

4

성능 튜닝

소개

성능 튜닝은 병목 지점을 찾고 최적의 설정값을 찾는 것과 관련이 있다. 이번 장에서는 카산드라와 자바, 그리고 시스템 튜닝에 대해서 소개한다.

운영체제와 배포판 선택하기

운영체제는 소프트웨어의 성능을 많이 좌우한다. 따라서 운영체제를 선택할 때 생각해봐야 할 몇 가지 요소들이 있으며, 이 예제에서는 운영체제를 선택하기에 앞서 고려해봐야 할 주요사항들에 대해 알아본다.

예제 구현

다음을 지원하는 운영체제와 배포판을 사용해야 한다.

- ▶ JVM Java Virtual Machine
- ▶ 자바의 네이티브 아키텍처
- ▶ 파일 시스템의 하드 링크 hard link
- ▶ 카산드라 패키지
- ▶ 대규모 사용자와 개발자 커뮤니티

예제 분석

카산드라는 자바 환경에서 작동한다. 오라클의 JVM은 리눅스와 솔라리스, 윈도우를 지원한다. 다른 운영체제에 맞도록 포팅된 JMV이 존재하나, 이 버전들의 라이선싱 여부와 프로그램의 완성도를 잘 알아봐야 한다.

자바 네이티브 아키텍처는 애플리케이션이 시스템 라이브러리를 직접적으로 접근할 수 있게 해주는 구성요소다. 카산드라의 많은 부분이 이 기술을 사용하여 스왑 파일과 스냅샷 파일을 최소한으로 이용하고 성능을 최적화할 수 있다.

카산드라는 RPM과 DEB 패키지 포맷을 지원한다. 이 패키지들을 사용해서 카산드라를 쉽게 설치할 수 있다.

카산드라는 주로 리눅스 2.6 커널에 설치된다. 레드햇 엔터프라이즈 리눅스 RedHat Enterprise Linux, 센토스Centos, 우분투Ubuntu 등의 배포판을 주로 많이 사용한다. 카산드라는 솔라리스Solaris, 프리BSDFreeBSD 또는 윈도우에서도 동작하기는 하지만 그리 많이 사용되는 편은 아니다. 보편적인 설정을 따르지 않으면 다른 사람들이 재현하기 힘든 버그와 특이행동이 발생할 수 있다.

 이 책에서 소개하는 성능 개선 방법들은 레드햇 엔터프라이즈 리눅스에 기반한 리눅스 2.6 커널의 센토스 5를 사용함을 가정한다.

JVM 선택하기

카산드라는 자바로 짜여 있으므로, 자바 버전을 잘 선택하는 것이 성능 개선에 큰 영향을 미친다. 자바 표준에 부합하는 여러가지 다른 VM버추얼머신이 존재하며, VM을 선택할 때에는 아래의 부분들을 염두에 두어야 한다.

다음을 지원하는 JVM을 사용해야 한다.

- ▶ 자바 버전 1.6과 호환
- ▶ 빠른 가비지 컬렉션
- ▶ 해당 운영체제 지원
- ▶ 하드웨어 아키텍처 지원
- ▶ 대규모 사용자와 개발자 커뮤니티

카산드라를 구동하는 데는 최소한 자바 버전 1.6과 호환되는 JVM이 필요하며, 해당 VM은 우리가 사용하는 서버의 하드웨어 플랫폼을 지원해야 한다. 카산드라를 구동할 때에는 주로 64비트 시스템을 사용하며, 데이터 파일을 메모리 매핑할 때에는 64비트 하드웨어가 꼭 필요하다. 사용하려는 JVM은 자바 네이티브 아키텍처와 빠른 가비지 컬렉션을 지원해야 한다.

이 책에서는 자바 SE JVM을 사용한다. 카산드라에는 오라클 자바 SE JVM에서 가비지 컬렉션의 통계를 로그 형태로 긁어오는 부분이 있다. 자바 SE JDK는 http://www.oracle.com/technetwork/java/javase/downloads/index.html에서 내려받을 수 있다.

 라이선싱 문제로 대부분의 RPM저장소에 Oracle JVM이 올라갈 수 없으므로, Oracle은 GPLv2 라이센스의 OpenJDK(http://openjdk.java.net) 를 제공한다.

▶ 4장, '64비트 아키텍처에서 압축된 포인터 사용으로 메모리 절약하기' 예제

▶ 4장, 'JVM 멈춤 현상을 최소하하는 가비지 컬렉션 튜닝' 예제

커밋 로그 전용 디스크 사용하기

쓰기 연산은 디스크의 커밋 로그에 순차적으로 기록되며, 메모리 정렬 구조를 멤테이블Memtable에 계속 수정해 나간다. 데이터의 크기가 한계점에 다다르면 멤테이블은 SSTable이라는 정렬된 포맷으로 바뀌어 디스크에 저장된다. 디스크로 저장된 후에는 커밋 로그는 더 이상 필요없게 되므로 지워진다. 커밋 로그는 카산드라가 시작될 때 디스크로 저장되지 못한 쓰기 작업을 복구하기 위해 사용된다.

이 방법을 사용하려면 데이터 디스크와 물리적으로 분리된 디스크가 필요하다. 다른 디스크를 포맷하는 방식과 동일하게 포맷을 해서 사용하자.

예제 구현

1. df 명령어를 통해서 시스템에 마운트된 파티션을 확인한다.

```
$ df -h
Filesystem Size   Used Avail Use% Mounted on
/dev/sda2  130G   19G  105G  16% /
tmpfs      2.0G   18M  1.9G   1% /dev/shm
/dev/sda3  194M   74M  111M  40% /boot
/dev/sdb1  130G    2M  124G   1% /mnt/commitlog
```

2. cassandra 개발자가 이 디렉토리에 대한 소유권과 접근 권한이 있도록 권한 설정을 한다.

```
$ chown cassandra:cassandra /mnt/commitlog
$ chmod 755 /mnt/commitlog
```

3. conf/cassandra.yaml 설정 파일을 수정하여 커밋 로그가 저장되는 경로를 바꾼다.

```
CommitLogDirectory: /mnt/commitlog
```

4. 카산드라를 재시작한다.

 새로운 커밋 로그 디렉토리를 사용할 때에는 예전에 사용하던 디렉토리에서 파일을 복사해 놓는 것을 잊지 말자.

독립된 커밋 로그를 사용하면 데이터를 자주 기록하는 프로그램의 성능이 개선된다. 커밋 로그의 트래픽을 데이터 읽기, 멤테이블 저장, 그리고 SStable 컴팩션 트래픽에서 분리하여 속도 개선을 할 수 있다.

커밋 로그 디스크는 반드시 클 필요는 없으나 디스크에 아직 저장되지 못한 멤테이블의 결과를 저장하고 있을 정도는 되어야 한다.

커밋 로그가 동기화되는 시간이 존재하지만, 이는 다른 쓰기 활동을 방해하지 않는다. 커밋 로그 디렉토리와 디스크는 쓰기 트래픽보다는 빨라야 하나, 왠만하면 하나의 디스크로도 이 정도 속도를 낼 수 있기 때문에 그리 큰 문제는 아니다.

▶ 4장, '쓰기집약적 작업에 맞는 멤테이블 튜닝' 예제
▶ 4장, '컴팩션 한계값 설정하기' 예제

RAID 레벨 설정하기

카산드라는 내부적으로 데이터의 복제본replica을 관리하며, 개개의 키스페이스에 설정 가능한 복제 계수Replication Factor가 있다. 복제 계수가 2라면 카산드라는 데이터가 두 개의 서로 다른 노드에 저장됨을 보장한다. 카산드라가 이런 복제 옵션을 처리하기 때문에, 디스크 시스템의 성능과 데이터 중복을 적절히 맞추어 설정할 수 있다. 여기서는 카산드라 시스템에서 주로 사용되는 RAID 레벨을 알아보자.

가장 빠른 읽기/쓰기 속도를 갖는 옵션은 스트라이핑striping이라고도 불리는 RAID-0 방식이다. 하지만 이 방법에는 디스크에 오류가 생겼을 때 데이터가

완전히 소실된다는 단점이 있다. 이 설정은 시스템에 있는 디스크 용량을 100 퍼센트 활용한다.

RAID-1은 주로 두 개의 디스크를 사용해서 동일한 데이터를 두 디스크에 미러링한다. 이 옵션은 쓰기 속도를 증가시키지는 않지만, 두 개의 디스크에서 번갈아서 데이터를 읽으므로 읽기 속도를 증가한다. 데이터가 두 개의 디스크에 모두 기록되기 때문에 총 용량의 50퍼센트밖에 사용하지 못한다.

RAID-5는 최소 3개의 디스크가 필요하다. 이 옵션은 하나의 디스크에 이상이 생겨도 동작할 수는 있으나 전반적인 성능이 떨어진다. 이 옵션을 사용하기 위해서 필요한 부수적인 정보때문에 실제로 사용할 수 있는 용량은 조금 떨어진다.

RAID-10은 최소 4개의 디스크가 필요하며, 이는 스트라이핑과 미러링 기술을 동시에 사용한다. RAID-5보다 더 나은 읽기/쓰기 성능을 보여주며, 여러 개의 디스크에 오류가 생겨도 동작할 수 있다는 장점이 있다.

Just a Bunch Of Disks(JBOD)는 파일 디렉토리를 여러 개 분산시켜 사용한다. 이는 카산드라에서 사용할 수 있는 또 다른 옵션으로, 그저 파일을 저장하는 폴더를 여러 디스크에 분산시키는 것이기 때문에 디스크 용량을 100퍼센트 사용할 수 있다. 하지만 이 방법은 파일 액세스가 많은 부분을 잘 나눠서 설정하기가 어려울 뿐만 아니라 실제로 사용되는 경우도 매우 드물다.

예제 구현

1. 사용할 수 있는 여분의 하드웨어를 준비한다.

2. 디스크에 생길 수 있는 이상증세와 디스크 유휴시간에 대해서 고려해 본다.

3. RAID를 사용하는 것으로 낭비되는 디스크 용량에 대해서 고려해본다.

충분히 큰 클러스터에서는 디스크에 이상이 오는 것이 당연한 일이다. 하드웨어가 고장 날 경우에 해당 노드는 성능이 저하되거나 아예 동작하지 않을 수 있기 때문에 여분의 하드웨어가 있는 것이 좋다. 작은 클러스터에서 나타나는 성능 저하는 클러스터 크기가 클 때보다 훨씬 더 가시적으로 나타날 것이다.

RAID 카드를 사용한다면 CPU의 부하를 덜 수는 있지만, 소프트웨어로도 RAID를 구현할 수 있다. 서버에서 설정할 수 있는 RAID 타입과 레벨, 그리고 디스크 개수가 굉장히 다양하기 때문에 어떤 설정이 가장 좋은 것인지 판단해 주는 도구가 존재한다.

소프트웨어 vs. 하드웨어 RAID

최근에 나온 리눅스 배포판은 RAID 0, 1, 5 등에 대한 소프트웨어 지원을 한다. 하드웨어 RAID는 소프트웨어로 구현한 것보다 더 나은 성능을 보여주며 CPU에 부하를 주지 않는다. 각기 다른 성능과 기능을 지원하는 넓은 가격대의 RAID 카드들이 존재하며 모든 카드들이 모든 RAID 레벨을 지원하는 것은 아니므로 구입하기 이전에 하드웨어 스펙을 잘 확인해야 한다.

디스크 성능 테스트

Bonnie++(http://www.coker.com.au/bonnie++) 또는 IOZone(http://www.iozone.org) 등의 디스크 성능을 측정하는 툴로 시스템의 디스크 성능을 테스트해볼 수 있다.

12장에서 '디스크 사용량 모니터링 및 성능의 기초선 갖기' 예제를 참고한다.

하드디스크 성능 개선을 위한 파일시스템 최적화

마운트 옵션과 디스크 파일 시스템도 성능을 좌우할 수 있다. 현재 EXT, JFS, XFS뿐만 아니라 매우 다양한 파일 시스템이 존재하며, 주로 많이 사용되는 것은 EXT이다. 대부분의 최신 리눅스 배포판들은 매우 안정적이고 성능이 뛰어난 EXT4 파일 시스템을 지원한다. 여기서는 EXT4 파일 시스템으로 포맷하고 마운트하는 방법을 알아보자.

준비

현재 사용하고 있는 시스템이 EXT4를 지원하는지 여부를 확인한다. 대부분의 최신 리눅스 배포판은 이를 지원한다. 이를 확인하려면 /sbin/mkfs.ext4 파일이 존재하는지 확인하면 된다.

예제 구현

1. 디스크를 포맷한다. 이 예제에서는 /dev/sda1를 ext4 파일 시스템으로 포맷한다.

   ```
   $ mke2fs -t ext4 /dev/sda1
   ```

2. ext4 파일 시스템을 최고 성능으로 사용하기 위해서 /etc/fstab을 편집해 다음과 같은 옵션을 준다. 이는 데이터 무결성을 조금 희생한다.

   ```
   noatime,barriers=0,data=writeback,nobh
   ```

3. 데이터 무결성을 높여서 디스크 이상에 더 잘 대처할 수 있도록 다음과 같은 옵션을 준다.

   ```
   noatime,barriers=1,data=journal,commit=30
   ```

4. 이제 디스크를 마운트하자. unmount 명령어를 사용하지 않고 remount 옵션으로 마운트 설정을 적용할 수 있으나, 몇몇 옵션들은 완전한 언마운트와 마운트를 필요로 할 수도 있다.

   ```
   $ mount -o remount /var
   ```

Noatime 옵션은 매 읽기마다 inode 정보를 갱신하지 않게 한다. 카산드라는 액세스 시간 정보를 사용하지 않은 채 읽기를 자주 하므로 이 옵션을 사용해야 한다.

barriers=0은 쓰기 장애write barrier를 없애준다. 쓰기 장애란 저널 커밋을 강제로 디스크로 쓰게 만드는 것으로, 성능을 조금 희생하여 쓰기 캐시를 더 안전하게 만드는 역할을 한다. 사용하는 디스크가 비상 배터리 등으로 보호가 되어있는 제품이라면 barrier 옵션을 꺼도 무방하다.

commit=x 옵션은 모든 데이터와 메타데이터를 x초마다 싱크하도록 만든다. 기본 설정은 5초이며, 이 값을 더 길게 하면 성능을 향상할 수 있다. 이 옵션은 저널 모드를 사용할 때에만 동작한다.

data=writeback 옵션은 기본 모드와는 다르게 메타데이터와 파일 데이터 쓰기 순서가 보존되지 않으므로, 시스템이 마비될 경우 옛 정보들이 파일에 나타날 수 있다. 카산드라의 데이터 파일은 주로 한 번에 쓰여지고 선형적으로 기록되므로 파일의 데이터를 제자리에서 수정하는 프로그램에 비해서 이런 단점이 크게 문제가 되지는 않는다. 실 사용시 이 옵션이 가장 좋은 성능을 보여준다.

키 캐시로 읽기 성능 개선하기

키 캐시는 키와 그 위치를 힙 메모리에 있는 SSTable에 저장한다. 키 값이 별로 크지 않기 때문에 많은 메모리를 사용하지 않고도 많은 캐시를 저장할 수 있다. 여기서는 컬럼 패밀리에 대해서 키 캐시를 설정하는 방법을 알아보자.

 고정된 크기 사용 vs. 상대적 비율로 사용

키 캐시의 사이즈는 정해진 값으로 지정될 수도 있고, 0에서 1 사이의 비율로도 지정될 수도 있다. 비율을 사용하면 데이터가 커짐에 따라 캐시 크기가 커져서 메모리에서 차지하는 사이즈에 변동이 생기므로 대부분의 경우에서는 고정된 크기를 사용한다.

· 노드툴 info로 카산드라 서비스가 차지하는 메모리가 제한값에 얼마나 가까
운지 확인한다. JVM 가비지 컬렉션이 다른 스레드에서 백그라운드로 진행되고
있기 때문에 이 값은 시간을 들여서 몇 번 확인해 봐야 한다.

```
$ bin/nodetool --host 127.0.0.1 --port 8080 info | grep Heap
  Heap Memory (MB) : 5302.99 / 12261.00
```

1. Keyspace1 Standard1의 키 캐시 사이즈를 SSTable당 200001개의 항목
으로 설정한다.

```
$ bin/nodetool --host 127.0.0.1 --port 8080 setcachecapacity
Keyspace1 Standard1 200001 0
```

 캐시 사이즈를 정해진 사이즈로 지정하기

캐시 사이즈는 정해진 값으로 지정할 수도 있고 0이상 1 이하의 더블(double)값으로 지정
할 수도 있다. 비율을 사용하는 것은 테이블이 커짐에 따라 메모리 사용량이 늘어나기 때
문에 추천하지 않는다. 노드툴 cfstats를 사용하여 키 캐시의 효과를 확인할 수 있다. 캐시
크기가 클수록 효과는 더 오래 있다가 발현되며, 바로 바로 그 효과가 보이지는 않는다.
키 캐시 용량이 꽉 차게 되면 캐시의 히트율을 잘 확인할 수 있다.

```
$ bin/nodetool --host 127.0.0.1  --port 8080 cfstats
  Column Family: Standard1
  ...
  Key cache capacity: 200001
  Key cache size: 200001
  Key cache hit rate: 0.625
```

2. 설정을 영구적으로 저장하기 위해서 CLI에서 컬럼 패밀리 메타데이터를
업데이트한다.

```
$ <cassandra_home>/bin/cassandra-cli -h 127.0.0.1 -p 9160
Connected to: "Test Cluster" on 127.0.0.1/9160
[default@unknown] use Keyspace1;
Authenticated to keyspace: Keyspace1;
[default@football] update column family Standard1 with keys_
cached=200001;
91861a85-5e0f-11e0-a61f-e700f669bcfc
Waiting for schema agreement...
... schemas agree across the cluster
```

예제 분석

캐시 사용은 디스크 사용을 줄인다. 높은 캐시 히트율은 검색에 필요한 자원을 줄여주어 자원이 다른 일에 쓰이게 한다.

부연 설명

키 캐시를 사용할 때에는 운영체제의 가상 파일 시스템 캐시에 사용되도록 충분한 메모리 공간을 확보해야 한다. JVM의 Xmx 옵션으로 컨트롤하는 힙 메모리는 전체 시스템 메모리에서 일정 부분만 차지해야 한다. JVM이 유휴 메모리의 절반정도 차지하는 것이 괜찮은데, 이는 키 캐시가 VFS 캐시와 같이 사용되었을 때 더 좋은 성능을 보여주기 때문이며, VFS 캐시가 잘 동작하려면 운영체제가 사용할 수 있는 유휴 메모리가 존재해야 하기 때문이다.

 카산드라 0.8.x 이상의 버전에서는 compaction_preheat_key_cache 설정이 기본으로 설정되어 있으며, 이 설정은 캐시를 컴팩션 이후에 불러와서 키 캐시가 콜드 캐시가 되지 않도록 한다. 큰 캐시를 사용할 때는 이 옵션을 비활성화시켜야 한다.

참고 사항

다음 예제, '로우 캐시로 읽기 성능 개선하기'에서는 키와 연관된 컬럼값을 저장하는 로우 캐시에 대하여 설명한다.

4장, 'JVM 멈춤 현상을 최소화하는 가비지 컬렉션 튜닝' 예제에서는 키 캐시에 사용하는 Xmx 메모리 사용법을 설명한다.

12장, '캐시 그래프를 사용하여 캐시의 유효성 확인하기' 예제를 참고한다.

로우 캐시로 읽기 성능 개선하기

로우 캐시는 키값과 관련된 모든 컬럼을 메모리에 저장한다. 로우 캐시를 사용하면 요청별로 2개 이상의 검색을 줄일 수 있다. 로우 캐시를 사용하는 것의 장점은 사용자의 요청이 디스크를 액세스하지 않고도 수행될 수 있다는 점이며, 이로 인해 읽기 작업시 반응시간이 짧아진다. 여기서는 로우 캐시를 설정하는 방법을 알아보자.

예제 구현

1. 노드툴 info로 카산드라 서비스가 차지하는 메모리가 제한값에 얼마나 가까운지 확인한다. JVM 가비지 컬렉션이 다른 스레드에서 백그라운드로 진행되고 있기 때문에 이 값은 시간을 들여서 몇 번 확인해 봐야 한다.

```
$ bin/nodetool --host 127.0.0.1 --port 8080 info | grep Heap
Heap Memory (MB) : 5302.99 / 12261.00
```

2. Keyspace1 Standard1의 로우 캐시 사이즈를 200005로 설정한다.

```
$ bin/nodetool -h 127.0.0.1 -p 8080 setcachecapacity Keyspace1
Standard1 0 200005
```

 이렇게 설정하는 것은 해당 서버에만 영향을 미치며, 모든 서버에 자동으로 적용되는 것이 아니므로 모든 서버에서 이 명령어를 실행해야 한다.

3. 노드툴 `cfstats`를 사용하여 로우 캐시의 효과를 확인할 수 있다. 캐시 크기가 클수록 효과는 더 오래 있다가 발현되며, 바로 바로 그 효과가 나타나지 않는다. 키 캐시 사이즈가 키 캐시 용량에 꽉 차게 되면 캐시의 히트율을 확인할 수 있다. 최근의 히트율은 마지막으로 정보가 수집되었을 때를 기준으로 보여준다.

```
$ bin/nodetool --host 127.0.0.1 --port 8080 cfstats
  Column Family: Standard1
  ...
  Row cache capacity: 200005
  Row cache size: 200005
  Row cache hit rate: 0.6973947895791583
```

4. CLI를 이용해, 컬럼 패밀리의 메타데이터를 업데이트한다. 이 작업은 각 노드의 설정값을 영구히 적용하게 한다.

```
$ <cassandra_home>/bin/ cassandra-cli -h 127.0.0.1 -p 9160
Connected to: "Test Cluster" on 127.0.0.1/9160
[default@unknown] use Keyspace1;
Authenticated to keyspace: Keyspace1;
[default@football] update column family Standard1 with rows_
cached=200005;
91861a85-5e0f-11e0-a61f-e700f669bcfc
Waiting for schema agreement...
... schemas agree across the cluster
```

예제 분석

노드툴 `setcachecapacity` 명령어는 하나의 노드에 테스트하는 용도로 캐시 사이즈를 바꿀 수 있다. 노드툴 `cfstats`는 캐시 사용이 얼마나 효과적인지 알려준다. 캐시 설정이 최적이 되었다면, 카산드라 CLI로 클러스터에 있는 모든 노드에 대해서 메타데이터를 바꿀 수 있다.

로우 캐시는 동일한 사이즈의 키 캐시에 비해서 더 많은 메모리를 요구한다. 하지만 하드디스크에서 읽어오는 데이터가 모두 VFS 캐시에서 온다고 해도 메모리를 액세스하는 것이 훨씬 빠르기 때문에 로우 캐시를 사용하는 편이 좋다.

로우 캐시를 사용하는 것이 문제가 될 경우도 있는데, 예를 들면 키에 관련된 컬럼이 많이 딸려 있을 경우나 컬럼 내 값의 크기가 매우 클 때다. 쓰기/읽기 비율이 매우 높은 컬럼도 로우 캐시를 사용하기 적절치 않은 부분인데, 이 경우 힙 메모리에서 많은 데이터가 계속 왔다갔다 하면서 메모리 부하memory pressure가 생기기 때문이다. 또한 캐시의 크기가 항목의 용량이 아니라 개수로 결정되기 때문에 캐시의 크기를 조절하는 것이 어려울 수 있다.

예측 가능한 성능을 위한 스왑 메모리 비활성화

많은 카산드라 사용자들이 지연시간이 낮은 읽기/쓰기를 위해서 이 방법을 사용한다. 스왑 메모리swap memory는 카산드라와 자바에서 다루기 어려운 부분이다. 운영체제가 사용할 수 있는 메모리의 양이 낮은 수준이 아니더라도, 때때로 운영체제는 페이지 형태로 메모리의 일부분을 스와핑swapping하는 경우가 있다. 이 페이지에 있는 정보를 액세스해야 할 경우에는 데이터를 디스크에서 메모리로 옮겨야 하므로 원래 메모리에 있었을 때보다 더 시간이 오래 걸린다. 스와핑은 이렇듯 성능 예측을 불가능하게 만든다. 여기서는 스왑 메모리를 완전히 비활성화 시키는 방법을 알아보자.

1. 루트 권한으로 swapoff 명령어를 실행한다.

```
$ swapoff -a
```

2. /etc/fstab 파일을 수정한다. 2번째나 3번째 줄에 swap이라는 단어로 시작되는 줄을 찾아 앞에 # 표시를 붙여서 주석처리한다.

```
#/dev/sda2  swap  swap  defaults  0 0
```

swapoff 명령어는 현재 사용하고 있는 모든 스왑 메모리를 비활성화시킨다.

/etc/fstab 파일을 수정함으로써 운영체제가 재시작될 때 스왑 메모리가 다시 활성화되는 것을 막을 수 있다.

다음 예제, '시스템 설정을 건드리지 않은 채 카산드라에서만 스왑 메모리 사용하지 않게 하기'를 참고하여 모든 스왑 메모리를 비활성화하는 극단적 처방에 대한 대안에 대해 알아본다.

시스템 설정을 건드리지 않은 채 카산드라에서만 스왑 메모리 사용하지 않게 하기

카산드라 하나만 실행되고 있는 시스템이 아니라면 다른 프로세스들이 스왑 메모리를 사용해야 할 경우도 있으므로 스왑 메모리를 시스템에서 아예 비활성화 하는 것은 그리 좋은 선택이 아니다. 여기서는 자바 네이티브 아키텍처를 설치해서 자바를 오직 시스템 메모리만 사용하게 하는 방법을 알아보자.

https://jna.dev.java.net에서 받을 수 있는 자바 네이티브 액세스Java Native Access, JNA의 JAR 파일을 다운로드한다. 여기서 설명하는 방법을 사용하려면 카산드라가 루트 권한으로 실행되고 있어야 한다.

1. jna.jar와 platform.jar 파일을 〈cassandra_home〉/lib 디렉토리로 옮긴다.

   ```
   $cp jna.jar platform.jar /tmp/hpcas/apache-cassandra-0.7.0-beta1-10/
   lib
   ```

2. cassandra.yaml 파일에서 memory_locking_policy를 활성화시킨다.

   ```
   memory_locking_policy: required
   ```

3. 카산드라를 재시작한다.

4. 설정이 제대로 적용되었는지 알아보기 위해서 많은 양의 메모리가 Unevictable로 표시되는지 알아본다.

   ```
   $ grep Unevictable /proc/meminfo

   Unevictable: 1024 Kb
   ```

메모리 맵 디스크 모드 활성화하기

카산드라는 메모리 맵 파일 입출력을 지원한다. 표준 입출력보다는 메모리 맵 파일 입출력이 더 효율적으로 읽기와 쓰기를 할 수 있다.

메모리 맵 입출력을 활성화하기 전에 스왑 메모리를 비활성화해야 한다. 이번 장에서 소개된 '예측 가능한 성능을 위한 스왑 메모리 비활성화' 또는 '시스템 설정을 건드리지 않은 채 카산드라에서만 스왑 메모리 사용하지 않게 하기' 예제를 참고하라.

1. uname 명령어로 사용하고 있는 운영체제가 64비트 운영체제인지 여부를 확인한다.

   ```
   $ uname -m
   x86_64
   ```

2. 〈cassandra_home〉/cassandra.yaml 파일을 수정하여 disk_access_mode 를 mmap으로 바꾼다.

   ```
   disk_access_mode: mmap
   ```

   운영체제가 64비트가 아니라면 큰 파일을 완전히 메모리 매핑할 수 없으나, 작은 인덱스 파일은 매핑할 수 있다.

   ```
   disk_access_mode: mmap_index_only
   ```

메모리 매핑은 디스크 액세스를 더 효율적으로 해준다. 하지만 메모리 매핑하는 데이터와 인덱스, 그리고 블룸 필터 파일의 크기가 커질수록 더 많은 힙 메모리가 필요하다. mmap과 mmap_index_only의 대안은 standard인데, 이는 직접 입출력을 사용한다.

쓰기집약적 작업에 맞는 멤테이블 튜닝

카산드라는 모든 디스크 쓰기 작업이 순차적으로 이루어진다. 쓰기 작업은 멤테이블이라는 정렬된 메모리 구조와 커밋 로그에 저장이 된다. 멤테이블의 사이즈가 한계점에 도달했을때 이를 디스크로 저장을 하며, 그 한계값들은 아래의 변수에 저장한다.

변수	설명
memtable_flush_after_mins	저장되지 않은 멤테이블을 저장하지 않은 채로 놔 둘수 있는 최대의 시간(기본값 60)
memtable_throughput_in_mb	멤테이블이 디스크로 저장되기 이전의 메모리상에 있을 수 있는 최대의 크기(기본값 64)
memtable_operations_in_millions	멤테이블이 디스크로 저장되기 이전에 가질 수 있는 개체의 최대 크기(백만 단위)(기본값 0.3)

멤테이블은 디스크에 저장될 때 Sorted String Table(SSTable) 형태로 저장되며, 컴팩션이라는 백그라운드 프로세스가 작은 SSTable들을 하나로 묶는다. 여기서는 멤테이블 설정을 디스크에 저장하는 주기를 길게 바꿔보자.

예제 구현

CLI를 사용하여 멤테이블의 설정을 바꾼다.

```
$ <cassandra_home>/bin/cassandra-cli -h 127.0.0.1 -p 9160
Connected to: "Test Cluster" on 127.0.0.1/9160
[default@unknown] use Keyspace1;
Authenticated to keyspace: Keyspace1;
[default@football] update column family Standard1 with memtable_
operations=.5 and memtable_throughput=128 and memtable_flush_after=45;
91861a85-5e0f-11e0-a61f-e700f669bcfc
Waiting for schema agreement...
... schemas agree across the cluster
```

예제 분석

컬럼 패밀리는 각각의 고유 멤테이블 설정값이 있다. 설정값을 더 크게 바꾸면 멤테이블을 더 드물게 저장한다. 같은 컬럼이 반복적으로 수정되는 곳에 대해서 큰 멤테이블을 적용하면 디스크에 쓰는 횟수를 줄일 수 있다. 디스크에 저장하는 횟수가 줄어들수록 컴팩션 작업도 적어지며, 이는 결과적으로 VFSVirtual File System 캐시를 더 효과적으로 사용할 수 있다.

멤테이블의 크기를 더 키우면 해당 멤테이블에 더 많은 힙 메모리가 쓰인다. 컬럼 패밀리는 각각의 멤테이블을 가지고 있으므로, 만약 여러 개의 컬럼 패밀리가 존재한다면 설정을 바꿀 때 신중해야 한다. 카산드라에 여러 개의 컬럼 패밀리를 관리하고 있다면 컬럼 패밀리당 멤테이블을 관리하는 것이 힘들어지기 때문에, 카산드라 0.8.x부터는 `memtable_total_space_in_mb`라는 옵션이 추가되었다. 모든 멤테이블 크기의 총합이 이 값을 초과하면, 가장 큰 크기를 갖는 멤테이블이 디스크로 저장한다.

12장의 예제 '멤테이블 그래프를 사용하여 멤테이블이 언제, 왜 디스크에 기록되는지 알아보기'를 참고한다.

64비트 아키텍처에서 압축된 포인터 사용으로 메모리 절약하기

OOP_{Ordinary Object Pointer}는 JVM에서 사용되는 객체 포인터다. OOP는 다른 머신 포인터와 크기가 같으며, 최근 CPU 아키텍처가 32비트에서 64비트로 바뀜에 따라 자바가 사용하는 힙 메모리의 용량이 포인터의 크기 증가로 인해 더 커지게 되었다. 압축된 OOP는 기존 OOP를 대체한다. 이 압축된 포인터들은 힙에서 더 작은 크기를 차지한다. 여기서는 압축된 포인터를 사용하는 방법을 알아보자.

 압축된 포인터에 관해서는 http://download-llnw.oracle.com/javase/7/docs/technotes/guides/vm/compressedOops.html에서 더 읽어볼 수 있다.

이 옵션은 모든 JVM에 해당하지 않을 수도 있으며, 오라클 JVM에서는 1.6.0_14 이상의 버전부터 사용가능하다.

1. conf/cassandra-env.sh에 다음을 추가한다.

```
JVM_OPTS="$JVM_OPTS -XX:+UseCompressedOops"
```

2. 카산드라를 재시작한다.

더 적은 메모리를 사용함으로써 시스템 버스가 더 적은 데이터를 주고받는다. 따라서 시스템의 전반적 성능을 올릴 수 있으며, 이로 인해 키 캐시, 로우 캐시, 그리고 멤테이블이 사용할 수 있는 메모리의 양이 더 많아진다. 또한 개개의 사용자 요청이 임시 객체를 만들므로, 메모리를 잘 사용하는 것은 동시에 더 많은 요청을 받을 수 있음을 의미한다.

처리량 증가를 위한 동시접근 읽기와 동시접근 쓰기 튜닝

카산드라는 Staged Event-Driven Architecture(이하 SEDA)를 사용하여 짜여져 있다. SEDA 아키텍처는 동시에 일어나는 멀티스레딩 프로그램의 한계점을 극복하기 위해서 프로그램을 각기 다른 스테이지로 나눈다. 각 스테이지는 하나의 이벤트 큐다. 메시지들이 스테이지에 들어가면 이벤트 핸들러가 호출된다. 여기서는 동시접근 읽기Concurrent Reader와 동시접근 쓰기Concurrent Writer 스테이지를 튜닝하는 방법을 알아본다.

1. 시스템의 CPU 코어의 개수를 확인한다.

```
$ cat /proc/cpu
...
processor  : 15
siblings   : 8
core id    : 3
cpu cores  : 4
```

프로세서들은 0부터 X-1개까지 숫자가 매겨져 있다. 이 예제에서는 16개의 코어가 있다. 보통 동시접근 읽기의 개수를 존재하는 코어 개수의 두 배로 설정하며, 이는 cassandra.yaml 파일에서 수정이 가능하다.

```
ConcurrentReaders: 32
```

동시접근 쓰기는 동시접근 읽기의 개수보다 크거나 같아야 한다.

```
ConcurrentWriters: 48
```

JMX를 통해서 프로그램이 실행되는 도중에 이 값들을 변경할 수 있다. 왼쪽 창의 org.apache.cassandra.concurrent 부분을 선택해서 ROW-READ-STAGE를 찾은 후에 Attributes에 들어가서 CorePoolSize를 오른쪽의 텍스트 박스에서 수정한다.

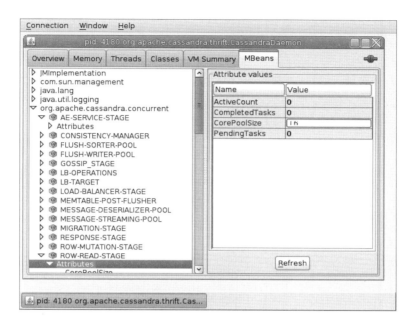

예제 분석

동시접근 읽기와 동시접근 쓰기는 특정 스테이지에 할당할 수 있는 스레드 개수의 최댓값을 정한다. 읽기가 특히 디스크 입출력에 민감하며, 데이터의 용량이 메인 메모리의 크기보다 클 경우에는 읽기 스레드의 개수보다 디스크 속도가 읽기의 병목 현상에 더 큰 영향을 미친다. 쓰기나 로우 뮤테이션row mutation은 멤테이블과 커밋 로그commit log를 업데이트한다. 따라서 쓰기를 할 때에는 데이터 파일의 정보가 있는 그 자리에 바로 수정할 필요가 없으므로 카산드라는 여러 개의 동시 쓰기가 가능하다. 이 값들을 하드웨어가 지원할 수 있는 값보다 큰 값으로 정하면 데이터 경합이 많아져서 성능이 저하된다.

컴팩션 한계값 설정하기

카산드라는 쓰기와 업데이트를 직접 하지 않으며, 로그 형태의 포맷을 사용하여 이러한 데이터를 기록한다. 쓰기는 멤테이블에 하며, 이는 주기적으로 SSTable의 형태로 디스크에 저장한다. 이러한 방식 때문에 SSTable의 개수는 시간이 지남에 따라 계속 증가한다. 어떤 키에 대한 컬럼이 여러 개의 SSTable들에 나뉠 수 있으므로 여러 개의 SSTable을 가지고 있으면 읽기 효율이 떨어진다. 카산드라는 컴팩션이라는 기법으로 여러개의 SSTable들을 하나의 큰 파일로 합친다. 여기서는 MinCompactionThreshold와 MaxCompactionThreshold에 대해서 알아보자.

1. nodetool 명령어로 현재 컴팩션 한계값을 확인한다.

   ```
   $ bin/nodetool -h 127.0.0.1 -p 8080 getcompactionthreshold
   ```

2. 현재의 한계값: 최소 4, 최대 32

3. 다음으로 최소 한계값을 5, 최대값을 30으로 바꾼다.

   ```
   $ bin/nodetool -h 127.0.0.1 -p 8080 setcompactionthreshold 5 30
   $ bin/nodetool -h 127.0.0.1 -p 8080 getcompactionthreshold
   ```

4. 현재의 한계값: 최소 5, 최대 30

5. 클러스터 설정이 영구히 적용될 수 있도록 컬럼 패밀리 메타데이타를 업데이트한다.

   ```
   $ <cassandra_home>/bin/cassandra-cli -h 127.0.0.1 -p 9160
   [default@unknown] use Keyspace1;
   Authenticated to keyspace: Keyspace1
   update column family Standard1 with min_compaction_threshold=5 and
   max_compaction_threshold=30;
   a83a1706-5e18-11e0-a61f-e700f669bcfc
   Waiting for schema agreement...
   ... schemas agree across the cluster
   ```

MinCompactionThreshold는 한 번에 압축할 SSTable들의 개수다. MinCompactionThreshold를 늘리게 되면 컴팩션이 더 띄엄띄엄 일어나지만, 한번 일어나게 되면 더 많은 테이블들이 압축된다. 같은 방식으로 MaxCompactionThreshold는 작은 크기의 컴팩션이 일어나기 직전에 있을 수 있는 SSTable의 최대 개수를 지정한다.

컴팩션의 한계치는 멤테이블의 한계치와 많은 관련이 있으며, 멤테이블의 설정값은 SSTable의 크기와 개수를 결정짓는다. 두 설정값을 모두 참고하여 잘 설정하자. 카산드라 0.8.X 이상의 버전에서는 compaction_throughput_mb_per_sec이라는 옵션이 있어 컴팩션의 속도를 조절할 수 있다. concurrent_compactors 옵션은 한번에 실행할 수 있는 컴팩션 스레드의 개수다.

4장의 '쓰기집약적 작업에 맞는 멤테이블 튜닝' 부분을 참고한다.

JVM 멈춤 현상을 최소화하는 가비지 컬렉션 튜닝

JVM이 실행되는 양상을 극적으로 변화시키는 여러 가지 옵션이 있다. 스윙 SWING GUI 애플리케이션 등의 프로그램에서는 가비지 컬렉션이 그리 큰 문제가 아니다. 하지만 서버 애플리케이션은 메모리를 많이 사용하고 매우 잦은 객체 할당/삭제를 하므로 JVM 멈춤 현상에 민감하다. 여기서는 JVM 멈춤 현상을 개선시키고, 궁극적으로는 이 현상을 없애기 위한 JVM 설정법에 대해서 알아보자.

1. conf/cassandra-env.sh에서 `MAX_HEAP_SIZE(-Xmx)`가 설정되어있는지 확인한다.

2. /proc/meminfo 파일을 열어서 메모리가 얼마나 있는지 알아본다.

   ```
   $ grep MemTotal /proc/meminfo
     MemTotal:         4012320 kB
   ```

   일단은 여유 메모리의 절반정도를 사용하는 것이 좋다. 스왑 메모리는 별로 권장되지 않아 어차피 사용하지 않을 것이므로 계산에 포함하지 않는다.

   ```
   MAX_HEAP_SIZE="2G"
   ```

3. ⟨cassandra_home⟩/conf/cassandra.env와 cassandra-env.sh에 다음 옵션이 설정되어 있는지를 확인한다

   ```
   JVM_OPTS="$JVM_OPTS -Xss128k"
   JVM_OPTS="$JVM_OPTS -XX:+UseParNewGC"
   JVM_OPTS="$JVM_OPTS -XX:+UseConcMarkSweepGC"
   JVM_OPTS="$JVM_OPTS -XX:+CMSParallelRemarkEnabled"
   JVM_OPTS="$JVM_OPTS -XX:CMSInitiatingOccupancyFraction=75"
   JVM_OPTS="$JVM_OPTS -XX:+UseCMSInitiatingOccupancyOnly"
   ```

4. 카산드라를 재시작한다.

Concurrent Mark Sweep은 가비지 컬렉터garbage collector로, 여러개의 스레드를 사용해서 가비지 컬렉션 대상이 되는 객체를 지정해서 JVM을 완전히 멈추는 것을 피하게 한다. CMSParallelRemarkEnabled 옵션은 매우 긴 일시정지 현상의 발생 빈도를 낮춘다.

Concurrent Mark Sweep은 가비지 컬렉션을 시작할 시기를 경험적으로 결정한다. 이런 경험적인 요소는 충분치 않을 때도 있으며, 많은 부하가 발생할 때

에 특히 불안정하다. 옵션에서 UseCMSInitiatingOccupancyOnly를 사용하면 오래된 세대값이 CMSInitiatingOccupancyFraction만큼 찼을 때 CMS를 가동한다.

ParNewGC(Parallel young generation collector)는 카산드라에서 매우 중요하다. 카산드라는 어떤 동작을 할 때 임시 객체를 계속 할당하는데, 이러한 짧은 수명의 객체를 잘 처리할 수 있어야 이 객체가 오래된 객체로 바뀌지 않기 때문이다.

여기서 제시된 옵션 값은 예제로 든 것이며, 각각의 작업에 대해서 추가적인 튜닝이 필요하다.

많은 메모리를 탑재한 시스템

많은 메모리를 탑재한 시스템에서는 이러한 방법들이 잘 통하지 않는다. 자바가 메모리와 가비지 컬렉션을 활발하게 관리하기 때문에 JVM에서 큰 힙 용량은 아직 해결해야 할 과제로 남아있다. 메모리가 20GB가 넘어갈 경우 추가적인 증설은 점차 효과가 떨어지며, 이와 같은 경우에는 다음과 같은 방법을 사용할 수 있다.

- 16GB 근처의 Xmx 사이즈 한계치를 설정한 후에 운영체제의 VFS 캐시에 나머지 용량을 투자한다.
- 컴퓨터 한 대에 카산드라 인스턴스가 여러 개 돌아가도록 설정한다. 이 방법을 사용할 경우 토큰 범위를 잘 정해서 모든 데이터 복제본이 하나의 노드에 편중되지 않게 한다.

'1장, 시작하기'의 예제 '카산드라와 JConsole 이해하기'에서는 자바의 메모리 사용현황을 JConsole로 확인하는 방법을 알아본다.

Gargabe-First garbage collector(이하 G1)는 큰 힙 메모리를 가지고 있는 중/대형 사이즈 컴퓨터에 사용하도록 만든 차세대 가비지 컬렉터다. G1 가비지 컬렉터에 대한 더 많은 정보는 http://research.sun.com/jtech/pubs/04-g1-paper-ismm.pdf에서 볼 수 있다.

여러 클라이언트의 연결을 허용하기 위해 동시에 열 수 있는 파일 개수 올리기

클러스터에 있는 서버 간의 연결을 비롯한 모든 클라이언트 연결에는 소켓을 사용한다. 모든 소켓은 파일 디스크럽터를 필요로 하며, 각각의 연결은 각 파일을 읽고 쓰는 형태로 동작한다. 유닉스/리눅스는 기본적으로 동시에 열려있는 파일의 개수를 제한한다. 이 예제에서는 여러 개의 연결을 허용하기 위해서 동시에 열 수 있는 파일 수를 올리는 방법을 알아보자.

예제 구현

1. /etc/security/limits.conf 파일을 수정한다. 기본값은 주로 1024이다. 여기서는 2의 거듭제곱꼴의 아무 숫자나 사용할 수 있다.

```
* soft      nofile        16384
* hard      nofile        32768
```

2. 새로운 셸을 열어서 ulimit 명령어를 실행한다

```
$$ ulimit -a
core file size          (blocks, -c) 0
data seg size           (kbytes, -d) unlimited
scheduling priority          (-e) 0
file size               (blocks, -f) unlimited
pending signals              (-i) 147456
max locked memory       (kbytes, -l) 32
max memory size         (kbytes, -m) unlimited
open files                   (-n) 16384
```

```
pipe size              (512 bytes, -p) 8
POSIX message queue      (bytes, -q) 819200
real-time priority           (-r) 0
stack size              (kbytes, -s) 10240
cpu time               (seconds, -t) unlimited
max user processes            (-u) 147456
virtual memory          (kbytes, -v) unlimited
file locks                   (-x) unlimited
```

예제 분석

Soft limit은 경고점이며, hard limit에 도달하게 되면 시스템에서 해당 프
로세스에 더 많은 파일을 여는 것을 거부한다. 이러한 일이 발생하면 예외
exception가 발생하여 일반적으로 카산드라가 종료된다.

부연 설명

많은 연결을 허용하려면 기본값보다 이 값을 높이기는 하되, 소켓의 개수를
작게 유지하는 다른 방법들도 사용해야 한다. 클라이언트는 요청마다 소켓을
열 필요가 없으며, 하나의 커넥션에서 여러개의 요청을 하도록 하든지 커넥
션 풀링connection pulling 방법을 사용한 헥토르Hector 등의 클라이언트를 사용해
야 한다.

규모를 확대해서 성능 개선하기

카산드라는 클러스터에 더 많은 노드를 추가함으로써 규모를 확대할 수 있다.
규모 확대는 각각의 노드를 업그레이드하면 된다.

다음과 같은 방법으로 규모를 확대할 수 있다.

- ▶ 더 많은 램 달기
- ▶ 네트워크 카드 묶기
- ▶ 하드디스크를 SCSI나 SSD로 업그레이드하기
- ▶ 디스크 배열에 디스크 추가

램을 추가하는 것은 성능을 개선할 수 있는 간단한 방법이다. 램은 멤테이블이나 캐시를 위해 자바 힙으로 할당될 수 있고, 디스크 캐시로 이용될 수 있다. VFS 캐시는 디스크 액세스 속도를 올리는 데 매우 효과적이다. 하지만 메인보드에 꽂을 수 있는 슬롯의 개수는 제한되어 있으며, 고용량의 메모리는 가격이 비싸다.

네트워크 용량도 업그레이드할 수 있다. 시스템에 여러 개의 네트워크 카드가 달려있다면 이들을 묶어서 성능을 배로 뛰게 할 수 있다. 큰 서버는 10기가비트 이더넷까지 사용할 수 있다.

카산드라에서 디스크 성능 역시 중요한 요인 중 하나다. 헤드를 더 빨리 움직일 수 있는 디스크는 더 좋은 쓰기 성능을 나타내며, SCSI 시스템이 SATA 시스템보다 성능이 더 뛰어나다. SSD는 물리적으로 움직이는 부분이 없으므로 액세스 시간이 매우 빠르다. 하지만 아직까지 SSD는 시장에 나온 지 얼마 되지 않아 회전하는 디스크보다 가격이 훨씬 비싸다.

서버와 클라이언트에 네트워크 타임 프로토콜 활성화하기

네트워크 타임 프로토콜은 시스템 시계의 동기화를 위한 분산 계층 시스템이다. 클라이언트에서 데이터를 삽입할 때 타임스탬프를 찍어서 삽입해야 하므로 카산드라 클라이언트에 이 프로토콜이 필요하다. 카산드라가 실행되고 있는 서버들도 TTL 컬럼이나 툼스톤tombstone 등의 유효기간이 지났는지 여부를 알아야 하기 때문에 정확한 시간을 알아야 한다. 여기서는 네트워크 타임 프로토콜을 설정하는 방법을 알아보자.

인터넷 NTP 서버 풀과 동기화되고 있는 한두 개의 로컬(혹은 같은 서브넷이나 같은 랜상의) NTP 서버가 있는 것이 이상적이다. 이러한 구성이 각각의 서버가 NTP 서버풀과 동기화하는 것보다 더 좋다.

1. 패키지 매니저를 사용해서 NTP를 설치한다.

   ```
   $ yum install ntp
   ```

2. /etc/ntp.conf의 설정값을 확인한다. 적절한 곳을 수정해 공개 서버 리스트를 내부 서버로 바꾼다.

   ```
   server ntp1.mynetwork.pvt
   server ntp2.mynetwork.pvt
   ```

   NTP 서비스는 연결된 서버와 시간이 큰 차이가 나면 동기화를 하지 않는다. ntupdate 명령어를 사용하여 초기 동기화를 한다.

   $ ntpdate ntp1.mynetwork.pvt

3. ntpd를 활성화시키고 부팅시 시작하게 만든다.

   $ /etc/init.d/ntpd start
   $ chckconfig ntpd on

NTP 데몬이 주기적으로 설정된 NTP 서버에 메시지를 보낸다. 그리고 답장 정보와 데이터를 받는 데 걸린 지연시간을 고려해 시간을 적절히 맞춘다. NTP를 사용하는 것은 시간이 제멋대로 바뀌는 것을 막아주며, 많은 부하가 걸려서 CPU 시간이 미뤄지고 있을 때 유용하다.

5

카산드라에서의 일관성, 가용성, 파티션 허용

소개

카산드라 같은 분산 시스템은 단일 시스템에서 데이터를 저장할 때는 존재하지 않는 문제를 가지고 있다. 그 문제는 CAP 이론이라 불리며, 일관성 Consistency, 가용성 Availability, 파티션 허용 Partition Tolerance 을 뜻한다. 이 3가지를 모두 동시에 달성하는 것은 불가능하다. 분산 시스템은 최대 2가지 속성만을 가질 수 있다. 카산드라는 개발자에게 요청별로 CAP의 다른 속성들을 지닐 수 있도록 다양한 데이터 모델을 제공한다.

 CAP 정리에 대해 알아보기 위해서는 http://www.cs.berkeley.edu/~brewer/cs262b-2004/PODC-keynote.pdf를 살펴본다.

이번 장의 예제들은 복수개의 카산드라 노드를 필요로 한다. '1장, 시작하기'에서 살펴본 '다중 인스턴스 설치를 스크립트로 처리하기' 예제를 이용하면 쉽게 환경을 설정할 수 있다.

강한 일관성 보장을 위해 공식 이용하기

카산드라는 읽기 복제수(R)와 쓰기 복제수(W)의 합이 복제 계수(N)보다 클 때 일관성Consistency이 보장된다.

$$R + W > N$$

복제 계수와 노드의 수에 따라 일관성consistency 레벨이 달라진다. 카산드라는 요청별로 개발자가 일관성 레벨을 설정하여, 일관성, 성능, 허용값 사이에서 취사선택을 할 수 있다.

준비

이 테이블은 읽기와 쓰기의 레벨에 따라 달라지는 일관성의 강한 정도를 보여준다.

	Read.ONE	Read.QUORUM	Read.ALL
Write.ZERO*	약함	약함	약함
Write.ANY	약함	약함	약함
Write.ONE	약함	약함	강함

(이어짐)

	Read.ONE	Read.QUORUM	Read.ALL
Write.QUORUM	약함	강함	강함
Write.ALL	강함	강함	강함

* Write.ZERO는 카산드라 0.7.x 이상부터 없어진다.

예제 구현

1. 〈hpc_build〉/src/hpcas/c05/StrongConsistency.java 파일을 생성한다.

```java
package hpcas.c05;
import org.apache.cassandra.thrift.*;

public class StrongConsistency {
  public static void main (String [] args) throws Exception{
    long start=System.currentTimeMillis();
```

이 애플리케이션의 유저는 카산드라를 연결할 호스트와 포트를 명시한다. 또한 컬럼에 쓰여질 값도 명시한다.

```java
String host = Util.envOrProp("host") ;
String sport = Util.envOrProp("port");
String colValue = Util.envOrProp("columnValue");
if (host==null || sport==null ||colValue == null){
  System.out.println("Cassandra Fail: specify host port
  columnValue");
  System.exit(1);
}
int port = Integer.parseInt(sport);
FramedConnWrapper fcw = new FramedConnWrapper(host,port);
fcw.open();
Cassandra.Client client = fcw.getClient();
```

2 newKeySpace라는 이름의 키스페이스가 있는지 확인한다. 만약 없다면 새로 생성한 후, newCf라는 이름의 컬럼 패밀리를 안에 만들고 복제 계수를 5로 설정한다.

```
if (!Util.listKeyspaces(client).contains("newKeyspace") ) {
  KsDef newKs = Util.createSimpleKSandCF("newKeyspace", "newCf", 5);
  client.system_add_keyspace(newKs);
  Thread.sleep(2000);
}

/* 컬럼이 들어갈 수 있도록 셋팅을 하자. */
client.set_keyspace("newKeyspace");
ColumnParent cp= new ColumnParent();
cp.setColumn_family("newCf");
Column c = new Column();
c.setName("mycolumn".getBytes("UTF-8"));
c.setValue(colValue.getBytes("UTF-8"));
c.setTimestamp(System.currentTimeMillis()*1000L);
try {
```

3. ConsistencyLevel.ALL에 삽입한다. 복제 계수가 직전에 5로 정의되었기 때문에, 클러스터 내에 5개의 노드 모두가 돌아가고 있어야 예외가 발생하지 않고 성공적으로 데이터를 쓸 수 있다.

```
  client.insert ("test".getBytes(), cp, c,
  ConsistencyLevel.ALL );
} catch (UnavailableException ex){
  System.err.println("Ensure all nodes are up");
  ex.printStackTrace();
} try {
  fcw.close();
}
long end=System.currentTimeMillis();
System.out.println("Time taken " + (end-start));
  }
}
```

노드 하나를 중지하고 노드툴nodetool을 이용해 상태를 확인한다.

```
$ bin/nodetool -h 127.0.0.1 -p 8080 ring | grep Down
127.0.0.17     Down    Normal   25.81 KB
```

4. 애플리케이션을 실행한다.

```
$ host=127.0.0.1 port=9160 columnValue=testme ant -DclassToRun=hpcas.
c03.StrongConsistency  run
run:
    [java] Ensure all nodes are up
    [java] UnavailableException()
    [java] Time taken 305
```

5. 중지된 노드를 다시 살리고 애플리케이션을 다시 실행한다.

```
$ host=127.0.0.1 port=9160 columnValue=insertmeto ant
-DclassToRun=hpcas.c03.StrongConsistency run
run:
    [java] Time taken 274
```

예제 분석

이 프로그램은 필요한 키스페이스와 컬럼 패밀리가 존재하는지 확인하고, 만약 존재하지 않는 경우 생성한다. 이 키스페이스의 복제 계수를 5로 설정했으므로, 5개의 노드 모두에 대해 쓰기가 성공해야 한다. 그렇지 않은 경우 예외가 발생한다.

colVal을 제외한 모든 인자는 사용자에 의해 프로그램이 시작될 때 입력받는다. 쓰기 작업 성공 후 프로그램의 다음 줄이 실행되거나, 실패 후 예외 처리에 들어간다.

참고 사항

▶ '8장, 다수의 데이터센터 사용하기'에서는 여러 개의 예제에 걸쳐 다른 일관성 레벨consistency level을 다룬다.

▶ 일관성Consistency은 트랜잭션transaction의 대용이 아니다. '3장, API'에서는 케이지Cages를 이용하여 트랜잭션을 잠그는 법을 다룬다.

쓰기 작업시 타임스탬프 설정하기

각각의 컬럼은 개발자가 설정한 타임스탬프를 갖는다. 하나의 키에 대해 같은 이름의 컬럼이 두개 존재하는 경우 타임스탬프를 비교하여 더 큰 타임스탬프가 최종값이다. 이번 예제에서는 컬럼의 타임스탬프를 설정하는 방법을 살펴본다.

예제 구현

컬럼을 생성한 후 현재 시간을 계산하여 1000을 곱하고 결과를 setTimeStamp 메소드의 인자로 넘긴다.

```
Column c = new Column();
c.setName("mycolumn".getBytes("UTF-8"));
c.setValue(colValue.getBytes("UTF-8"));
c.setTimestamp(System.currentTimeMillis()*1000L);
```

예제 분석

타임스탬프는 컬럼의 멱등 행동idempotent behavior을 강제한다. 가장 큰 타임스탬프를 가지는 컬럼이 최종 값이다. 이는 쓰기 작업이 시간 순서를 보장하지 않는 경우에 유용하다. 더 작은 타임스탬프를 가지는 컬럼은 더 큰 타임스탬프를 가지는 컬럼을 덮어쓰지 않는다.

부연 설명

타임스탬프 컬럼이 날짜와 시간을 숫자로 그대로 표현할 필요는 없다. 64비트 정수를 시간값 충돌 방지용으로 쓸 수 있으며, 개발자는 어떤 값을 선택해도 상관없다. 마이크로초를 사용하는 것도 권장된다. 다른 방법으로는 앞선 타임스탬프보다 1 값을 증가시키는 방법이 있다. 삭제가 이뤄질 경우, 더 큰 타임스탬프를 갖는 툼스톤tombstone이 생긴다.

힌트 핸드오프 비활성화하기

카산드라는 어떤 노드 데이터가 쓰여질지를 로우 키(그리고 복제 계수, 파티션, 전략, 옵션)에 따라 결정한다. 쓰기가 발생해야 하는 노드가 중지된 경우 다른 노드에 힌트를 쓴다. 중지됐던 노드가 다시 온라인으로 돌아오면 힌트를 전달한다. 힌트 핸드오프Hinted handoff는 일시적 정전에 대처하기 위해 디자인된 것이다. 장기적 정전의 경우 다른 노드에 힌트를 저장하는 것에 성능을 저해할 수 있기 때문에 문제가 된다. 이번 예제에서는 힌트 핸드오프를 비활성화하는 방법을 보여준다.

 힌트 핸드오프 쓰기는 '강한 일관성 보장을 위해 공식 이용하기' 예제에서 다룬 계산법에 영향을 주지 않는다.

예제 구현

〈cassandra_home〉/conf/cassandra.yaml을 텍스트 에디터로 열고 hinted_handoff_enabled를 false로 설정한다.

```
hinted_handoff_enabled: false
```

예제 분석

힌트 핸드오프가 비활성화된 상태에서 힌트는 저장되지 않는다. 만약 쓰기가 실패하면, 안티엔트로피 수리anti-entropy repair 혹은 읽기 수리read repair로 고쳐지기 전까지는 싱크가 맞지 않을 수 있다. 또한 선택한 일관성 레벨에 따라(특히 Read.ONE) 잘못된 값을 읽을 수 있다.

부연 설명

힌트 핸드오프가 활성화된 경우 두 개의 변수가 작동하는 방법을 알아야 한다.

▶ max_hint_window_in_ms

max_hint_window_in_ms의 옵션은 중지된 노드가 자신에게 쌓이고 있는 힌트의 수명을 결정한다. 이는 긴 시간 동안 중지된 노드에 대한 힌트를 계속 가지고 있지 않기 위해서다.

▶ hinted_handoff_throttle_delay_in_ms

이 옵션은 전달되는 힌트 핸드오프 사이에 짧은 딜레이를 준다. 따라서 다시 살아난 노드가 많은 수의 힌트 핸드오프 메시지로 인한 큰 부하가 생기지 않는다. 또한 보내는 노드에서도 hinted 메시지들을 전달하는 데 많은 자원을 사용하지 않는다.

성능 향상을 위해 읽기 수리 확률 조절하기

읽기 일관성 레벨 중, QUORUM과 ALL은 항상 데이터가 클라이언트로 리턴되기 전에 동기화를 한다. 반면 일관성 레벨 ONE에서 데이터를 읽는 경우 다른 방식을 이용한다. 노드 끝점이 데이터를 발견하는 대로 클라이언트에 리턴하는 방식이다. 백그라운드에서는 읽기 수리read repair가 실행될 수도 있다. 읽기 수리는 모든 사본들의 데이터를 비교하고 업데이트하여 일관성을 유지하도록 한다. 각 컬럼 패밀리에는 읽기 수리가 호출되는 확률을 설정하는 read_repair_chance 속성이 있다. 이번 예제에서는 성능을 위해 read_repair_chance를 조절하는 방법을 살펴본다.

준비

읽기 수리 확률을 설정하는 빠른 방법은 CLI를 이용하는 것이다.

```
update column family XXX with read_repair_chance=.5
```

이 예제에서는 API의 기능을 보여주는 프로그램을 통해 이 값을 이용한다.

1. 프로젝트 디렉토리 〈hpc_build〉/src/hpcas/c05/ChangeRead
   RepairChance.java 아래에 자바 프로그램을 생성한다.

```java
package hpcas.c05;
import org.apache.cassandra.thrift.*;

public class ChangeReadRepairChance {
  public static void main(String[] args) throws Exception {
    String host = Util.envOrProp("host");
    String sport = Util.envOrProp("port");
    String ksname = Util.envOrProp("ks");
    String cfname = Util.envOrProp("cf");
    String chance = Util.envOrProp("chance");

    /* read repair의 확률은 0과 1 사이에 있어야 한다. */
    double chan = Double.parseDouble(chance);
    if (chan >1.0D || chan <0.0D){
      System.out.println("Chance must be >= 0 and <= 1");
      System.exit(2);
    }
    int port = Integer.parseInt(sport);
    FramedConnWrapper fcw = new FramedConnWrapper(host, port);
    fcw.open();
    Cassandra.Client client = fcw.getClient();
```

2. 지정된 이름의 키스페이스를 찾기 위해 describe_keyspace 메소드를 이
   용한다. 각 키스페이스는 CfDef 또는 컬럼 패밀리의 정의, 객체의 리스트
   를 가진다. 지정된 컬럼 패밀리를 찾기 위해 리스트를 탐색한다.

```java
KsDef ks = client.describe_keyspace(ksname);
for (CfDef cf: ks.cf_defs){
  if (cf.getName().equals(cfname)){
    System.out.println("Current Read repair chance" + cf.getRead_
repair_chance());
```

3. 컬럼 패밀리에 속하는 키스페이스로 클라이언트를 설정한다. CfDef가 스키마를 변경하는 데 system_update_column_family 메소드를 사용하도록 업데이트한다.

```
if (chan!=cf.getRead_repair_chance()){
    cf.setRead_repair_chance(chan);
    client.set_keyspace(ksname);
    client.system_update_column_family(cf);
    System.out.println("set Read repair chance to "+chan);
    }
  }
 }
fcw.close();
 }
}
```

4. 키스페이스, 컬럼 패밀리, 확률 같은 필요한 환경변수를 인자로 넘기고 애플리케이션을 실행한다.

```
$ host=127.0.0.1 port=9160 ks=ks33 cf=cf33 chance=0.5 \
ant -DclassToRun=hpcas.c03.ChangeReadRepairChance run
run:
  [java] Current Read repair chance 0.4
  [java] set Read repair chance to 0.5
```

예제 분석

read_repair_chance 값을 낮추면 클러스터 사이의 오고가는 트래픽이 줄어든다. 0.0으로 확률을 설정하고 읽기 일관성 레벨을 ONE으로 설정할 경우 클러스터 사이의 읽기 횟수가 '1/복제 계수'로 줄어든다. 만약 데이터 요청이 여러 번 들어오는 경우 계속 이득을 본다.

read_repair_chance의 값을 0.0으로 설정하는 경우 다시 쓰거나 안티 엔트로피 수리anti-entropy repair를 실행하기 전까지 싱크가 맞지 않게되므로 문제가 될 수 있다. read_repair_chance와 힌트 핸드오프를 사용하지 않을 경우 데이터 싱크가 맞지 않을 확률이 매우 커진다. 필요에 따라 적당한 수준의 퍼센트를 이용해야 한다.

5장의 예제 '힌트 핸드오프 비활성화하기'

클러스터들 사이에서 같은 스키마 레벨 보장하기

카산드라는 P2P 분산 시스템으로 스키마의 변화를 빠르게 다른 모든 노드로 전달하지만, 즉시 전달하지는 않는다. 이번 예제에서는 모든 노드가 같은 스키마 레벨에 있는지 확인하는 것을 살펴본다. 이는 키스페이스와 컬럼 패밀리를 만들고 이들을 한 번에 모든 노드에 써야 하는 경우 유용하다.

1. ⟨hpc_build⟩/hpcas/c05/ConfirmSchemaAgreement.java 파일을 생성한다.

```java
package hpcas.c05;
import java.util.*;
import org.apache.cassandra.thrift.Cassandra;

public class ConfirmSchemaAgreement {
  public static void main(String[] args) throws Exception {
    String host = Util.envOrProp("host");
    String sport = Util.envOrProp("port");
    if (host == null || sport == null ) {
      System.out.println("Cassandra Fail: specify host port");
      System.exit(1);
```

```
        }
        int port = Integer.parseInt(sport);
        FramedConnWrapper fcw = new FramedConnWrapper(host, port);
        fcw.open();
        Cassandra.Client client = fcw.getClient();
```

2. describe_schema_versions()를 호출하고 리턴된 맵을 저장한다. 이 맵
   은 스키마 아이디와 이 아이디를 이용하는 노드의 리스트를 가진다. 이
   맵의 모든 정보를 살펴보기 위해 이중루프를 이용한다.

```
        Map<String,List<String>> sv =client.describe_schema_versions();
        for (Map.Entry<String,List<String>> mapEntry: sv.entrySet()){
          System.out.println("key:"+mapEntry.getKey());
          for (String listForKey : mapEntry.getValue()){
            System.out.println("\t"+listForKey);
          }
        }
```

   만약 맵에 있는 키의 개수가 두개 이상이면, 클러스터 내에 스키마가 두
   가지 버전이 있는 것이다. 즉, 스키마의 변화를 다른 모든 노드에 전달하
   지 않은 것이다.

```
        if (sv.size()>1) {
          System.out.println("Schemas are not in agreement on all
    nodes.");
        } else {
          System.out.println("Schemas are in agreement for all nodes");
        }
        fcw.close();
      }
    }
```

3. 애플리케이션을 실행한다.

```
$ host=127.0.0.1 port=9160 ant -DclassToRun=hpcas.c03.
ConfirmSchemaAgreement run
run:
  [java] key:c3f38ebc-e1c5-11df-95a0-e700f669bcfc
```

160

```
[java]    127.0.0.2
[java]    127.0.0.3
[java]    127.0.0.4
[java]    127.0.0.5
[java]    127.0.0.1
[java] Schema is in agreement for all nodes
```

예제 분석

스키마가 변경될 때마다 ID를 새로 계산한다. describe_schema_versions 메소드는 각 클러스터 노드에 대한 스키마 아이디를 리턴한다. 만약 스키마 맵에 키가 하나만 존재하는 경우, 클러스터 내 모든 노드의 스키마 버전은 같은 것이다.

부연 설명

스키마의 변화는 클러스터 내의 모든 노드에 전달되어야 한다. 문제를 최소화하기 위해서는 클러스터 내의 노드가 내려가 있을 때, 스키마에 급격한 변화를 주지 않는 것이 좋다.

Quorum에 맞추기 위해 복제 계수 조절하기

쿼럼quorum은 일치를 이루기 위해 필요한 노드의 수다. 쿼럼에 필요한 노드의 수를 계산하는 공식은 다음과 같다.

NodesNeededForQuorum = ReplicationFactor / 2 + 1

복제 계수Replication Factor로 1을 이용하는 경우 데이터가 하나의 노드에만 존재하고 항상 일관되지만, 중복되지 않는다. 2 이상의 복제 계수를 이용하는 경우 일관성을 위해 쿼럼이 이용된다. 이번 예제에서는 서로 다른 복제 레벨에서 키스페이스를 생성하는 방법을 알아보고, 쿼럼 동작이 복제 레벨에 따라 어떻게 다르게 작동하는지를 알아본다.

쿼럼을 이용해 10개의 컬럼을 삽입하는 애플리케이션을 만든다.

1. 〈hpc_build〉/src/hpcas/c05/ShowQuorum.java를 생성한다.

```
package hpcas.c05;
import org.apache.cassandra.thrift.*;

public class ShowQuorum {
  public static void main(String[] args) throws Exception {
```

2. 사용자로부터 5개의 값을 받는다. 호스트와 포트는 클러스터에 연결하기 위해 필요하며, ksname, cfname, replication은 사용자가 쓸 컬럼 패밀리와 어디에 쓰여질지를 결정한다.

```
        String host = Util.envOrProp("host");
        String sport = Util.envOrProp("port");
        String ksname = Util.envOrProp("ks");
        String cfname = Util.envOrProp("cf");
        String replication = Util.envOrProp("replication");
        if (host == null || sport == null || ksname == null
            || cfname == null || replication == null) {
          System.out.println("Cassandra Fail: specify host port ksname
cfname");
          System.exit(1);
        }
        int rep = Integer.parseInt(replication);
        int port = Integer.parseInt(sport);
        FramedConnWrapper fcw = new FramedConnWrapper(host, port);
        fcw.open();
        Cassandra.Client client = fcw.getClient();

        /* 컬럼 패밀리가 이미 있는지 확인하기 위해서 listKeyspaces()를 쓴다. 만일 없으면
만든다.*/
        if (!Util.listKeyspaces(client).contains(ksname)) {
          KsDef newKs = Util.createSimpleKSandCF(ksname, cfname, rep);
          client.system_add_keyspace(newKs);
```

```java
        Thread.sleep(3000);
    }

    /* 삽입될 오브젝트를 만든다. */
    ColumnParent cp = new ColumnParent();
    client.set_keyspace(ksname);
    cp.setColumn_family(cfname);
    Column c = new Column();
    c.setTimestamp(System.currentTimeMillis());

    /* 얼마나 많은 레코드가 성공하고 실패했는지 기록하기 위해서 두 개의 변수를 만든다.*/
    int k2pass = 0;
    int k2fail = 0;
    for (int i = 0; i < 10; ++i) {
        byte[] data = (i + "").getBytes("UTF-8");
        c.setName(data);
        c.setValue(data);
        try {
            client.insert(data, cp, c, ConsistencyLevel.QUORUM);
            k2pass++;
            /* 예외가 발생 할 경우 실패를 저장하는 변수의 값을 하나 올린다.*/
        } catch (TimedOutException ex) {
            System.out.println(ex);
            k2fail++;
        } catch (UnavailableException ex) {
            System.out.println(ex); k2fail++;
        }
    }
    System.out.println("inserts ok:" + k2pass);
    System.out.println("inserts fail:" + k2fail);
    }
}
```

3. 클러스터 내의 모든 노드가 살아있음을 확인한다. 키스페이스의 이름은
   ks22, 컬럼 패밀리의 이름은 cf22, 복제 계수는 2로 하여 애플리케이션을
   실행한다.

```
$ host=127.0.0.1 port=9160 ks=ks22 cf=cf22 replication=2 ant
-DclassToRun=hpcas.c03.ShowQuorum run:
run:
   [java] inserts ok:10
   [java] inserts fail:0
```

4. 이번에는 키스페이스의 이름, 컬럼 패밀리의 이름, 복제 계수를 각각
   ks33, cf33, 3으로 하여 애플리케이션을 실행한다.

```
$ host=127.0.0.1 port=9160 ks=ks33 cf=cf33 replication=3 \
ant -DclassToRun=hpcas.c03.ShowQuorum run
run:
   [java] inserts ok:10
   [java] inserts fail:0
```

5. 노드 하나를 정지하고, 해당 노드가 중지되어 있음을 노드툴_{nodetool}을 이
   용해 확인한다.

```
$ <cassandra_home>/bin/nodetool -h 127.0.0.1 -p 8001 ring | grep Down
127.0.0.5        Down    Normal
```

6. 프로그램들을 다시 실행한다.

```
$ host=127.0.0.1 port=9160 ks=ks22 cf=cf22 replication=2 \
ant -DclassToRun=hpcas.c03.ShowQuorum run
run:
   [java] inserts ok:9
   [java] inserts fail:1


$ host=127.0.0.1 port=9160 ks=ks33 cf=cf33 replication=3 \
ant -DclassToRun=hpcas.c03.ShowQuorum run
run:
   [java] inserts ok:10
   [java] inserts fail:0
```

복제 계수가 3인 경우, 사용불가 예외(UnavailableException)가 발생하지 않기 위해서, 일관성 레벨 QUORUM은 3개 중 2개 이상의 노드 끝점이 동작하고 있어야 한다. 그리고 노드가 클러스터 가십cluster gossip에서 살아있는 것으로 나타나지만 적당한 시간내에 반응하지 않는 경우 시간초과 예외(TimedOutException)가 발생한다.

복제 계수가 2인 경우, QUORUM은 ALL과 같다. 이는 QUORUM 과반수를 필요로 하기 때문인데, 이는 복제 계수가 2인 경우 두개의 노드가 모두 살아있는 경우에만 가능하다.

QUOROM을 사용하는 것에 따른 성능 차이를 살펴보기 위해서는 이번 장의 '강한 일관성을 위해 쓰기 일관성 QUORUM, 읽기 일관성 QUORUM 사용하기'를 참고하라.

지연시간이 짧아야 하는 작업을 위해 쓰기 일관성 ONE, 읽기 일관성 ONE 사용하기

클라이언트가 읽고 쓰는 데 가장 짧은 지연시간을 가지는 일관성 레벨은 ONE 이다. 이는 데이터의 노드 끝점 중 하나만으로도 클라이언트가 동작을 했다는 것을 알 수 있기 때문이다. 이번 예제에서는 일관성 레벨 ONE을 사용하는 법을 살펴보고, 이 레벨을 사용함으로써 발생하는 CAP의 손익을 알아본다.

1. 〈hpc_build〉/src/hpcas/c03/Util.java의 getLevel (String) 메소드를 참고한다. 이는 사용자에 의해 주어진 문자열들을 해당하는 enum에 매핑한다.

```
public static ConsistencyLevel getLevel(String read) {
    return ConsistencyLevel.valueOf(read);
}
```

2. 〈hpc_build〉/src/hpcas/c05/ConsistencyPerformanceTester.java 파일을
   생성한다.

```
package hpcas.c03;
import java.util.*;
import org.apache.cassandra.thrift.*;

public class ConsistencyPerformanceTester {
    public static void main(String[] args) throws Exception {
        String readLevel = Util.envOrProp("readLevel");

        String writeLevel = Util.envOrProp("writeLevel");
        String hostList = Util.envOrProp("hostList");
        String sport = Util.envOrProp("port");
        int inserts = Integer.parseInt(Util.envOrProp("inserts"));
        boolean retryRead = (Util.envOrProp("retryRead") != null) ;
        if (readLevel == null || writeLevel == null || hostList == null
|| sport == null ) {
            System.out.println("Params: readLevel writeLevel hostList port
inserts ");
            System.exit(1);
        }
```

이 애플리케이션을 여러 개의 클러스터 노드와 연결한다. 사용자에 의해
호스트의 리스트가 주어지면 애플리케이션은 내부적으로 각각의 호스트
와 연결을 한다.

```
        List<String> nodes = Arrays.asList(hostList.split(","));
        List<FramedConnWrapper> clients = new
ArrayList<FramedConnWrapper>();
        for (String node : nodes) {
            FramedConnWrapper fcw = new FramedConnWrapper(node, Integer.
parseInt(sport));
            fcw.open();
            fcw.getClient().set_keyspace(Util.envOrProp("ks"));
```

```
        clients.add(fcw);
    }
    ColumnParent parent = new ColumnParent();
    parent.setColumn_family(Util.envOrProp("cf"));
    ColumnPath path = new ColumnPath();
    path.setColumn_family(Util.envOrProp("cf"));
    path.setColumn("acol".getBytes("UTF-8"));

    /* 데이터가 없는 경우의 수를 기록하기 위해서 두 개의 변수를 선언한다.*/
    int notFoundCount = 0;
    int notFoundCount2 = 0;
    Random generator = new Random();
    long startTime = System.nanoTime();
    for (int j = 0; j < inserts; j++) {
      byte[] key = (generator.nextInt() + "").getBytes("UTF-8");
      Column dat = new Column();
      dat.setTimestamp(System.currentTimeMillis());
      dat.setName("acol".getBytes("UTF-8"));
      dat.setValue(key);
```

3. 데이터를 삽입하기 위해 첫 번째 노드와 연결한다. 요청이 적절한 목적지로 프록시되기 때문에 클러스터의 어떤 노드에도 삽입이 발생할 수 있다. 이후 풀에서 랜덤하게 노드를 골라 방금 쓴 키를 읽는 시도를 한다. 만약 컬럼이 해당 노드까지 아직 전달되지 않았다면, NotFoundException이 발생할 것이다.

```
    clients.get(0).getClient().insert(key, parent, dat, Util.
getLevel(writeLevel));
    try {
      clients.get(generator.nextInt(nodes.size() - 1) +
1).getClient().get(key, path, Util.getLevel(readLevel));
    } catch (NotFoundException nfe) {
      notFoundCount++;
      if (retryRead){
        try {
          clients.get(generator.nextInt(nodes.size() - 1)+1).
getClient().get(key, path, Util.getLevel(readLevel));
```

```
        } catch (NotFoundException nfe2) {
          Thread.sleep(10);
          notFoundCount2++;
        }
      }
    }
  }
```

4. System.nanoTime() 메소드를 이용해 프로그램의 실행 시간을 계산한다.
   이후 프로그램이 실행되는 동안 모아진 카운터를 보여준다.

```
    long end = System.nanoTime()-startTime;
    System.out.println("insertCount:" + inserts + "NotFoundCount:" +
notFoundCount+" NotFoundCount2: "+notFoundCount2 + " nanos:"+end);

    /* 커넥션을 돌면서 하나씩 끊어준다.*/
    for (FramedConnWrapper client : clients) {
      client.close();
    }
  }
}
```

5. 쓰기 일관성 ONE과 읽기 일관성 ONE에서 10000번의 삽입이 이루어지도
   록 애플리케이션을 실행한다.

```
$ hostList=127.0.0.1,127.0.0.2,127.0.0.3,127.0.0.4,127.0.0.5
port=9160 \
ks=ks33 cf=cf33 inserts=10000 readLevel=ONE writeLevel=ONE \
ant -DclassToRun=hpcas.c03.ConsistencyPerformanceTester run
run:
   [java] insertCount:10000 NotFoundCount:117 NotFoundCount2:0
nanos:18638128979
```

6. retryRead 환경변수를 지정해주고, 애플리케이션을 다시 실행한다.

```
$ hostList=127.0.0.1,127.0.0.2,127.0.0.3,127.0.0.4,127.0.0.5
port=9160 \
ks=ks33 cf=cf33 inserts=10000 readLevel=one writeLevel=ONE
retryRead=yes \
```

```
ant -DclassToRun=hpcas.c03.ConsistencyPerformanceTester run
run:
   [java] insertCount:10000 NotFoundCount:86 NotFoundCount2:3
nanos:20087524941
```

예제 분석

이 애플리케이션은 읽기/쓰기에 대해 일관성 레벨 ONE을 이용하는 경우 결과적으로 일관성을 가지게 된다는 것을 보여준다. 애플리케이션의 첫번째 실행에서 117개의 삽입이 get 요청 전에 다른 사본에 도달하지 않았는데, 이는 ONE이 가장 낮은 일관성을 보장하기 때문이다. 다음 실행에서 retryRead 옵션이 활성화되었고, 3개의 키만 발견되지 않았다. 데이터는 결과적으로 목적지에 도달하겠지만, 그때까지 시간이 얼마나 걸릴지는 알 수 없다.

다음 다이어그램은 쓰기가 전달되기 전에 클라이언트가 노드에서 데이터를 읽는 것을 보여준다.

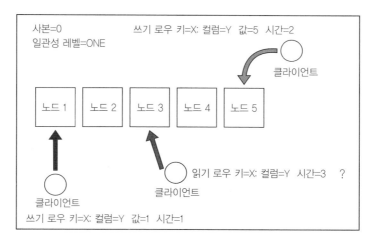

부연 설명

역사적인 이유로 결과적 일관성eventual consistency에 대해서는 여러가지 오개념이 있었다. '결과적eventual'이 작은 시간의 델타가 될 수 있다는 것을 이해하자.

위의 결과에서 카산드라의 가장 약한 레벨을 사용하여 100000번 중 117번의 읽기 실패가 발생하였다. 이는 이러한 실패를 확인하기 위해 디자인된 시나리오에서 발생한 것이다. 카산드라에서 각 요청에 따라 일관성을 고를 수 있기 때문에 조정가능한 일관성tunable consistency이라는 표현이 쓰이기도 한다.

강한 일관성을 위해 쓰기 일관성 QUORUM, 읽기 일관성 QUORUM 사용하기

QUORUM 레벨은 강한 일관성을 허용한다. 3이상의 복제 계수와 함께 사용되는 경우에는 일부 노드가 중지되어 있는 경우에도 QUORUM 동작이 성공적으로 수행된다. 쿼롬 동작은 일관성, 성능, 실패 허용성 모두 좋기 때문에 많은 경우에 쓰인다. 이 예제에서는 QUORUM의 기능을 확인해본다.

준비

이번 예제는 지난 예제에서의 애플리케이션이 필요한다. 또한 작업하는 데 이용될 키스페이스와 컬럼 패밀리도 필요하다.

예제 구현

1. 클러스터 내의 모든 호스트 리스트를 만든다. readLevel과 writeLevel을 QUORUM으로 하고 ConsistencyPerformanceTester 애플리케이션을 실행한다.

```
$ hostList=127.0.0.1,127.0.0.2,127.0.0.3,127.0.0.4,127.0.0.5
port=9160 \
ks=ks33 cf=cf33 inserts=10000 readLevel=QUORUM writeLevel=QUORUM \
ant -DclassToRun=hpcas.c03.ConsistencyPerformanceTester run
run:
   [java] insertCount:10000 NotFoundCount:0 NotFoundCount2:0
nanos:24894699808
```

2. 노드를 중지시키고 노드툴을 이용해 이를 확인한다.

```
$ <casandra_home>/bin/nodetool -h 127.0.0.1 -p 8080 ring | grep Down
127.0.0.3        Down     Normal   69.83 KB
```

3. hostList에서 중지된 호스트를 지우고 애플리케이션을 다시 실행한다.

```
$ hostList=127.0.0.1,127.0.0.2,127.0.0.4,127.0.0.5 port=9160 \
ks=ks33 cf=cf33 inserts=10000 readLevel=QUORUM writeLevel=QUORUM \
ant -DclassToRun=hpcas.c03.ConsistencyPerformanceTester run
run:
   [java] insertCount:10000 NotFoundCount:0 NotFoundCount2:0
nanos:25773869616
```

예제 분석

QUORUM을 이용하여 읽기, 쓰기를 하는 경우 데이터 일관성이 강하다. 이 조합에서 쿼롬이 만족하지 않을 정도로 충분한 수의 노드가 중지된 경우를 제외하고는 항상 NotFoundCount 카운터는 0이어야 한다. QUORUM에서 읽는 경우, 클라이언트는 과반수 데이터가 일관된다고 확인해주기 전까지 값을 리턴하지 않는다. 이는 읽기 시간이 ONE일 때보다 오래걸림을 의미한다.

다음 다이어그램은 QUORUM에서 읽고 쓰는 것이 어떻게 클라이언트에게 항상 일관성 있는 데이터를 제공하는지를 보여준다.

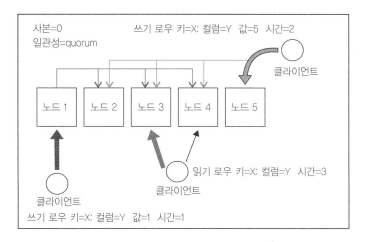

쓰기 일관성 QUORUM, 읽기 일관성 ONE 두 레벨을 섞어서 사용하기

읽기 작업이 일반적으로 쓰기작업보다 강력하기 때문에 읽기가 많이 발생하는 애플리케이션은 다양한 방법으로 읽기를 최적화해야 한다. 이번 예제에서는 이 조합의 성능상의 이점과 일관성 장단점에 대해서 살펴본다.

성능을 위해 일관성을 희생하는 것이 수용가능한 해결방안이 아닐 수도 있다. 일관성을 포기하기 전에 성능 향상을 위한 갖가지 다양한 기법들을 고려해야 한다.

준비

예제 '지연시간이 짧아야 하는 작업을 위해 쓰기 일관성 ONE, 읽기 일관성 ONE 사용하기'의 코드를 완성한다.

예제 구현

readLevel을 ONE으로, writeLevel을 QUORUM으로 하여 Consistency PerformanceTester 애플리케이션을 실행한다.

```
$ hostList=127.0.0.1,127.0.0.2,127.0.0.4,127.0.0.5,127.0.0.3 port=9160 \
ks=ks33 cf=cf33 inserts=10000 readLevel=ONE writeLevel=QUORUM \
ant -DclassToRun=hpcas.c03.ConsistencyPerformanceTester run
run:
   [java] insertCount:10000 NotFoundCount:64 NotFoundCount2:0
nanos:21594606710
```

예제 분석

읽기 작업은 쓰기 작업에 비해 노드의 데이터량이 증가함에 따라 더 강력해진다. 이 프로그램의 실행에서 이 조합이 강력하다는 것을 확인할 수 있었다. 하지만 결과적 일관성eventual consistency 때문에 이 조합은 복제가 이루어지기 전에 노드 끝점에서 읽기가 이루어지는 경우 읽기가 실패할 수 있다. QUORUM이 두 개의 노드에 쓰이는 것을 확인하기 때문에 ONE과 비교하여 NotFoundCount 예외는 더 작을 것이다.

일관성 레벨 ALL을 사용하여 가용성보다 일관성을 우위에 두기

함께 사용하는 레벨과 무관하게 일관성 레벨 ALL은 항상 강한 일관성을 보장한다. 단, 한 가지 예외적인 경우가 있는데 ANY로 쓰고, ALL로 읽는 경우 강력한 일관성을 가지지 않는다. 이번 예제에서는 ALL을 이용하여 그 장단점을 확인해본다.

예제 구현

1. writeLevel을 ALL로, readLevel을 ONE으로 하여 Consistency PerformanceTester를 실행한다.

```
$ hostList=127.0.0.1,127.0.0.2,127.0.0.4,127.0.0.5,127.0.0.3
port=9160 \
ks=ks33 cf=cf33 inserts=10000 readLevel=ONE writeLevel=ALL \
ant -DclassToRun=hpcas.c03.ConsistencyPerformanceTester run
run:
[java] insertCount:10000 NotFoundCount:0 NotFoundCount2:0
nanos:20558351612
```

2. 호스트의 리스트에서 중지된 노드를 제거하고 애플리케이션을 다시 실행한다.

```
$ <cassandra_home>/bin/nodetool -h 127.0.0.1 -p 8080 ring | grep Down
127.0.0.3      Down    Normal  10.25 MB
$ hostList=127.0.0.1,127.0.0.2,127.0.0.4,127.0.0.5 port=9160 \
ks=ks33 cf=cf33 inserts=10000 readLevel=ONE writeLevel=ALL \
ant -DclassToRun=hpcas.c03.ConsistencyPerformanceTester run
run:
   [java] insertCount:10000 NotFoundCount:8727 NotFoundCount2:0
nanos:10301708949 exceptions:8727
```

ALL의 단점은 노드에서의 실패가 해당 노드와 관련된 동작 전체의 실패로 이어진다는 것이다. 실패는 클라이언트에게 `UnavailableException` 또는 `TimedOutException`을 리턴한다. 이 예에서는 하나의 노드만 중지되었음에도 불구하고 많은 쓰기 실패가 발생하는 것을 보여준다. 또한 이 예는 ALL이 얼마나 강력한지를 보여준다. 하나의 노드 중지만으로도 일반적인 작업들이 진행이 되지 않게 된다.

쓰기 일관성 ANY를 사용하여 일관성보다 가용성을 우위에 두기

노드 끝점인 노드가 중지된 경우에도 카산드라에 쓰기가 가능하도록 하고 싶은 경우가 있다. 카산드라에는 쓰기 작업에 대해서만 쓸 수 있는 특별한 일관성 레벨 ANY가 있다. ANY를 사용하는 경우 쓰기가 클러스터에 있는 임의의 노드에 전달이 된 후 추후에 힌트 핸드오프를 이용해 다시 원래의 노드로 전달된다. 이 예제에서는 ANY 레벨을 사용하는 방법을 살펴본다.

1. 적어도 하나 이상의 클러스터 노드가 중지되도록 한다.

```
$ <cassandra_home>/bin/nodetool -h 127.0.0.1 -p 8080 ring | grep Down
127.0.0.3       Down    Normal  10.25 MB
127.0.0.5       Down    Normal  487.03 KB
```

2. 호스트 리스트에서 중지된 호스트를 제거하고, writeLevel을 ANY로 하여 ConsistencyPerformanceTester를 실행한다.

```
$ hostList=127.0.0.1,127.0.0.2,127.0.0.4 port=9160 \
ks=ks33 cf=cf33 inserts=10000 readLevel=ONE writeLevel=ANY \
ant -DclassToRun=hpcas.c03.ConsistencyPerformanceTester run
run:
   [java] insertCount:10000 NotFoundCount:271 NotFoundCount2:0
nanos:12797227510 exceptions:0
```

3. 노드툴을 이용하여 HINTED_POOL 스테이지에서 Active 또는 Pending 작업을 가지고 있는 노드를 찾는다.

```
$ <cassandra_home>/bin/nodetool -h 127.0.0.1 -p 8080 tpstats | grep
HINTED
                Active   Pending      Total
HINTED_POOL      1         3           9
```

일관성 레벨 ANY는 항상 쓰기 작업을 받아들인다. NotFoundCount 이벤트의 수는 읽기에 어떤 레벨을 사용하느냐와 무관하게 일관성이 예측 불가능하다는 것을 보여준다. 이 레벨은 쓰기 작업을 놓쳐서는 안되며, 데이터의 일관성에는 신경 쓰지 않고, 전달 딜레이 또한 신경쓰지 않는 애플리케이션에서 유용하다.

일관성이 락이나 트랜잭션과 다르다는 것을 보이기

일관성은 락lock이나 트랜잭션transaction과는 다르다. 이 차이를 설명하는 전통적인 방법은 여러 개의 스레드에서 동시에 접근하는 카운터를 보는 것이다. 이 예제에서는 이러한 시나리오에서 카산드라가 어떻게 작동하는지를 알아본다.

1. 〈hpc_build〉/src/java/hpcas/c05/ShowConcurrency.java 파일을 생성한다.

```
package hpcas.c05;
import hpcas.c03.*;
import java.util.*;
import org.apache.cassandra.thrift.*;

public class ShowConcurrency implements Runnable {
  String host;
  int port;
```

```
    int inserts;

    public ShowConcurrency(String host, int port, int inserts) {
        this.host = host;
        this.port = port;
        this.inserts = inserts;
    }

    /* getValue()는 지정된 키와 컬럼에 대해서 숫자값을 읽는다.*/
    public static int getValue(Cassandra.Client client) throws
Exception {
        client.set_keyspace("ks33");
        ColumnPath cp = new ColumnPath();
        cp.setColumn_family("cf33");
        cp.setColumn("count_col".getBytes("UTF-8"));
        ColumnOrSuperColumn col = client.get("count_key".
getBytes("UTF-8"), cp, ConsistencyLevel.QUORUM);
        int x = Integer.parseInt(new String(col.column.getValue()));
        System.out.println("read " + x);
        return x;
    }

    /* setValue는 지정된 키와 컬럼에 대해서 숫자값을 대입한다.*/
    public static void setValue(Cassandra.Client client, int x) throws
Exception {
        client.set_keyspace("ks33");
        ColumnParent parent = new ColumnParent();
        parent.setColumn_family("cf33");
        Column c = new Column();
        c.setName("count_col".getBytes("UTF-8"));
        c.setValue((x + "").getBytes("UTF-8"));
        c.setTimestamp(System.nanoTime());
        client.insert("count_key".getBytes("UTF-8"), parent, c,
ConsistencyLevel.QUORUM);
        System.out.println("wrote " + x);
    }
```

/* 자바 안에서 스레딩을 하기 위해선 run 메소드를 오버라이딩해야 한다. 이 스레드는 값을 읽고, 증가시킨 다음에 기록한다. */

```java
  public void run() {
    try {
      FramedConnWrapper fcw = new FramedConnWrapper(host, port);
      fcw.open();
      Cassandra.Client client = fcw.getClient();
      client.set_keyspace("ks33");
      for (int i = 0; i < inserts; i++) {
        int x = getValue(client);
        x++;
        setValue(client, x);
      }
      fcw.close();
    } catch (Exception ex) {
      System.out.println(ex);
    }
  }
```

/* 유저는 스레드의 수와 한 스레드당 몇 번의 삽입을 할지 지정해야 한다. */

```java
  public static void main(String[] args) throws Exception {
    String host = Util.envOrProp("host");
    int port = Integer.parseInt(Util.envOrProp("port"));
    int inserts = Integer.parseInt(Util.envOrProp("inserts"));
    int threads = Integer.parseInt(Util.envOrProp("threads"));
    FramedConnWrapper fcw = new FramedConnWrapper(host, port);
    fcw.open();
    Cassandra.Client client = fcw.getClient();

    /* 컬럼 패밀리를 자르고, 카운터 값을 0으로 초기화한다. */
    client.set_keyspace("ks33");
    client.truncate("cf33");
    Thread.sleep(1000);
    setValue(client, 0);
    int start = getValue(client);
    System.out.println("The start value is " + start);

    /* 애플리케이션 스레드를 관리하기 위해서 스레드 그룹을 만든다. */
```

```
ThreadGroup group = new ThreadGroup("readWrite");
for (int i = 0; i < threads; ++i) {
    ShowConcurrency sc = new ShowConcurrency(host, port, inserts);
    Thread t = new Thread(group, sc);
    t.start();
}

/* 스레드 그룹의 activeCount() 값이 0이 될 때까지 잔다.
while (group.activeCount() > 0) {
    Thread.sleep(1000);
}

/* 최종 값을 찍는다.*/
int x = getValue(client);
System.out.println("The final value is " + x);
    }
}
```

2. 하나의 스레드에서 70개의 삽입을 하는 애플리케이션을 실행한다.

```
$ host=127.0.0.1 port=9160 inserts=70 threads=1 ant
-DclassToRun=hpcas.c04.ShowConcurrency run
    [java] read 68
    [java] wrote 69
    [java] read 69
    [java] wrote 70
    [java] read 70
    [java] The final value is 70
```

3. 같은 프로그램을 3개의 스레드에서 70개의 삽입을 하도록 프로그램을
   다시 실행한다.

```
$host=127.0.0.1 port=9160 inserts=70 threads=3 ant
-DclassToRun=hpcas.c04.ShowConcurrency run
    [java] read 97
    [java] read 97
    [java] wrote 98
    [java] wrote 98
```

```
[java] read 98
[java] wrote 99
[java] read 99
[java] wrote 100
[java] read 100
[java] The final value is 100
```

예제 분석

프로그램의 첫 번째 실행에서 하나의 스레드에서 70개의 삽입이 이루어진다. 예상대로 카운터의 최종값은 70이다. 두 번째 실행에서는 3개의 스레드에의해 70개의 삽입이 이뤄진다. 이번 실행에서 예상하는 카운터의 최종값은 210이다. 하지만 이와 달리 최종값은 100이다. 출력을 분석해보면 여러개의 스레드가 값을 97로 읽고 98로 업데이트하고 있다. 이는 여러 개의 클라이언트가 동시에 컬럼에 대해 작업을 하지만, 다른 클라이언트가 값을 읽거나 바꿀 수 없도록 락lock을 할 방법이 없기 때문이다.

참고 사항

'10장, 라이브러리와 애플리케이션'의 예제 '트랜잭션 잠금을 위한 케이지를 지원하도록 주키퍼 설치하기'와 '케이지를 사용하여 원자성을 만족하는 읽기와 쓰기 구현하기'를 참고하라.

6

스키마 디자인

소개

성능을 최적화하는 데 가장 중요한 것은 카산드라에서 제공하는 데이터 모델을 잘 이해하는 것이다. 이번 장에서는 카산드라에서 데이터를 다룰 때 어떤 방식을 사용해야 효과적으로 저장하고 접근할 수 있는지 알아보자.

짧은 컬럼 이름을 사용하여 용량 줄이기

키에 딸려있는 컬럼은 정렬된 맵 구조에 저장되어 있으며, 이는 데이터를 컬럼 분리자로 나누거나 고정폭 로우를 사용하는 여타 자료구조와 다르다. 이러한 방식의 장점은 항목이 각자 다른 컬럼을 가질 수 있다는 것이다. 하지만 이러한 구조 때문에 컬럼의 이름과 값을 키 값 별로 모두 따로 디스크에 저장해야 하는 단점이 있다. 여기서는 짧은 컬럼 이름을 사용하는 것의 장점을 알아보자.

1. src/hpcas/c06/ColumnSize.java 파일을 생성한다.

```
package hpcas.c06;
import hpcas.c03.*;
import java.nio.ByteBuffer;
import org.apache.cassandra.thrift.*;

public class ColumnSize {
  public static void main(String[] args) throws Exception {
    FramedConnWrapper fcw = new FramedConnWrapper(
        Util.envOrProp("host"),
        Integer.parseInt(Util.envOrProp("port")));
    fcw.open();
    Cassandra.Client client = fcw.getClient();
    client.set_keyspace(Util.envOrProp("ks"));
    ColumnParent parent = new ColumnParent();
    parent.setColumn_family(Util.envOrProp("cf"));
    Column column = new Column();
```

2. 사용자가 컬럼 이름을 정의하며, 이 예제에서 컬럼 이름이 파일의 총 크기에 미치는 영향을 볼 수 있다.

```
column.setName(Util.envOrProp("colname").getBytes("UTF-8"));
column.setValue("1".getBytes("UTF-8"));
for (int i=0;i<20000;i++){
```

```
        client.insert(ByteBuffer.wrap((i+"").getBytes("UTF-8")),
            parent, column,
            ConsistencyLevel.QUORUM);
    }
    fcw.close();
  }
}
```

3. ColumnSize 애플리케이션에 긴 colname을 입력하여 실행한다.

```
$ cf=cf33 ks=ks33 colname=thisisabigcolumnnameandlookout
host=127.0.0.2 port=9160 ant -DclassToRun=hpcas.c06.ColumnSize run
$ <cassandra_home>/bin/nodetool -h 127.0.0.1 -p 8080 flush ks33
$ cd $HOME/hpcas/data/1/ks33 ls -lah
total 2.4M
-rw-rw-r--. 1 edward edward 2.2M Jan  3 05:10 cf33-e-1-Data.db
-rw-rw-r--. 1 edward edward  25K Jan  3 05:10 cf33-e-1-Filter.db
-rw-rw-r--. 1 edward edward 186K Jan  3 05:10 cf33-e-1-Index.db
-rw-rw-r--. 1 edward edward 4.8K Jan  3 05:10 cf33-e-1-Statistics.db
```

4. ColumnSize 애플리케이션을 s라는 한 글자의 컬럼 이름을 사용하여 다시 실행해 본다.

```
$ cf=cf33 ks=ks33 colname=s host=127.0.0.2 port=9160 ant
-DclassToRun=hpcas.c06.ColumnSize run
```

5. 디스크로 데이터를 플러시 한 후 ls 명령어로 파일 사이즈 정보를 확인한다.

```
$ <cassandra_home>/bin/nodetool -h 127.0.0.1 -p 8080 flush ks33
$ ls -lah $HOME/edward/hpcas/data/1/ks33/
total 916K
-rw-rw-r--. 1 edward edward 804K Jan  3 05:19 cf33-e-1-Data.db
-rw-rw-r--. 1 edward edward  11K Jan  3 05:19 cf33-e-1-Filter.db
-rw-rw-r--. 1 edward edward  83K Jan  3 05:19 cf33-e-1-Index.db
-rw-rw-r--. 1 edward edward 4.8K Jan  3 05:19 cf33-e-1-Statistics.db
```

컬럼은 이름, 값, 타임스탬프의 순서쌍으로 이루어져 있다. 긴 컬럼 이름은 더 많은 디스크 용량을 차지하며, 또한 키 캐시와 로우 캐시, 그리고 멤테이블 Memtable에서 더 많은 메모리 공간을 차지한다. 컬럼의 총 용량에서 컬럼 이름이 차지하는 비중이 클수록 짧은 이름을 사용하는 데서 나타나는 효과가 더 크다.

작은 인덱스 크기를 위해 데이터를 큰 컬럼으로 직렬화하기

요청이 들어올 때마다 해당 키값의 거의 모든 데이터가 필요하다면 해당 키의 모든 컬럼을 하나의 컬럼으로 직렬화하여 뭉치는 것이 더 낫다. 여기서는 데이터를 텍스트 형태로 저장하는 방법을 알아보자.

1. src/hpcas/c06/LargeColumns.java 파일을 생성한다.

```
package hpcas.c06;
import hpcas.c03.*;
import java.nio.ByteBuffer;
import org.apache.cassandra.thrift.*;

public class LargeColumns {
  static class Car {
    String make, model; int year;
    public Car(String make, String model, int year) {
      this.make = make;this.model = model; this.year = year;
    }
```

2. 해당 객체를 세 개의 파이프(|)로 나눈 필드로 직렬화한다. 첫째 컬럼이 직렬화된 데이터 부분이다.

```
public String toString() {
  return "v1|" + make + "|" + model + "|" + year;
```

```
        }
    }

    public static void main(String[] args) throws Exception {
        FramedConnWrapper fcw = new FramedConnWrapper(
                Util.envOrProp("host"),
                Integer.parseInt(Util.envOrProp("port")));
        fcw.open();
        Cassandra.Client client = fcw.getClient();
        client.set_keyspace("parking");
        Car myCar = new Car("lincoln", "towncar", 99);
        ByteBuffer ownerName = ByteBuffer.wrap(
                "Stacey".getBytes("UTF-8"));
```

3. toString 메소드를 바로 불러서 이 객체를 삽입한다.

```
        client.insert(ownerName, Util.simpleColumnParent("parking"),
                Util.simpleColumn("car", myCar.toString()),
                ConsistencyLevel.ONE);
        fcw.close();
    }
}
```

4. CLI에서 정보가 모두 하나의 컬럼 안에 저장되어 있음을 확인한다.

```
[default@parking] assume parking validator as ascii;
[default@parking] assume parking comparator as ascii;
[default@parking] list parking;
RowKey: Stacey
=> (column=car, value=v1|lincoln|towncar|99,
timestamp=120959663165400)
```

예제 분석

모든 컬럼은 컬럼 이름과 값, 그리고 타임스템프의 순서쌍으로 이루어져 있다. 이러한 순서쌍을 이루는 데 필요한 인덱스의 크기도 무시할 수 없으므로 컬럼의 크기가 매우 작을 때는 순서쌍을 사용하는 것이 부하가 크다. 여기서 소개된 방법을 사용하여 몇몇 경우에서는 부하를 줄일 수 있지만, 업데이트가 자주 있는 컬럼에 대해서는 하나의 컬럼이 아니라 해당 로우를 통째로 업데이트 해야 하므로 더 많은 저장소 공간이 필요하다.

```
stacey    column=car, value=v1|lincoln|towncar|99,
          timestamp=120959663165400
```

부연 설명

이외에도 많이 쓰이는 직렬화 방법으로 JSON, 프로토콜 버퍼Protocol Buffer, YAML 등의 방법이 있으며, 복잡한 객체를 직렬화할 때에는 java.beans. XMLBeanEncoder 또는 java.io.Serializable 인터페이스를 사용할 수 있다.

시계열 자료를 효과적으로 저장하기

시계열 자료time series information는 쓰임새가 다양하다. 한 예로, 망 관리 시스템은 시계열 자료를 사용하여 시스템의 성능 정보를 저장한다. 이러한 자료는 날씨나 주식의 가격 등의 시간에 따른 추이를 지켜보는 데 유용하다. 여기서는 컴패러터comparator를 사용해서 컬럼에 있는 숫자 데이터를 분류하고, 분산된 카산드라 서버의 특성을 활용하는 방법을 알아보자.

예제 구현

1. 〈hpc_build〉/src/java/hpcas/c06/TimeSeries.java 파일을 생성한다.

```java
package hpcas.c06;
import java.nio.ByteBuffer;
import hpcas.c03.*;
import java.io.ByteArrayOutputStream;
import java.io.DataOutputStream;
import java.text.SimpleDateFormat;
import java.util.GregorianCalendar;
```

```
import org.apache.cassandra.thrift.*;

public class TimeSeries {
```

DateFormat 클래스는 날짜 정보를 사용자가 정의한 포맷으로 출력해주는 역할을 한다. 날짜 포맷은 데이터를 같은 키로 묶는 역할을 한다.

```
public static SimpleDateFormat format = new
    SimpleDateFormat("yyyy.MM.dd");
```

Counter 클래스는 기본적인 기술자 정보와 카운터의 현재 상태를 저장한다.

```
public static class Counter {
   String host,object,instance,value;
   long time;
   public Counter(String host, String object, String instance,
String value, long time){
      this.host=host; this.object = object;
      this.instance=instance;
      this.value=value; this.time=time;
   }
```

카운터에 있는 대부분의 필드는 컴포지트 키Composite Key를 구성한다. 컴포지트 키를 사용함으로써 id를 생성하지 않아도 서로 다른 카운터 객체들을 구별할 수 있다.

```
public ByteBuffer keyName() throws Exception {
   GregorianCalendar gc = new GregorianCalendar();
   gc.setTimeInMillis(time);
   ByteBuffer name = ByteBuffer.wrap((host+"/"+object+"/"+
       instance+"/" +format.format(gc.getTime())).getBytes("UTF-8") );
   return name;
}
```

Long 컴패러터를 사용하고 컬럼 안에 있는 시간값으로 데이터를 정렬하려면 바이트 결과값에서 바로 Long 값을 쓴다.

```
public Column getColumn() throws Exception {
  Column c = new Column();
  ByteArrayOutputStream bos = new ByteArrayOutputStream();
  DataOutputStream dos = new DataOutputStream(bos);
  dos.writeLong(time);
  dos.flush();
  c.setName( bos.toByteArray() );
  c.setValue((value+"").getBytes("UTF-8"));
  return c;
  }
 }

public static void main(String [] args) throws Exception{
  FramedConnWrapper fcw = new FramedConnWrapper(
      Util.envOrProp("host"),
      Integer.parseInt(Util.envOrProp("port")));
  fcw.open();
  Cassandra.Client client = fcw.getClient();
  client.set_keyspace("perfdata");
```

2. System.getCurrentlTimeMillis() 함수를 통해서 시스템의 현재 시각 정보를 받아온다. 5분 후의 시각을 future라는 변수에 저장한다.

```
long now = System.currentTimeMillis();
long future = now + (60L*1000L*5L);
ColumnParent parent = Util.simpleColumnParent("perfdata");
```

3. Counter 클래스와 그에 딸린 유틸리티 메소드를 사용해서 두 개의 카운터를 만든다. 이 카운터들은 가상 코어의 CPU 사용량을 보여준다.

```
Counter s1t1 = new Counter("server1", "cpu","core1","20",now);
client.insert(s1t1.keyName(), parent, s1t1.getColumn(),
ConsistencyLevel.ONE);
Counter s1t2 = new Counter("server1", "cpu","core1","25",future );
client.insert(s1t2.keyName(), parent, s1t2.getColumn(),
```

```
ConsistencyLevel.ONE);
    fcw.close();
  }
}
```

4. 컴패러터가 LongType인 키스페이스와 컬럼 패밀리를 생성한다.

```
[default@unknown] create keyspace perfdata;
[default@unknown] use perfdata;
[default@perfdata] create column family perfdata with
comparator='LongType';
```

5. perfdata 컬럼을 list명령어로 본다.

```
[default@perfdata] assume perfdata validator as ascii;
[default@perfdata] list perfdata;
RowKey: server1/cpu/core1/2011.01.03
=> (column=1294109019835, value=20, timestamp=0)
=> (column=1294109319835, value=25, timestamp=0)
1 Row Returned.
```

예제 분석

카산드라의 긴 컴포지트 키를 만들 수 있는 능력과 데이터 모델의 샤딩 기능
이 맞물려서 성능 카운터 저장 시스템의 크기 확장이 가능하다. 카산드라는
데이터를 바이트 배열로 저장하므로, 컴패러터를 사용하여 컬럼의 데이터를
관리자가 설정한 순서대로 정렬하게 할 수 있다.

중첩 구조 맵을 사용하기 위해서 슈퍼 컬럼 사용하기

슈퍼 컬럼은 값 자체가 또 다시 키와 값으로 이루어진 정렬된 맵 컬럼이다. 이는
값이 바이트 배열로 구성되어 있는 보통의 컬럼과 다르다. 슈퍼 컬럼들은 중첩
구조를 한 단계 더 사용하게 해주며, 더 복잡한 객체를 복합적인 컬럼으로 인코
딩할 필요 없이 저장한다. 여기서는 슈퍼 컬럼을 사용해서 영화의 정보와 리뷰
에 대한 데이터를 저장해 보자.

예제 구현

1. moviereview라는 이름의 키스페이스와 컬럼 패밀리를 생성한다.

   [default@unknown] create keyspace moviereview;

   [default@unknown] use moviereview;
   Authenticated to keyspace: moviereview
   [default@moviereview] create column family moviereview with
   column_type='Super';

2. src/hpcas/c06/MovieReview.java 파일을 생성한다.

```
package hpcas.c06;
import hpcas.c03.*;
import java.nio.ByteBuffer;
import org.apache.cassandra.thrift.*;

public class MovieReview {
  public static void main (String [] args) throws Exception {
    FramedConnWrapper fcw = new FramedConnWrapper(
        Util.envOrProp("host"),
        Integer.parseInt(Util.envOrProp("port")));
    fcw.open();
    Cassandra.Client client = fcw.getClient();
    client.set_keyspace("moviereview");
    ByteBuffer movieName = ByteBuffer.wrap(
        "Cassandra to the Future".getBytes("UTF-8") );
```

3. ColumnParent 인스턴스를 생성하고 슈퍼컬럼의 정보를 reviews로 설정한다. 이후 부모를 사용해 두 개의 영화 리뷰 컬럼을 삽입한다.

190

```
ColumnParent review = new ColumnParent();
review.setColumn_family("moviereview");
review.setSuper_column("reviews".getBytes("UTF-8"));
client.insert(movieName, review, Util.simpleColumn("bob",
    "Great movie!"), ConsistencyLevel.ONE);
client.insert(movieName, review, Util.simpleColumn("suzy",
    "I'm speechless."), ConsistencyLevel.ONE);
ColumnParent movieInfo = new ColumnParent();
movieInfo.setColumn_family("moviereview");
```

4. cast 슈퍼 컬럼에 두 개의 컬럼을 삽입한다.

```
movieInfo.setSuper_column("cast".getBytes("UTF-8"));
client.insert(movieName, movieInfo, Util.simpleColumn(
    "written in", "java"), ConsistencyLevel.ONE);
client.insert(movieName, movieInfo, Util.simpleColumn(
    "RPC by", "thrift"), ConsistencyLevel.ONE);
System.out.println("Reviews for: "+new String(
    movieName.array(),"UTF-8"));
```

5. ColumnPath의 슈퍼 컬럼 설정을 cast로 설정한 후 이를 이용하여 해당
   슈퍼 컬럼의 모든 정보를 얻는다.

```
ColumnPath cp = new ColumnPath();
cp.setColumn_family("moviereview");
cp.setSuper_column("cast".getBytes("UTF-8"));
System.out.println("--Starring--");
ColumnOrSuperColumn sc = client.get(movieName, cp,
    ConsistencyLevel.ONE);
for (Column member : sc.super_column.columns){
  System.out.println( new String (member.getName(),"UTF-8")
      +" : " + new String(member.getValue(),"UTF-8"));
}
System.out.println("--what people are saying--");
cp.setSuper_column("reviews".getBytes("UTF-8"));
ColumnOrSuperColumn reviews = client.get(movieName, cp,
    ConsistencyLevel.ONE);
for (Column member : reviews.super_column.columns){
```

```
        System.out.println( new String (member.getName(),"UTF-8") +
            " : " +new String(member.getValue(),"UTF-8"));
      }
      fcw.close();
    }
  }
```

6. 애플리케이션을 시작한다.

**$ host=127.0.0.1 port=9160 ant -DclassToRun=hpcas.c06.MovieReview
run**
```
run:
  [java] Reviews for: Cassandra to the Future
  [java] --Staring--
  [java] RPC by : thrift
  [java] written in : java
  [java] --what people are saying--
  [java] bob : Great movie!
  [java] suzy : I'm speechless.
```

예제 분석

슈퍼 컬럼은 컬럼의 값에 연관 배열을 한 단계 더 사용하며, 이는 복합키를 사용하는 것에 대한 대안이 된다. 여기서는 두 개의 슈퍼 컬럼—영화배우를 저장할 cast 컬럼과 사용자가 영화를 어떻게 생각했는지 저장하는 review 컬럼—을 사용할 것이다. 슈퍼 컬럼은 복합키를 사용하거나 여러 개의 표준 컬럼 패밀리를 사용할 필요 없이 이러한 정보를 저장할 수 있다.

부연 설명

슈퍼 컬럼의 데이터를 활용하려면 슈퍼 컬럼을 통째로 역직렬화해야 하며, 이에 수반되는 부하가 있기 때문에 여러 개의 서브컬럼을 슈퍼컬럼 패밀리 컬럼에 저장하지 않도록 한다.

디스크 용량을 절약하고 성능을 개선하기 위하여 복제 계수 낮추기

복제 계수는 키스페이스 별로 설정될 수 있으며, 이 값은 카산드라의 전체적 성능에 큰 영향을 미친다. 높은 값을 지정하면 더 많은 노드에 데이터가 복제되며 이로 인해 클러스터는 오류에 덜 민감해진다. 하지만 큰 값을 사용하면 클러스터의 저장 공간이 그만큼 적어지며, 또한 쓰기와 읽기를 할 때 더 많은 하드웨어 자원이 필요해진다.

예제 구현

2의 복제 계수를 갖는 키스페이스를 bulkload라는 이름으로 만든다.

```
[default@unknown] connect localhost/9160;
Connected to: "Test Cluster" on localhost/9160
[default@unknown] create keyspace bulkload with strategy_options =
[{replication_factor:1}];
```

카산드라가 0.7.X에서 0.8.X대의 버전으로 버전업되면서 복제 계수가 KsDef의 옵션 중 하나에서 strategy_options의 매개변수로 옮겨갔다. 0.7.X대의 버전에서의 문법은 다음과 같다.

```
[default@unknown] create keyspace bulkload with replication_factor=2;
```

예제 분석

키스페이스 bulkload에 2의 복제 계수를 사용함으로써 디스크 용량과 자원을 더 적게 사용하며, 이로 인해 데이터의 중복을 조금 희생해서 성능을 개선할 수 있다.

부연 설명

쿼럼Quorum은 과반수의 노드를 필요로 하는데, 2개의 복제본에서 과반수를 달성하기 위해선 전체의 노드가 필요하다. 따라서 2의 복제 계수를 사용하면 QUORUM의 일관성 레벨은 ALL의 레벨과 동일하다.

▶ 키스페이스의 복제 계수를 낮추는 것에 대해서는 '7장, 관리'의 '노드툴 cleanup: 불필요한 데이터 제거하기' 예제를 참조한다.

▶ 키스페이스의 복제 계수를 높이는 것에 대해서는 '7장, 관리'의 '노드툴 repair: 안티엔트로피 수리를 언제 사용해야 하는가' 예제를 참조한다.

▶ 8장에서는 다수 데이터센터 구성에서 필요한 더 큰 복제 계수에 대해 알아본다.

순서 보존 파티셔너를 사용한 하이브리드 랜덤 파티셔너

클러스터를 세팅할 때의 중요한 결정 중 하나는 파티셔너를 고르는 것이다. 보편적으로 많이 사용하는 파티셔너는 랜덤 파티셔너Random Partitioner(이하 RP)와 순서 보존 파티셔너Order Preserving Partitioner(이하 OPP)가 있다.

RP는 주어진 키를 해싱한 결과를 토대로 데이터를 클러스터의 노드에 배분한다. 이에 사용하는 해시 함수는 데이터를 클러스터에 대강 균등하게 배분한다. 이때 사용하는 방식은 의사랜덤 순서 방식이다.

OPP는 키값 그대로를 사용하여 데이터가 어떤 노드에 위치할지를 결정한다. 이 방법은 키값을 순서대로 저장하기 때문에 키값에 대한 정렬된 범위 검색을 할 수 있다. 하지만 키값이 균등하게 분배되어 있지 않다면 데이터가 특정 노드로 몰릴 수 있다는 단점이 있다.

여기서는 클라이언트 쪽에서 순서 보존 파티셔너와 해시값을 사용해서 랜덤 파티셔너와 비슷한 효과를 내는 방법을 알아보자.

파티셔너는 전역 세팅값으로 클러스터가 처음 초기화할 때에만 설정할 수 있다. 파티셔너를 변경하려면 클러스터의 모든 데이터를 삭제한 후에 새로 시작해야 한다.

conf/cassandra.yaml에서 partitioner 부분을 다음과 같이 수정한다

```
partitioner: org.apache.cassandra.dht.OrderPreservingPartitioner:
```

1. src/hpcas/c06/HybridDemo.java 파일을 생성한다.

```java
package hpcas.c06;
import hpcas.c03.*;
import java.math.BigInteger;
import java.nio.ByteBuffer;
import org.apache.cassandra.thrift.*;
import org.apache.cassandra.utils.FBUtilities;public class HybridDemo
{
  public static void main(String[] args) throws Exception {
    FramedConnWrapper fcw = new FramedConnWrapper(
          Util.envOrProp("host"),
          Integer.parseInt(Util.envOrProp("port")));
    fcw.open();
    Cassandra.Client client = fcw.getClient();
```

2. describe_keyspace 메소드를 사용해서 만약 결과값과 OrderPreserving
   Partitioner의 클래스 이름이 다르다면 스크립트를 중단한다.

```java
if ( ! client.describe_partitioner().equals("org.apache.
cassandra.dht.OrderPreservingPartitioner")){
    System.out.println("You are not using
OrderPreservingPartitioner." + "You are using " +client.describe_
partitioner());
    System.exit(1);
}
```

3. phonebook 키스페이스가 존재하는지 여부를 확인하고 만약 존재하지 않
   는다면 phonebook과 user에 대해 키스페이스와 컬럼 패밀리를 생성한다.

```
        if ( ! Util.listKeyspaces(client).contains("phonebook") ) {
          client.system_add_keyspace(
              Util.createSimpleKSandCF("phonebook", "phonebook",3));
          client.system_add_keyspace(
              Util.createSimpleKSandCF("user", "user", 3));
          Thread.sleep(1000);
        }
```

4. phonebook 컬럼 패밀리에 항목을 삽입한다. 삽입할 때 사용하는 키값이 수정되지 않은 값 그대로 들어간다.

```
        String [] names = new String [] {"al", "bob", "cindy"};
        for ( String name : names ){
          client.set_keyspace("phonebook");
          client.insert(ByteBuffer.wrap( name.getBytes("UTF-8")),
              Util.simpleColumnParent("phonebook"),
              Util.simpleColumn("phone", "555-555-555"), ConsistencyLevel.ONE);
```

5. FButilities.md5hash 메소드를 사용해서 MD5 체크섬을 생성한다. 해시의 앞 두 글자를 따서 이름의 왼쪽에 붙인다.

```
        lient.set_keyspace("user");
        BigInteger i = FBUtilities.md5hash(ByteBuffer.wrap(
            name.getBytes("UTF-8")));
        StringBuilder sb = new StringBuilder(
            i.toString().substring(0,2));
        sb.append(name);
        client.insert(ByteBuffer.wrap(sb.toString().getBytes("UTF-8")),
            Util.simpleColumnParent("user"),
            Util.simpleColumn("password", "secret"),
            ConsistencyLevel.ONE);
        }
      fcw.close();
    }
  }
```

6. cassandra-cli를 사용해서 카산드라에 연결한다. use 명령어를 통해서 phonebook 키스페이스로 옮겨온 후 list 명령어를 통해서 phonebook 컬럼 패밀리를 리스팅해 본다.

```
$<cassandra_home>/bin/cassandra-cli
[default] use phonebook;
[default@phonebook] list phonebook;
Using default limit of 100
-------------------
RowKey: al
=> (column=70686f6e65, value=3535352d3535352d353535,
timestamp=12307009989944)
-------------------
RowKey: bob
=> (column=70686f6e65, value=3535352d3535352d353535,
timestamp=12307242917168)
-------------------
RowKey: cindy
=> (column=70686f6e65, value=3535352d3535352d353535,
timestamp=12307245916538)
3 Rows Returned.
```

7. user 키스페이스로 바꾼 후 user 컬럼 패밀리를 리스팅해본다.

```
[default] use user;
[default@user] list user;
Using default limit of 100
-------------------
RowKey: 12bob
=> (column=70617373776f7264, value=736563726574,
timestamp=12556213919473)
-------------------
RowKey: 13al
=> (column=70617373776f7264, value=736563726574,
timestamp=12556210336153)
-------------------
RowKey: 68cindy
```

```
=> (column=70617373776f7264, value=736563726574,
timestamp=12556258382038)
3 Rows Returned.
```

키값의 MD5 체크섬을 사용함으로써 데이터를 저장할 노드를 무작위로 선택하는 효과를 볼 수 있으며, 이는 `RandomPartitioner`를 사용하는 것과 유사한 결과다. phonebook 컬럼 패밀리에 수행하는 범위 스캔은 알파벳 순서의 값을 리턴하며, user 컬럼 패밀리에 수행하는 범위 스캔은 의사랜덤 순서의 값을 리턴한다. 이는 `RandomPartitioner`와 유사하게 데이터를 클러스터에 분배하는 역할을 한다.

파티셔너는 나중에 변경할 수 없으므로 처음에 잘 선택하는 것이 중요하다. 파티셔너를 테스트해 볼 때 여러 개의 노드가 있는 클러스터를 사용해서 테스트를 해 본다면 로우 키가 어떻게 분배되는지 잘 알 수 있다.

OPP를 사용하여 다중 인스턴스 설치를 스크립트로 처리하기

랜덤 파티셔너를 사용해 테스트 클러스터를 만드는 것에 관해서는 1장의 '다중 인스턴스 설치를 스크립트로 처리하기' 예제를 참고하되, 방법을 참고하되, 다음에서 굵은 글꼴로 표시된 부분을 추가한다. scripts/ch1/multiple_instances.sh 파일을 scripts/ch6/multiple_instances_ordered.sh로 복사한 후 해당 부분을 편집한다.

```
sed -i "s|8080|800${i}|g" ${TAR_EXTRACTS_TO}-${i}/conf/cassandra-
env.sh
RP= org.apache.cassandra.dht.RandomPartitioner
OPP= org.apache.cassandra.dht. OrderPreservingPartitioner
sed -i "s|${RP}|${OPP}|g" \
```

```
     ${TAR_EXTRACTS_TO}-${i}/conf/cassandra.yaml
done
popd
```

다른 해시 알고리즘 사용하기

이 예제에서는 카산드라에서 내부적으로 사용되는 md5hash() 메소드를 사용했으나, 자원을 더 적게 필요로 하는 다른 알고리즘이 비슷한 무작위성을 보장한다면 이를 사용해도 무방하다.

큰 데이터 저장하기

카산드라에서 저장되는 로우 데이터는 주로 몇 바이트에서 몇천 바이트 사이의 작은 용량을 차지한다. 하지만 어떤 경우에서는 몇십 혹은 몇백 메가바이트의 큰 바이너리 파일들을 통째로 저장하고 싶을 경우도 있다. 카산드라가 내부적으로 사용하는 전송 계층이 스트리밍 기술을 사용하지 않고 작은 데이터를 다루도록 만들어져 있기 때문에 set 명령어를 한 번만 사용해서 큰 파일을 저장하는 것은 어렵다. 여기서는 큰 데이터를 작은 부분으로 나눠서 여러 개의 컬럼으로 나눠서 저장하는 방법에 대해 알아보자.

예제 구현

1. src/hpcas/c06/LargeFile.java 파일을 생성한다.

   ```java
   package hpcas.c06;
   import hpcas.c03.*;
   import java.io.*;
   import java.nio.ByteBuffer;
   import java.text.DecimalFormat;
   import org.apache.cassandra.thrift.*;

   public class LargeFile {
   ```

2. 블럭 사이즈의 기본 설정값은 128바이트다. 이 값은 더 클 수 있으나, 이는 기본값이 16MB인 프레임 사이즈보다 클 수는 없다.

```
private static final int block_size = 128;
public static void main(String[] args) throws Exception {
    FramedConnWrapper fcw = new FramedConnWrapper(Util.
envOrProp("host"), Integer.parseInt(Util.envOrProp("port")));
```

3. 해당 파일에 대한 인풋 스트림input stream을 연다.

```
    File f = new File(Util.envOrProp("thefile"));
    ByteBuffer fileName = ByteBuffer.wrap(f.toString().
getBytes("UTF-8"));
    BufferedInputStream inputStream = new BufferedInputStream(new
FileInputStream(f));
    byte buffer[] = new byte[block_size];
    fcw.open();
    Cassandra.Client client = fcw.getClient();
    client.set_keyspace("filedata");
    int read = 0;
    int blockCount = 0;
    DecimalFormat format = new DecimalFormat("00000");
    ColumnParent cp = new ColumnParent();
    cp.setColumn_family("filedata");
```

4. 버퍼로 데이터를 읽어 나가며, 버퍼가 꽉 찰 때마다 blockCount 변수를 1씩 증가시킨다. 컬럼의 이름을 blockCount로 만들고 값을 buffer로 채운다.

```
    do {
      read = inputStream.read(buffer);
      if(read != -1) {
        Column block = new Column();
        block.setValue(buffer);
        block.setName(format.format(
            blockCount++).getBytes("UTF-8"));
        client.insert(fileName, cp, block, ConsistencyLevel.ONE);
      }
```

```
    } while (read != -1);
    inputStream.close();
    fcw.close();
  }
}
```

5. 키스페이스와 컬럼 패밀리를 filedata라는 이름으로 생성한다.

```
[default@moviereview] create keyspace filedata;
[default@moviereview] use filedata;
Authenticated to keyspace: filedata
[default@filedata] create column family filedata;
```

6. 프로그램을 시행한다. 화면으로는 아무것도 출력되지 않는다.

```
$ thefile=/home/edward/encrypt/hpcbuild/run.sh host=127.0.0.1
port=9160 ant -DclassToRun=hpcas.c06.LargeFile run
```

7. 로드된 파일이 바이너리 파일이 아니라면 데이터를 ASCII 타입으로 보여
   주도록 CLI를 설정할 수 있다.

```
[default@filedata] assume filedata comparator as ascii;
[default@filedata] assume filedata validator as ascii;
```

8. 파일의 내용을 표시하기 위해 컬럼 패밀리에 list 명령어를 사용한다.

```
[default@filedata] list filedata;
Using default limit of 100
RowKey: /home/edward/encrypt/hpcbuild/run.sh
=> (column=00000, value=CP=dist/lib/hpcas.jar
for i in lib/*.jar ; do
  CP=$CP:$i
done
#conf=/home/edward/hpcas/apache-cassandra-0.7.0-beta2-1/conf
...
```

여기서는 파일을 하나의 키와 컬럼에 저장하기보다는 파일을 작은 조각들로 나눠서 여러 개의 컬럼에 저장했다. 이는 내부의 전송 프로토콜에서는 데이터를 메모리에 완전히 로드한 후에야 전송이 가능하고, 전송을 위한 프레임 사이즈가 몇몇 파일보다는 더 크기 때문이다.

이 방법은 파일의 블럭을 하나의 로우 키에 저장하며, 고로 파일을 모두 하나의 노드에 저장한다. 이와 달리 블럭은 서로 다른 로우 키에 저장할 수도 있는데, 이 방식을 사용하면 하나의 파일이 여러 개의 노드에 분산되어 저장된다.

카산드라로 분산 캐싱하기

카산드라에는 각각의 키스페이스와 컬럼 패밀리가 동작하는 방식을 좌우하는 변수가 많다. 일반적인 캐시 사용에서 캐시의 쓰기와 업데이트 트래픽은 읽기 트래픽에 비해서 낮으며, 데이터의 크기 역시 상대적으로 작다. 여기서는 이런 류의 작업을 위한 키스페이스와 컬럼 패밀리를 설정하는 방법을 알아보자.

1. 높은 복제 계수를 가진 키스페이스를 생성한다(이 클러스터에 노드가 10개 있다고 가정한다).

```
$ <cassandra_home>/bin/cassandra-cli
[default] create keyspace cache with replication_factor=10;
[default] use cache;
```

2. 낮은 read_repair_chance를 가진 컬럼 패밀리를 생성하고 이의 rows_cached 값을 100000으로 맞춘다.

```
[default@cache] create column family cache with read_repair_chance=.05 and rows_cached=100000;
```

클라이언트는 일관성 레벨 ONE에서 읽기를 해야 한다.

예제 분석

10의 복제 계수에서 쓰기를 하면 모든 노드에 쓰기를 한다. 그러면 키스페이스의 모든 데이터를 모든 노드가 가지고 있어야 하기 때문에 데이터를 쓰는 것이 빨라지지 않는다. 또한 read_repair_chance 값이 낮게 설정되어 있기 때문에 손상된 데이터를 수리하는 일 역시 거의 없을 것이다. 복제 계수를 높이고 일관성 레벨 ONE을 사용함으로써 더 많은 노드가 하나의 데이터셋을 공급하게 할 수 있다. 이는 읽기가 잦은 데이터를 다룰 때 유용하다.

크기가 크거나 자주 접근하지 않는 데이터를 따로 분리된 컬럼 패밀리에 저장하기

대부분의 경우에서는 하나의 키에 관련된 데이터를 모두 하나의 컬럼 패밀리에 몰아서 저장하는 것이 좋다. 그러면 애플리케이션에서 데이터를 가져올 때 단 하나의 키에 대해서만 검색을 해도 데이터를 모두 받을 수 있기 때문이다. 하지만 이와 같은 설정이 항상 좋은 것은 아닌데, 여기서는 데이터를 서로 다른 컬럼 패밀리에 저장하는 것이 더 나은 경우에 대해 알아보자.

이번 예에서 입력할 데이터는 다음 테이블에 나와있는 정보다.

아이디	키	나이	무게	좋아하는 말
bsmith	171	32	60	어떤 것보다 당신의 결정이 가장 중요하다.
tjones	166	17	65	모든 인류는 세가지 종류로 나뉜다. 움직일 수 있는 사람, 움직일 수 없는 사람, 움직이고 있는 사람.

예제 구현

데이터를 두 개의 컬럼 패밀리에 나눠서 쓴다.

```
[default@unknown] create keyspace user_info  with strategy_options =
[{replication_factor:3}];
[default@unknown] create column family user_info with rows_cached=5000;
[default@unknown] use user_info;
[default@user_info] set user_info['bsmith']['height']='171';
[default@user_info] set user_info['bsmith']['age']='32';
[default@user_info] set user_info['bsmith']['weight']='60';
[default@unknown] create keyspace extra_info  with strategy_options =
[{replication_factor:2}]
[default@user_info] use extra_info;
[default@user_info] create columnfamily extra_info with keys_cached=5000;
[default@user_info] set extra_info['bsmith']['quote']='어떤 다른것보다 당신의...'
```

예제 분석

예제 데이터의 5개의 컬럼에서 볼 때 quote 데이터는 다른 모든 데이터를 합친 것보다 훨씬 더 크다. 이 데이터는 다른 컬럼에 비해서 그리 자주 액세스되지 않는 부분이므로 extra_info라는 다른 컬럼 패밀리에 저장한다.

이런 방법에는 여러 장점이 있다. 각 키스페이스는 각기 다른 복제 계수를 가지고 있는데, extra_info에서는 더 낮은 복제 계수를 사용하므로 디스크 용량을 절약할 수 있다. user_info 키스페이스에 대해서는 표준값인 3을 채택했다.

데이터를 서로 다른 두 개의 컬럼 패밀리에 넣음으로써 각각 캐시 설정을 적용할 수 있다. user_info는 작고 예측 가능한 로우 크기를 가지고 있기 때문에 로우 캐시를 사용했고, extra_info 데이터는 예측 불가능한 크기를 가졌기 때문에 키 캐시를 사용했다.

카산드라에서 에지 그래프 데이터 저장 및 검색하기

그래프 이론에서 사용되는 데이터의 구조를 저장하기 위해서는 그래프 데이터베이스가 사용된다. 그래프 데이터베이스에는 정보에 해당하는 노드와, 노드들을 연결하는 에지edge가 있다. 보통 그래프 데이터베이스는 다음 그림과 같이 연관도가 높은 자료를 알아내는 데 사용된다.

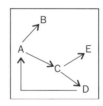

여기서는 간단한 그래프 데이터베이스를 저장하고 사용하고 탐색하는 방법을 알아보자.

준비

그래프 데이터를 저장할 키스페이스와 컬럼 패밀리를 생성하고 샘플 데이터를 삽입해본다.

```
[default@unknown] connect localhost/9160;
[default@unknown] create keyspace graph;
```

```
[default@unknown] use graph;
[default@graph] create column family graph;
[default@graph] set graph['a']['b']='';
[default@graph] set graph['a']['c']='';
[default@graph] set graph['c']['d']='';
[default@graph] set graph['d']['a']='';
[default@graph] set graph['c']['e']='';
```

예제 구현

1. 〈hpc_build〉/src/hpcas/c06/Graph.java 파일을 생성한다.

```
package hpcas.c06;

import hpcas.c03.FramedConnWrapper;
import hpcas.c03.Util;
import java.nio.ByteBuffer;
import java.util.*;
import org.apache.cassandra.thrift.*;

public class Graph {
  FramedConnWrapper fcw;
  Cassandra.Client client;

  public Graph(String host,int port) throws Exception {
    fcw = new FramedConnWrapper(host, port);
    fcw.open();
    client = fcw.getClient();
    client.set_keyspace("graph");
  }
```

그래프 탐색은 재귀함수로 한다. 재귀함수는 각 함수 호출에 데이터를 계속 넘겨야 하므로 주로 긴 시그너처를 가지고 있다. 따라서 짧은 시그너처를 가지고 있고 해당 재귀함수를 불러주는 도우미 메소드를 만드는 것이 좋다.

```
  public void traverse(int depth, byte[] start) {
    Set<String> seen = new HashSet<String>();
```

```
    traverse(depth, start, seen, 0);
  }
```

그래프를 탐색하기 위해서는 시작점, 정지조건, 방문했던 곳을 다시 가지
않기 위한 여태까지 방문했던 노드 리스트, 그리고 재귀함수가 불리는 횟
수를 조절하기 위한 카운터의 네 가지 초기 정보가 필요하다. 이 메소드
가 private로 선언되어 있으므로, 이를 호출하는 방법은 도우미 메소드
를 사용하는 것밖에 없다.

```
   private void traverse(int depth, byte[] start, Set<String> seen,
int currentLevel) {
     if (currentLevel>depth)
       return;
     for (int j=0;j<currentLevel;j++)
       System.out.print("\t");
     System.out.println(new String (start));
     if (seen.contains(new String(start))){
       for (int j=0;j<currentLevel;j++)
         System.out.print("\t");
       System.out.println("loop detected");
       return;
     }
     seen.add( new String(start));
     ColumnParent cp = new ColumnParent();
     cp.setColumn_family("graph");
     SlicePredicate predicate = new SlicePredicate();
     SliceRange sr = new SliceRange();
     sr.setStart(new byte[0]);
     sr.setFinish(new byte[0]);
     sr.setCount(10000);
     predicate.setSlice_range(sr);
     try {
       List<ColumnOrSuperColumn> results =
         client.get_slice(ByteBuffer.wrap(start), cp, predicate,
ConsistencyLevel.ONE);
         for ( ColumnOrSuperColumn c : results) {
           traverse(depth, c.column.getName(),seen,currentLevel+1);
```

```
        }
      } catch (Exception ex) {
        System.out.println(ex);
      }
    }
    public static void main(String[] args) throws Exception {
      Graph g = new Graph(Util.envOrProp("host"),
          Integer.parseInt(Util.envOrProp("port")));
      g.traverse(Integer.parseInt( Util.envOrProp("depth") ),
          Util.envOrProp("startAt").getBytes());
    }
  }
```

2. 프로그램을 시행하고 startAt과 depth 매개변수에 시작 노드의 이름과
   재귀함수가 불릴 횟수를 넘겨준다.

```
$ startAt=a depth=5 host=127.0.0.1 port=9160 ant
-DclassToRun=hpcas.c06.Graph run
run:
    [java] a
    [java]   b
    [java]   c
    [java]   d
    [java]     a
    [java]     loop detected
    [java]   e
```

예제 분석

그래프에서 원소를 서로 연결하는 에지 데이터는 일차원적이며, A->B가 꼭
B->A를 뜻하지는 않는다. 각각의 노드는 하나의 컬럼이며, 로우 키는 노드의
이름이고 각각의 컬럼은 해당 노드와 관련이 있는 노드의 이름이고, 필요 없
는 값은 비워 둔다.

재귀적인 traverse 메소드 안에서 get_slice 메소드를 시작 노드에 대해서
부른다. 만약 존재한다면 키를 리턴하며, 리턴된 컬럼은 관련된 노드다. 만약

관련된 노드가 이미 방문한 노드 리스트에 있는 것들이 아니고, 함수가 불릴 수 있는 최대 횟수를 초과하지 않았다면 리턴된 노드값들에 대해서 재귀함수를 다시 부른다.

2차 데이터 정렬 방법과 인덱스 만들기

로우 키는 데이터가 저장되어 있는 노드를 결정하며, 또한 이는 데이터가 저장되어 있는 파일에서 해당 데이터를 찾아내는 역할을 한다. 따라서 로우 키로 검색을 하는 것이 좋다. 로우 키의 컬럼은 컬럼 이름을 기준으로 정렬되어 있으며, 이는 특정 키 안에서 특정 컬럼을 검색하는 것을 최적화한다. 때때로 한 개 이상의 데이터 정렬 방법이 필요할 수도 있다. 따라서 서로 다른 요청들을 처리하기 위해서 동일한 데이터를 다른 방법을 사용하여 여러 번 저장할 수 있다. 여기서는 시간대를 기준으로 검색하는 데 효율적인 방법과 사용자 검색에 효율적인 방법으로 메일박스를 정렬해보자.

준비

필요한 키스페이스와 컬럼 패밀리 등을 생성한다.

```
[default@unknown] create keyspace mail;
[default@unknown] use mail;
[default@mail] create column family subject with comparator='LongType';
[default@mail] create column family fromIndex with comparator='LongType';
```

예제 구현

1. scr/hpcas/c06/SecondaryIndex.java 파일을 생성한다.

   ```
   package hpcas.c06;

   import hpcas.c03.*;
   import java.io.*;
   import java.nio.ByteBuffer;
   import java.util.List;
   ```

```java
import java.util.concurrent.atomic.AtomicInteger;
import org.apache.cassandra.thrift.*;

public class SecondaryIndex {

  private FramedConnWrapper fcw;
  private Cassandra.Client client;

  private static ColumnParent subjectParent = new ColumnParent();
  private static ColumnParent fromParent = new ColumnParent();
  private static AtomicInteger ai = new AtomicInteger();

  static {
    subjectParent.setColumn_family("subject");
    fromParent.setColumn_family("fromIndex");
  }

  public SecondaryIndex(String host, int port) {
    fcw = new FramedConnWrapper(host, port);
    try {
      fcw.open();
    } catch (Exception ex) {
      System.out.println(ex);
    }
    client = fcw.getClient();
  }
```

메시지는 서로 다른 두 개의 컬럼 패밀리에 삽입한다. subject 컬럼 패밀리는 메일박스 이름을 로우의 키로 사용하고 컬럼을 메시지의 ID로 정렬한다. fromIndex 컬럼 패밀리 역시 메시지 ID로 정렬되어 있으나 보내는 사람과 받는 사람의 복합 키를 로우 키로 사용한다.

```java
  public void sendMessage(String to,String subject, String body,
String from) {
    Column message = new Column();
    byte [] messageId = getId();
    message.setName(messageId);
    message.setValue(subject.getBytes());
```

```
Column index = new Column();
index.setName(messageId);
index.setValue(subject.getBytes());
try {
  client.set_keyspace("mail");
  client.insert(ByteBuffer.wrap(to.getBytes()), subjectParent,
      message, ConsistencyLevel.ONE);
  client.insert(ByteBuffer.wrap((to +"/"+ from).getBytes()),
      fromParent, index, ConsistencyLevel.ONE);
} catch (Exception ex) {
  System.err.println(ex);
}
}
```

특정 사용자한테 가거나 특정 사용자로부터 보내지는 메일을 빨리 찾기
위해서 searchFrom 메소드를 사용한다.

```
public void searchFrom(String mailbox, String from){
  SlicePredicate predicate = new SlicePredicate();
  SliceRange sr = new SliceRange();
  sr.setCount(1000);
  sr.setReversed(true);
  sr.setStart(new byte[0]);
  sr.setFinish(new byte[0]);
  predicate.setSlice_range(sr);
  try {
    client.set_keyspace("mail");
    List<ColumnOrSuperColumn> results =
        client.get_slice(ByteBuffer.wrap((mailbox + "/" + from).
getBytes()),
        fromParent, predicate, ConsistencyLevel.ONE);
    for (ColumnOrSuperColumn c : results){
      System.out.println( new String(c.column.getValue()) );
    }
  } catch (Exception ex) {
    System.err.println(ex);
  }
}
```

이 메소드는 메시지 ID를 생성한다.

```java
public byte [] getId()  {
  ByteArrayOutputStream bos = new ByteArrayOutputStream();
  DataOutputStream dos = new DataOutputStream(bos);
  try {
    dos.writeLong((long) ai.getAndAdd(1));
    dos.flush();
  } catch (IOException ex){
    System.out.println(ex);
  }
  return  bos.toByteArray() ;
}

public static void main(String[] args) throws Exception {
  SecondaryIndex si = new SecondaryIndex(
      Util.envOrProp("host"),
      Integer.parseInt(Util.envOrProp("port")));
  si.sendMessage("bob@site.pvt","Have you seen my tennis racket?",
      "Let me know if you find it.","kelly@example.pvt");
  si.sendMessage("bob@site.pvt","Check out my new book!",
      "It is called High Performance Cassandra.",
      "edward@example.pvt");
  si.sendMessage("bob@site.pvt","Nevermind about the racket",
      "I found it in the car","kelly@example.pvt");
  si.searchFrom(Util.envOrProp("to"),Util.envOrProp("from"));
}
}
```

2. 어떤 사용자가 보내고 어느 사용자가 이를 받는지를 적은 후에 커멘드라 인에서 프로그램을 실행한다.

```
$ host=127.0.0.1 port=9160 to=bob@site.pvt from=edward@example.pvt
ant -DclassToRun=hpcas.c06.SecondaryIndex run
run:
  [java] Check out my new book!
```

여기서는 메시지를 서로 다른 두 개의 컬럼 패밀리에 저장하는 방법을 알아 보았다. 데이터를 디스크에 여러 번 저장하면 용량이 더 많이 사용되긴 하지 만, 이런 추가적 비용은 데이터를 특정 요청에 대해 더 최적화되도록 만들 수 있다. subject 컬럼 패밀리는 한번에 한 사용자씩 검색하는 데 유용하며 fromIndex 컬럼 패밀리는 특정 사용자에게 온 메시지들을 검색하기 용이하다.

참고 사항

'3장, API'의 '2차 인덱스 다루기' 예제

7

관리

가십 통신을 위한 시드 노드 정의하기

카산드라는 단일고장점SPOF, single point of failure of master nodes(어느 한 부분이 동작하지 않으면 시스템 전체가 중단되는 구조)를 가지고 있지 않다. 그 대신 가십Gossip이라는 내부적인 프로세스를 이용해 노드간의 링의 토폴로지에 대한 변화를 주고받는다. 시드Seed는 노드가 가십을 시작하기에 앞서 접근하는 리스트다. 이 예제에서는 시드 노드를 정의하는 방법을 살펴본다.

준비

시드를 정의하는 방법은 배포deployment의 종류와 규모에 따라 달라질 수 있다. 이 예제에서는 org.apache.Cassandra.locator.SimpleStrategy를 이용해 간단한 배포를 할 때 시드를 정의하는 방법을 살펴본다. 다수의 데이터센터에 배포할 경우 각 데이터센터에 하나 이상의 시드를 두게 되는데, 이는 '8장, 다수의 데이터센터 사용하기'를 참고하라.

예제 구현

다음과 같은 10개 노드를 가진 클러스터에 대해서 살펴본다.

```
(cassandra01.domain.pvt (10.0.0.1) - cassandra10.domain.pvt (10.0.0.10) )
```

1. 〈cassandra_home〉/conf/cassandra.yaml 파일을 열고 시드 관련 부분을 찾는다.

   ```
   - 10.0.0.1
   - 10.0.0.2
   ```

2. 클러스터 내의 모든 노드에 이를 적용한 후, 카산드라가 이를 반영하도록 재시작한다.

부연 설명

시드는 구성하기 쉬운 편이다. 하지만 구성시에 항상 명심해야 할 것들이 몇 가지 있다.

IP와 호스트이름

시드 리스트에서는 호스트이름hostname보다는 IP 주소를 사용하는 것이 좋다. 이는 DNS 문제가 생기는 경우, 호스트이름으로는 접근이 안되지만 IP 주소로는 접근이 가능하므로 카산드라가 온전히 작동할 수 있기 때문이다.

시드 리스트 동기화 유지하기

배포 과정에서 모든 노드의 시드 리스트는 같아야 한다. 이는 가십 프로토콜이 작동하는 데 강력히 요구되는 사항은 아니지만 이를 따르지 않는 경우 잘못된 결과를 얻을 수도 있다. 구성파일을 항상 동기화하기 위해 퍼펫Puppet 같은 구성 관리 도구configuration management tool를 사용하는 것이 좋다.

시드 노드는 자동으로 시작되지 않는다

첫 배포에서는 적어도 하나 이상의 시드 노드가 있어야 한다. 시드 노드는 자동으로 시작되지 않는다. 새로운 노드가 다른 노드로부터 데이터를 받기 위해서는 해당 노드의 호스트이름 또는 IP를 시드 리스트에 바로 추가해서는 안 된다. 노드가 시작되고 클러스터에 합류한 이후에야 자기 자신을 포함한 다른 노드의 시드 리스트를 추가할 수 있다.

시드 노드의 적당한 수 고르기

시드 노드의 수는 클러스터 크기의 약수가 되어야 한다. 노드는 시작될 때 클러스터의 토폴로지를 파악하기 위해 구성된 모든 시드 노드에 접근한다. 이때 항상 한 번에는 하나의 시드만이 실행되게 해야 한다. 10보다 작은 크기의 배포에 대해서는 2개 혹은 3개 정도의 시드 노드면 충분하다. 물론 큰 클러스터에 대해서는 더 많은 시드 노드가 필요하다.

노드툴 Move: 노드를 특정 링 위치로 옮기기

카산드라는 클러스터에서 데이터를 여러 노드들에 나누어 넣기 위해 일관적 해싱Consistent Hashing을 이용한다. 각각의 노드에는 링ring의 논리적 위치와 어떤 데이터를 들고 있는지에 대한 정보를 담은 초기 토큰_{Initial Token}이 있다. 많은 경우 노드는 링에서 최적의 위치에 놓이지 않게 된다. 이는 노드의 추가 혹은 제거 때문일 수도 있고, 순서 보존 파티셔너_{Order Preserving Partitioner}를 이용하는 경우 고르지 못한 키 분배 때문에 핫스팟_{hotspot}이 자연히 생기기 때문이기도 하다. 이번 예제에서는 노드의 위치를 조정하기 위해 노드툴 move를 사용하는 것을 살펴본다.

준비

1장의 '랜덤 파티셔너에 사용할 이상적인 초기 토큰 구하기' 예제를 통해 이상적인 토큰을 알아본다.

예제 구현

1. 노드툴 ring을 실행하여 클러스터가 얼마나 불균형한지를 확인한다.

```
$ <cassandra_home>/bin/nodetool -h localhost -p 8001 ring
Address          Status      State   Load        Owns     Token

127.0.0.3        Up          Normal  10.43 KB 29.84%      480846805965449095
06915368523509938144
127.0.0.4        Up          Normal  10.43 KB 34.04%      105999110917480363
3547458635908541720046
127.0.0.5        Up          Normal  10.43 KB 9.82%       122706229357212558
2338719014391201387644
127.0.0.1        Up          Normal  10.43 KB 5.90%       132750395055464041
2217787442078747232922
127.0.0.2        Up          Normal  10.43 KB 20.40%      167455170588521173
06217277396547003835001
```

2. Owns 컬럼에서 일부 노드들이 다른 노드들보다 링에서 큰 비중을 차지하는 것을 볼 수 있다. InitialTokens 애플리케이션을 실행하여 이상적인 토큰을 확인한다.

```
$ tokens=5 ant -DclassToRun=hpcas.c01.InitialTokens run
```

```
run:
  [java] 0
  [java] 34028236692093846346337460743176821145
  [java] 68056473384187692692674921486353642290
  [java] 102084710076281539039012382229530463435
  [java] 136112946768375385385349842972707284580
```

 토큰은 신중하게 고려하라

클러스터 내의 노드의 수가 정확히 2배 단위로 증가하지 않는 이상, InitialToken이 명시되어 있지 않다면 높은 확률로 최적이 아닌 수가 선택될 것이다. 리스트의 최상위에 있는 노드는 토큰이 0이어야 하는데 48084680596544909506915368523509938144을 토큰으로 가지고 있다. Move 명령어를 이용해 2개의 노드를 이동시킨다.

많은 양의 데이터를 옮기는 것은 긴 시간이 걸릴 수 있다

한 노드가 데이터를 많이 가지고 있을수록 move와 같은 작업은 오랜 시간이 걸리게 된다. 또한 이러한 작업들은 집약적인 작업들로 트래픽이 적을때 효과적으로 이루어진다.

```
$<cassandra_home>/bin/nodetool -h 127.0.0.1 -p 8001 move 0
$<cassandra_home>/bin/nodetool -h 127.0.0.2 -p 8002 move 340282366
9209384634633746074317682114 5
```

3. 노드툴 move 작업을 마친 후 노드툴 ring을 실행한다.

```
$ <cassandra_home>/bin/nodetool -h 127.0.0.1 -p 8001 ring
Address          Status State   Load     Owns    Token
127.0.0.1        Up     Normal  17.58 KB 27.88%  0
127.0.0.2        Up     Normal  12.57 KB 20.00%  3402823669209384634
6337460743176821145
...
```

예제 분석

노드툴 move는 노드의 제거와 추가라는 두 작업을 한 번에 처리한다. 이는 노드툴 Decomission과 자동 부트스트랩 시작의 결합으로 이루어진다.

내부적으로 노드툴 move는 노드를 클러스터에서 제거하기 전에 데이터를 다른 노드로 옮긴다. 이후 새로운 노드가 지정된 위치에 들어가게 되면 새로운 노드에 있어야 할 데이터를 계산해 전송한다.

이 예에서 노드툴 move는 클러스터 내의 데이터의 불균형을 조정한다. 이동 전에 첫 두 노드가 각각 29퍼센트와 34퍼센트를 차지하고 있었지만, 조정 이후에는 각각 27퍼센트와 20퍼센트를 차지한다. 모든 move 작업이 끝난 뒤에는 모든 노드가 20퍼센트를 차지하게 될 것이다. 클러스터를 균형상태에 가깝게 유지하는 것은 매우 중요하다.

노드툴 Remove: 중지된 노드 제거하기

노드가 멈추는 경우 시스템은 이것이 언젠가는 살아날 것이라고 예상한다. 클러스터의 다른 노드는 가십gossip을 통해 해당 노드가 중지됐음을 안다. 만약 옵션이 켜져 있다면, 중지된 노드에 대한 쓰기 작업은 다른 노드에서 힌트 핸드오프Hinted handoff 메시지를 통해 저장하게 된다. 이들은 해당 노드가 다시 살아나면 힌트 메시지hinted message를 전달하려고 할 것이다. 만약 하드웨어적 문제 또는 필요에 의해서 해당 노드가 영원히 없어지게 되면, 관리자는 이를 노드툴 removetoken을 이용해 처리해줘야 한다.

예제 구현

1. 제거하고자 하는 노드의 토큰을 확인한다. 해당 노드는 반드시 중지된 상태여야 한다.

```
$<cassandra_home>/bin/nodetool -h 127.0.0.1 -p 8001 ring
Address          Status State   Load     Owns      Token
127.0.0.1        Up     Normal  17.58 KB  122706229357212558233871901
439120138764
127.0.0.2        Up     Normal  12.57 KB  340282366920938463463374607
43176821145
127.0.0.3        Up     Normal  20.51 KB  480846805965449095069153685
23509938144
```

```
127.0.0.4        Up     Normal  20.51 KB   105999110917480363354745863
590854172046
127.0.0.5        Down   Normal  20.51 KB   122706229357212558233871901
439120138764
```

2. 노드툴 removetoken 명령어를 이용해 중지된 상태에 있는 127.0.0.5 노
   드를 제거한다.

```
$<cassandra_home>/bin/nodetool -h 127.0.0.1 -p 8001 removetoken 12
270622935721255823387190143912013876
```

 노드툴 removetoken 작업은 시간이 꽤 걸릴 수 있다. 진행상황을 보기 위해서는 명령어
뒤에 status 인자를 주면된다.

3. 노드툴 ring을 다시 실행한다. 노드의 제거가 끝난다면 리스트에서 해당
   노드가 삭제되었을 것이다.

```
$ <cassandra_home>/bin/nodetool -h 127.0.0.1 -p 8001 ring
Address          Status State  Load       Owns      Token
127.0.0.1        Up     Normal  17.58 KB   37.70%    0
127.0.0.2        Up     Normal  12.57 KB   20.00%    340...
127.0.0.3        Up     Normal  20.51 KB   8.26%     480...
127.0.0.4        Up     Normal  20.51 KB   34.04%    105...
```

예제 분석

각각의 키스페이스는 복제 계수가 있다. 노드가 제거될때 카산드라는 데이터
가 복제 계수의 수와 같은 수의 노드에 저장될 때까지 사라진 데이터를 복제
한다.

참고 사항

노드툴 removetoken 명령어는 중지된 노드에 대해서만 사용할 수 있다. 다음
예제에서는 살아있는 노드를 제거하는 방법을 알아본다.

노드툴 Decommission: 작동중인 노드 제거하기

명령어 decommission은 살아있는 노드를 제거한다. 이 예제에서는 노드툴 decommission을 사용하는 방법을 살펴본다.

1. 노드툴 ring을 사용해 제거하고자 하는 노드의 주소를 확인한다.

```
$ <cassandra_home>/bin/nodetool -h 127.0.0.1 -p 8001 ring
Address         Status State   Load            Owns    Token
127.0.0.1       Up     Normal  17.58 KB        37.70%  0
127.0.0.2       Up     Normal  12.57 KB        20.00%  340...
127.0.0.3       Up     Normal  20.51 KB        8.26%   480...
127.0.0.4       Up     Normal  20.51 KB        34.04%  105...
```

2. 노드툴 decommission을 이용해 127.0.0.3 노드를 제거해보자.

 decommission과 removetoken을 혼동하지 않도록 주의한다. 노드툴 decommission의 경우 호스트 노드툴과 연결된 노드가 제거된다. 하지만 removetoken의 경우 지정된 노드가 제거된다.

클러스터에 존재하는 데이터의 양에 따라 이 작업은 오랜 시간이 걸릴 수 있다. 처음에는 데이터를 풀고, 앞으로 이 데이터를 담당할 노드로 전송한다. 노드툴 ring을 계속해서 확인하다 보면 최종적으로 삭제된 호스트는 리스트에서 사라진다. 데이터를 푸는 작업과 전송 과정이 어떻게 진행됐는지를 확인하려면 로그를 살펴보면 된다. 노드툴 compactionstats와 노드툴 streams를 이용해서도 진행상황을 확인할 수 있다.

```
$<cassandra_home>/bin/nodetool -h 127.0.0.1 -p 8001 ring
Address         Status State   Load        Owns    Token
127.0.0.1       Up     Normal  22.56 KB    37.70%  0
127.0.0.2       Up     Normal  17.55 KB    20.00%  340...
127.0.0.4       Up     Normal  12.53 KB    42.30%  105...
```

노드툴 decommission은 노드툴 remove와 같은 작업을 하지만 제거되는 노드가 클러스터에서 제거되기 전에 데이터를 계산하고 다른 노드로 전송하는 데 참여하기 때문에 더 효율적이다.

자동 부트스트랩을 중지해 노드를 빠르게 추가하기

기본적으로 클러스터의 노드들은 자동 부트스트랩이 중지되어 있다. 이 설정을 이용하는 경우 노드가 켜졌을 때 다른 노드로부터 데이터를 복제하지 않는다. 이 예제에서는 이 설정을 이용하는 방법을 알아본다.

1. 아직 부트스트랩되지 않은 새 노드에서 〈cassandra_home〉/conf/cassandra.yaml 파일을 편집한다.

   ```
   auto_bootstrap: false
   ```

2. 인스턴스를 실행한다.

자동 부트스트랩이 중지된 경우, 노드가 클러스터에 바로 들어간다. 하지만 자동 부트스트랩이 동작하는 경우, 다른 노드가 재계산을 하고 새로운 노드를 위한 데이터를 전송한 후에야 새로운 노드를 이용할 수 있다.

자동 부트스트랩이 중지된 노드는 다음 방법으로 활용 가능하다.

일반적인 쓰기 트래픽

노드가 추가된 후 해당 노드는 토큰 링의 일부로서 기능을 담당해야 할 책임이 있다. 따라서 일반적인 쓰기 작업이 이 노드로 전달되어, 새로 쓰인 데이터가 동기화된 상태에 있게 한다. 하지만 만일 기존에 이미 존재하던 데이터에 대해서 쓰기 작업을 한다면, 어떠한 작업도 수행하지 않는다.

읽기 수리

읽기 작업은 읽기 수리read repair 작업을 유발한다. 각 데이터의 노드 끝점들을 대조하며, 가장 최근 타임스탬프를 최종값으로 한다. 그리고 동기화되지 않은 사본을 업데이트한다. 읽기 수리 작업이 일관성 있는 데이터를 전달하기 위해서는 모든 애플리케이션이 일관성 레벨 Quorum 이상에서 읽기 작업을 수행해야 한다. 일관성 레벨 One에서 읽는 경우 첫 번째 읽기 작업의 결과로 빈 값 혹은 동기화되지 않은 값이 돌아오며, 따라서 읽기 작업 이후에 데이터를 읽기 수리가 고쳐야 한다.

안티엔트로피 수리

안티엔트로피 수리Anti-Entropy Repair는 노드에 있는 데이터의 차이를 계산하고 차이가 있는 노드에 이 값을 전달하는 광범위한 작업이다. 이 작업은 자동 부트스트랩을 이용해 노드를 추가하는 것에 비해 클러스터에 부하가 더 큰 작업이기 때문에 자동 부트스트랩을 더 사용한다.

SSH 키를 생성하여 비밀번호 대신 사용하기

ssh, scp, rsync처럼 비밀번호 입력 없이 접근을 허용하는 OpenSSL 도구들은 이 장의 여러 예제에서 사용된다. 이 예제에서는 퍼블릭/프라이빗public private SSH 키 쌍을 생성하는 방법을 알아본다.

1. SSH 퍼블릭/프라이빗 키 쌍을 생성한다. passphrase를 묻는 경우 공백으로 둔다.

```
$ ssh-keygen
Generating public/private rsa key pair.
Enter file in which to save the key (/root/.ssh/id_rsa):
Enter passphrase (empty for no passphrase):
Enter same passphrase again:
Your identification has been saved in /root/.ssh/id_rsa.
Your public key has been saved in /root/.ssh/id_rsa.pub.
The key fingerprint is:
XX:XX:XX:XX:XX:XX:XX:XX:XX:XX:XX:XX:XX:XX:XX:XX user@host
```

2. rsync를 이용해 서버로 키를 전송한다.

```
$ rsync ~/.ssh/id_rsa.pub root@cassandra05-new:~/
```

3. authorized_keys 파일에 퍼블릭 키를 추가하고, 퍼미션permission을 강화시킨다. 설정 파일의 퍼미션이 약한 경우 SSH는 일반적으로 접근을 막는다.

```
$ ssh root@cassandra05-new
root@cassandra05-new password:
$ cat id_rsa.pub >> ~/.ssh/authorized_keys
$ chmod 700 ~/.ssh
$ chmod 600 .ssh/authorized_keys
$ exit
```

올바르게 한 경우 서버로의 ssh, rsync, scp를 이용한 접속은 더 이상 비밀번호를 요구하지 않는다.

SSH 키 쌍은 비밀번호 기반의 인증을 대체할 수 있다. 원격에서 명령어를 직접 실행할 수 있게 되면서 애드혹ad-hoc 분산 컴퓨팅의 조작을 빠르고 단순하게 할 수 있다. 일반적으로 크론_{cron} 같은 rsync 기반의 백업처럼 비대화형_{non-interactive} 작업을 원격에서 실행하기 위해 사용된다.

SSH 키가 암호적 측면에서는 안전하기는 하지만 다른 서버로 이동하거나 원격 명령어를 실행하는 데 이용될 수 있다는 위험이 있다. 만약 머신에서 허락하는 경우 passphrase가 없는 키는 유저가 다른 서버로 복제할 수도 있다. 따라서 SSH 키가 실행할 수 있는 명령어들은 제한하는 것이 좋다. 키에 대한 제한에 대해서는 SSH 매뉴얼 페이지를 살펴보라.

새로운 하드웨어에 데이터 디렉토리 복사하기

일반적으로 새로운 노드로 데이터를 옮기는 데는 부트스트랩_{Bootstrap}과 안티엔트로피 수리_{Anti Entropy Repair} 프로세스를 이용하는 것이 가장 좋지만 간혹 rsync 같은 파일 복사 툴을 이용하는 것이 더 효율적인 경우도 있다. 이 방법은 오래된 장비에서 새로운 장비로 일대일로 옮길 때 효율적이다.

준비

이 예제에서는 cassandra05 노드를 cassandra05-new 노드로 복사한다. 카산드라의 데이터 디렉토리는 /var/lib/cassandra라고 가정하자. 이 예제에서는 SSH 클라이언트가 필요하지만 FTP와 같이 바이너리 데이터를 전송할 방법이 있는 것으로도 충분하다.

예제 구현

1. rsync 명령어를 사용하는 실행가능한 스크립트 /root/sync.sh를 만든다.

```
nohup rsync -av --delete  --progress /var/lib/cassandra/data \
root@cassandra05-new:/var/lib/cassandra/ 2> /tmp/sync.err \
1> /tmp/sync.out &
```

```
$ chmod a+x /root/sync.sh
$ sh /root/sync.sh
```

2. 원본 서버인 cassandra05에서 카산드라 프로세스를 정지시키고 sync를
   다시 실행한다. 두 번째 실행에서는 첫 번째 실행보다 훨씬 짧은 시간이
   걸리게 되는데 이는 rsync가 파일의 변경사항만을 전송하기 때문이다.
   카산드라를 비활성화하여 다시 시작되는 것을 막는다.

```
$ /etc/init.d/cassandra stop
$ sh /root/sync.sh
$ chkconfig cassandra off
```

3. 컴퓨터의 호스트이름과 IP 주소를 바꾼다. 새로운 컴퓨터에서 카산드라
   를 실행하고, 노드툴 ring을 통해 클러스터가 살아있음을 확인한다.

예제 분석

rsync는 롤링 체크섬rolling check sum을 계산해 새로운 파일과 파일의 변경내역
만을 전송하는 지능적인 복사 툴이다. rsync의 큰 장점 중 하나는 첫 번째 실
행 이후에는 변경사항만을 전송하면 된다는 것이고, 이는 카산드라 SSTable의
구조화된 로그 표면을 전송하는 데 매우 적합하다. 따라서 두 번째와 세 번째
동기화는 단 몇 초만에 끝나게 된다.

이러한 기법은 노드툴 decommission, 새로운 노드 부트스트랩, 그리고 차후의
노드툴 cleanup 프로세스에 비해 적은 계산과 데이터 전송이 필요한 반면 관
리 측면에서 조금 더 노력이 필요하다. 이 방법은 각 노드의 데이터 크기가 매
우 큰 경우 유용하다. 하나의 노드가 몇 분 동안 꺼졌다가 다시 시작된 사실을
클러스터의 다른 노드가 아는 경우. 다른 노드들은 다른 하드웨어로 IP, 호스
트이름, 데이터가 옮겨졌다는 사실까지 알 필요는 없다.

rsync는 매우 다양한 옵션을 가지고 있다. 전송하지 않을 파일을 제외하는 옵션은 다음과 같다.

```
--exclude='*snapshot*' --exclude='*CommitLog*'
```

bwlimit은 네트워크 사용량을 조절하며 이에 따라 디스크 사용량도 조절된다. 이를 활용하면 새로 추가된 디스크의 활동이 노드의 처리 가능한 용량에 영향을 주지 않게 할 수 있다.

```
--bwlimit=4000
```

데이터 복사를 통해 노드 추가하기

카산드라는 일관적 해싱consistent hashing을 이용해 어떤 데이터가 어떤 노드에 저장될지를 결정한다. 새로운 노드가 클러스터에 들어가면 해당 노드는 데이터의 일부를 담당하는데, 이 데이터는 부트스트랩 과정에서 다른 노드가 계산해서 전송한다. 전송한 데이터는 항상 논리적으로 링에 맞게 계산한 데이터의 부분집합이다. 노드 조인node join을 하는 한 가지 방법은 데이터를 직접 전부 옮기고 두 노드에 대해 노드툴 cleanup을 실행하는 것이다.

서로 다른 물리적 노드 간에 데이터를 옮기는 것과 관련하여 이 장의 앞에 나온 'SSH 키를 생성하여 비밀번호 대신 사용하기' 예제를 살펴보라.

1. 노드툴 ring을 이용해 가장 많은 데이터를 가지고 있는 링을 찾는다. 노드 127.0.0.4가 링의 42퍼센트를 차지하는 것을 확인할 수 있다. 이 불균형을 해결하려면 새로운 노드는 127.0.0.2와 127.0.0.4 사이에 삽입돼야 한다.

```
$ <cassandra_home>/bin/nodetool -h 127.0.0.1 -p 8001 ring
```

Address	Status	State	Load	Owns	Token
					10599911091748036
33547458635908 54172046					
127.0.0.1	Up	Normal	79.42 KB	37.70%	0
127.0.0.2	Up	Normal	77.55 KB	20.00%	34028236692093846
34633746074317 6821145					
127.0.0.4	Up	Normal	72.53 KB	42.30%	10599911091748036
33547458635908 54172046					

2. 범위를 반으로 자르는 위치인 7000000000000000000000000000000000
   에 127.0.0.5를 삽입한다. 127.0.0.5 노드의 〈cassandra_home〉/conf/
   cassandra.yaml 파일을 다음과 같이 수정한다.

   ```
   initial_token: 70000000000000000000000000000000000000
   ```

   ```
   auto_bootstrap: false
   ```

3. rsync를 이용해 127.0.0.4에서 127.0.0.5로 데이터를 복사한다. 복사 과정
   에서 system 키스페이스를 제외하자. 복사 이후에 삭제해도 좋다.

   ```
   $ rsync -av --delete --progress --exclude='*system*' \
   /var/lib/cassandra/data \ root@127.0.0.5:/var/lib/cassandra/
   ```

4. 노드를 시작한 후 노드툴 ring을 이용해 클러스터에 올바르게 들어갔는
   지 확인한다.

   ```
   $<cassandra_home>/bin/nodetool -h 127.0.0.1 -p 8001 ring
   ```

Address	Status	State	Load	Owns	Token
127.0.0.1	Up	Normal	79.42 KB	37.70%	...
127.0.0.2	Up	Normal	77.55 KB	20.00%	...
127.0.0.5	Up	Normal	51.9 KB	33.18%	...
127.0.0.4	Up	Normal	72.53 KB	9.12%	...

자동 부트스트랩처럼 어떤 노드는 더 이상 자신이 관리하지 않아도 되는 데이터를 가지고 있다. 노드툴 cleanup을 이용해 이러한 데이터들을 제거한다.

```
$<cassandra_home>/bin/nodetool -h 127.0.0.4 -p 8004 cleanup
```

이 기법은 rsync를 이용한 자동 부트스트랩과 사실상 같은 작업을 하는 것이다. 내장된 카산드라 부트스트랩은 대부분의 상황에 가장 이상적으로 사용하는 방법이지만 이번 예제에서 다룬 방법은 (카산드라가 데이터 풀기와 데이터 전송에 자원을 사용할 것이기 때문에) 노드가 많은 부담을 지고 있는 경우일수록 속도가 빠르다. 부트스트랩 프로세스와 달리 rsync는 일시정지와 재시작이 가능하다.

노드툴 Repair: 안티엔트로피 수리를 언제 사용해야 하는가

안티엔트로피 수리Anti-Entropy Repair 또는 안티엔트로피 서비스Anti-Entropy Service, AES란 노드가 서로의 데이터를 비교해 데이터가 올바르게 복제되었고, 최신 상태임을 확인하는 프로세스다. 이 예제에서는 안티엔트로피 수리를 수행하는 방법을 알아보고, 안티엔트로피 수리가 어떤 상황에서 실행되어야 하는지를 알아본다.

수리하고자 하는 노드에 대해 노드툴 repair를 실행한다.

```
$<cassandra_home>/bin/nodetool -h 127.0.0.1 -p 8001 repair
```

안티엔트로피 수리는 디스크, CPU, 그리고 네트워크 자원을 많이 사용하므로 트래픽이 적을 때 실행하는 것이 좋다. 안티엔트로피 수리는 과도하게 많은 데이터의 사본을 노드에 만들 수도 있는데, 이로 인해 용량이 지나치게 늘어난 경우 노드툴 compact를 실행하라. 메이저 컴팩션Major compaction은 수리repair의 결과로 생긴 중복된 데이터를 지워줄 것이다.

안티엔트로피 수리는 gc_grace_seconds 설정과 같거나 적은 스케줄로 실행해야 한다. 이외에도 다음과 같이, 안티엔트로피 수리를 실행해야 할 상황이 존재한다.

복제 계수 증가시키기

어떤 컬럼 패밀리의 복제 계수replication factor가 2에서 3으로 커진 경우, 이전에 2개의 노드에 저장되어 있던 데이터를 3개의 노드에 저장해야 한다. 읽기 수리가 시간에 따라 이를 수정하지만 각 노드가 올바른 데이터를 가능한 한 빨리 가지게 하려면 AES를 실행해야 한다.

자동 부트스트랩 없이 노드 추가하기

자동 부트스트랩이 없는 노드가 데이터 없이 시작된 경우, AES는 이 노드에 올바른 데이터를 전송한다.

데이터 파일의 손실

SSTable, 인덱스Index, 커밋 로그Commit Log, 블룸 필터Bloom Filter 같은 데이터 파일이 손상된 경우 AES는 다른 노드와 다시 동기화하는 것으로 문제를 고친다. 이는 노드를 제거하고 다시 조인join하는 것보다 더 효율적이다.

노드툴 Drain: 업그레이드시 파일 보호하기

카산드라는 필요할 때 빠르게 종료하도록 디자인되어 있다. 카산드라는 갑작스런 종료 이후에도 정상적으로 시작이 가능하도록 종료 프로세스가 따로 없다. 데몬 프로세스를 kill하는 것만으로 노드를 종료할 수 있다. 이 kill 외에도 drain이라는 특별한 노드툴 명령어가 존재하는데, 이 예제에서는 drain을 사용하는 방법과 어떤 상황에서 drain이 사용되어야 하는지를 알아본다.

예제 구현

1. 노드툴 drain 명령어를 이용하여 주어진 노드를 종료한다.

   ```
   $ <cassandra_home>/bin/nodetool -h 127.0.0.1 -p 8001 drain
   ```

   drain은 커밋 로그와 멤테이블 설정에 따라 즉시 끝날 수도 있고 오랜 시간이 걸릴 수도 있다. 마지막 메시지의 존재를 통해 drain이 완전히 끝났는지 확인한다.

   ```
   $ tail -5 /var/log/cassandra
   ```

2. kill을 이용해 프로세스를 종료한다.

   ```
   $ kill <cassandra_pid>
   ```

 추후의 버전들에서는 drain이 직접 kill을 실행할 필요 없이 스스로 종료될 수도 있다.

예제 분석

drain 명령어는 노드가 더 이상 명령을 수행하는 것을 막는다. 커밋 로그는 멤테이블Memtable로 플러시flush되며, 멤테이블은 디스크의 SSTable로 플러시된다. 다음에 노드가 다시 시작되는 경우 커밋 로그는 비어있기 때문에 다시 읽을 필요가 없다. 이 옵션은 0.6.x에서 0.7.x에 대비해 추가되었다(0.6.x와 0.7.x는 커밋 로그 포맷이 호환되지 않는다). 쓰기 실패 때문에 불안한 경우 로그에서 깔끔하게 종료되는 것을 확인할 수 있는 drain을 사용하면 된다.

빠른 툼스톤 cleanup을 위해 gc_grace 낮추기

SSTable 포맷은 있는 그대로의 상태로 삭제할 수 없다. 오히려 삭제 작업시에 툼스톤tombstone이라는 엔트리에 쓰기 작업을 한다. 컴팩션compaction 과정에서 오래된 컬럼들과 GCGraceSeconds보다 오래된 이들의 툼스톤이 최종적으로 지워진다. GCGracePeriod의 변화는 다른 곳에 영향을 준다. 이 예제에서는 GCGraceSeconds를 낮추는 방법을 알아보고, 이에 따라 어떠한 변화가 있는지를 확인한다.

예제 구현

CLI에서 GCGraceSeconds에 변화를 주고 update column family 명령어를 수행한다.

```
[default@ks1] update column family cf1 with gc_grace=4000000;
```

예제 분석

gc_grace의 기본값은 10일이다. 많은 양의 데이터가 자주 덮어써지는 경우 이 값을 낮추는 것은 중요하다. 최악의 경우 데이터가 전부 매일 다시 쓰여진다면, 디스크에는 최신 상태의 SSTable을 따로 가진 수많은 툼스톤과 오래된 데이터가 함께 쌓인다. 이 값을 3일로 낮추면 디스크 용량은 더 빨리 반환된다. 또한 시간을 벌 수도 있다. 금요일 밤에 정전이 발생해도 문제의 노드를 처리하지 않고 주말을 평화롭게 보낼 수 있다.

부연 설명

gc_grace를 낮추는 것의 한 가지 단점은 데이터 부활이다. 카산드라는 분산 시스템으로 분산된 삭제는 각자만의 복잡한 라이프사이클을 가진다.

데이터 부활

클러스터에 노드가 3개(각각 A, B, C) 있고, 복제 계수는 3, 그리고 gc_grace는 하루로 설정되어 있는 상황을 상상해보자. 금요일 밤에 노드 A가 사고로 전원이 내려갔다. 클러스터는 노드 A가 없는 상태로 계속해서 작업을 수행한다. 토요일 밤에 X라는 키가 삭제되면 이러한 툼스톤을 노드 B와 노드 C에 기록한다. 일요일에 노드 B와 노드 C의 컴팩션은 키 X와 연관된 모든 데이터와 툼스톤을 제거한다. 월요일 아침에 노드 A는 다시 복구되어 켜진다. 이후 키 X에 대한 읽기 요청이 노드 A로 들어온다. 노드 A에는 여전히 키 X가 존재하므로 이를 클라이언트에게 보내고, 만약 활성화되어 있는 경우 읽기 수리를 실시해 노드 B와 노드 C에 키 X를 다시 만든다!

 만약 노드가 gc_grace보다 오랜 시간 동안 꺼져있는 경우, 앞의 예처럼 삭제된 데이터가 부활하는 것을 막기 위해 rebootstrap을 해줘야 한다.

메이저 컴팩션 스케줄링하기

SSTable은 한 번 쓰여진 이후로 바뀌지 않으므로 삭제 작업은 툼스톤이라는 특수한 쓰기로 진행한다. 툼스톤은 컬럼이 삭제되었다는 것을 표시하는 마커다. 컴팩션은 여러 개의 SSTable들을 합치는 작업이다. 이 과정에서 툼스톤된 로우를 삭제하며, 다른 로우들은 효율성을 위해 같은 위치로 이동한다. 컴팩션 작업이 끝난 후엔 원래의 테이블을 삭제한다.

노멀 컴팩션Normal compaction은 툼스톤이 gc_grace보다 오래됐거나 블룸 필터Bloom Filter에서 어떤 SSTable에도 키가 존재하지 않는 경우 키의 모든 기록을 제거한다. 메이저 컴팩션 과정에서 모든 SSTable을 합친다. 삭제된 것으로 표시된 데이터나 GCGracePeriod보다 오래된 데이터는 새로운 SSTable에 더이상 존재하지 않게 된다.

SSTable은 일반적으로 적은 수의 테이블이 있는 경우에만 동작한다. 따라서 데이터가 삭제된 이후에도 컴팩션에 의해 완전히 삭제될 때까지 디스크에 오랫동안 존재할 수 있다. 이 예제에서는 툼스톤 제거를 위해 메이저 컴팩션을 수행하는 방법을 알아본다.

예제 구현

1. scripts/ch7/major_compaction_launcher.sh 파일을 생성한다.

```sh
#!/bin/sh
DELAY_SECONDS=86400
NODE_TOOL=/usr/local/cassandra/bin/nodetool
JMX_PORT=8080
  for i in server1 server2 server3 server4 ; do
  ${NODE_TOOL} --host ${i} --port ${JMX_PORT} compact
  echo "compacting ${i}"
  sleep $DELAY_SECONDS
done
```

2. 스크립트를 실행가능하도록 권한을 설정한 후 nohup 명령어를 이용해 스크립트를 콘솔과 분리하여 실행한다.

```
$ chmod a+x  major_compaction_launcher.sh
$ nohup major_compaction_launcher.sh &
```

예제 분석

컴팩션은 디스크, 메모리, CPU를 매우 강력하게 사용하는 작업이다. 데이터가 더 압축되려면 프로세스는 더 많은 시간을 보내야 한다. 이 스크립트는 개발자가 제공하는 리스트를 이용한다. 이는 노드를 컴팩션하고 잠시 쉬었다가, 리스트의 다음에 있는 노드를 컴팩션한다. nohup 명령어는 프로세스를 떼어내어 유저가 터미널을 닫더라도 스크립트의 실행이 멈추지 않게 한다.

일반적으로 개발자는 작업스케줄러나 구성 관리 시스템configuration management system에 대한 권한이 있다. 퍼펫Puppet을 구성 관리에 이용하는 경우, 컴팩션을 실행할 때 랜덤화가 가능하다.

```
$aminute = fqdn_rand(60)
$ahour = fqdn_rand(24)
$awday = fqdn_rand(7)

  cron { "compact":
    command => "/usr/local/cassandra/bin/nodetool -h localhost -p 8585
    compact",
    user => root,
    hour => $ahour,
    minute => $aminute,
    weekday => $awday
  }
```

백업을 위해 노드툴 snapshot 사용하기

카산드라의 '한 번만 쓰는' 데이터 파일 포맷의 이점 중 하나는 특정 시점의 데이터에 대한 스냅샷 백업을 만들기가 쉽다는 것이다. 스냅샷은 데이터 디렉토리의 파일에 대해서 서브폴더에 하드링크를 생성한다. 이 파일은 스냅샷에 삭제될 때까지 살아있다. 이 예제에서는 스냅샷을 생성하는 방법을 알아본다.

키스페이스와 관련된 디렉토리를 리스팅한다.

```
$ ls -lh /home/edward/hpcas/data/1/football/
total 48K

-rw-rw-r--. 1 edward edward  111 Mar 25 17:23 teams-f-1-Data.db
-rw-rw-r--. 1 edward edward   16 Mar 25 17:23 teams-f-1-Filter.db
```

```
-rw-rw-r--. 1 edward edward   16 Mar 25 17:23 teams-f-1-Index.db
-rw-rw-r--. 1 edward edward 4.2K Mar 25 17:23 teams-f-1-Statistics.db
```

예제 구현

1. 스냅샷 명령어를 실행한다.

   ```
   $ <cassandra_home>/bin/nodetool -h 127.0.0.1 -p 8001 snapshot
   ```

2. 스냅샷이 작동하는 것을 확인한다. 데이터 디렉토리 안에
   snapshot/〈timestamp〉 폴더가 존재할 것이다. 이 디렉토리 내부의 파일
   은 스냅샷 당시의 데이터 디렉토리의 파일에 대한 하드링크다.

   ```
   /home/edward/hpcas/data/1/football/:
   total 44K
   drwxrwxr-x. 3 edward edward 4.0K Apr 24 12:01 snapshots
   -rw-rw-r--. 2 edward edward  111 Mar 25 17:23 teams-f-1-Data.db
   -rw-rw-r--. 2 edward edward   16 Mar 25 17:23 teams-f-1-Filter.db
   -rw-rw-r--. 2 edward edward   16 Mar 25 17:23 teams-f-1-Index.db
   -rw-rw-r--. 2 edward edward 4.2K Mar 25 17:23 teams-f-1-Statistics.
   db

   /home/edward/hpcas/data/1/football/snapshots:
   total 4.0K
   drwxrwxr-x. 2 edward edward 4.0K Apr 24 12:01 1303660885180

   /home/edward/hpcas/data/1/football/snapshots/1303660885180:
   total 40K
   -rw-rw-r--. 2 edward edward  111 Mar 25 17:23 teams-f-1-Data.db
   -rw-rw-r--. 2 edward edward   16 Mar 25 17:23 teams-f-1-Filter.db
   -rw-rw-r--. 2 edward edward   16 Mar 25 17:23 teams-f-1-Index.db
   -rw-rw-r--. 2 edward edward 4.2K Mar 25 17:23 teams-f-1-Statistics.
   db
   ```

카산드라는 데이터에 구조화된 로그 포맷을 이용한다. SSTable은 한 번 쓰여지면, 다른 테이블에 컴팩션된 삭제되기 전까지는 절대 편집이 일어나지 않는다. 스냅샷은 스냅샷이 이루어질 시점의 SSTable에 대한 하드링크를 폴더로 유지한다. 이 파일은 스냅샷에서 삭제될 때까지 지워지지 않는다. 따라서 여러 개의 스냅샷이 만들어질 수 있다.

부연 설명

많은 보편적인 백업 툴들은 원본과의 차이점만 백업을 한다. 이는 카산드라의 데이터 파일들을 원격의 시스템에 쉽게 백업할 수 있게 해준다.

참고 사항

다음 예제, '노드툴 clearsnapshot을 이용해 스냅샷 전부 지우기'

노드툴 clearsnapshot을 이용해 스냅샷 전부 지우기

스냅샷은 특정 노드에 대해 특정 시간의 데이터를 백업한다. 스냅샷을 만들 때마다 데이터 파일에 대한 링크가 있는 새 폴더가 생성된다. 여러 개의 데이터 파일을 컴팩션하는 경우, 오래된 파일은 컴팩션할 필요가 없다. 하지만 이 파일을 참조하는 스냅샷이 있는 경우 이 스냅샷은 지워져도 무방하다. 이 예제에서는 모든 스냅샷을 지우는 방법을 살펴본다.

준비

카산드라 데이터 디렉토리에 스냅샷들이 존재하는 것을 확인한다. 만약 스냅샷을 새로 생성해야 하는 경우 이전 예제인 '백업을 위해 노드툴 snapshot 사용하기'를 참조하라.

```
$ ls -lh /home/edward/hpcas/data/1/football/snapshots/
total 8.0K
```

```
drwxrwxr-x. 2 edward edward 4.0K Apr 24 12:01 1303660885180
drwxrwxr-x. 2 edward edward 4.0K Apr 24 22:50 1303699830608
```

1. 노드툴 `clearsnapshot` 명령어를 이용해 존재하는 모든 스냅샷을 제거한다.

   ```
   $ <cassandra_home>/bin/nodetool -h 127.0.0.1 -p 8001 clearsnapshot
   ```

2. 스냅샷이 모두 지워졌는지 스냅샷 디렉토리를 확인한다.

   ```
   $ ls -lh /home/edward/hpcas/data/1/football/snapshots/
   ls: cannot access /home/edward/hpcas/data/1/football/snapshots/:
   No such file or directory
   ```

노드툴 `clearsnapshot` 기능은 존재하는 모든 스냅샷 디렉토리를 삭제하고 각 스냅샷에 있는 파일의 링크를 해제한다. 이는 데이터 파일을 삭제하고 새로운 데이터를 위한 용량을 확보한다.

스냅샷으로부터 복원하기

스냅샷은 특정 시점에서의 카산드라 데이터 파일의 사본이다. 이 파일은 `snapshot` 명령어 혹은 다른 방식의 백업에 의한 결과물이다. 이 예제에서는 스냅샷을 복원하는 방법을 알아본다.

1. 카산드라 데이터 디렉토리를 살펴본다.

   ```
   $ ls -lh /home/edward/hpcas/data/1/football/
   total 40K
   drwxrwxr-x. 3 edward edward 4.0K Apr 24 23:20 snapshots
   -rw-rw-r--. 1 edward edward  111 Mar 25 20:05 teams-f-2-Data.db
   ```

```
-rw-rw-r--. 1 edward edward   16 Mar 25 20:05 teams-f-2-Filter.db
-rw-rw-r--. 1 edward edward   16 Mar 25 20:05 teams-f-2-Index.db
-rw-rw-r--. 1 edward edward 4.2K Mar 25 20:05 teams-f-2-Statistics.db
```

2. 카산드라를 정지하고 디렉토리의 파일들을 삭제한다.

```
$ rm /home/edward/hpcas/data/1/football/*.db
```

3. 스냅샷 디렉토리로부터 데이터 디렉토리로 데이터를 복사한다.

```
$ cp snapshots/1303701623423/* /home/edward/hpcas/data/1/football/
$ ls -lh /home/edward/hpcas/data/1/football/
total 44K
drwxrwxr-x. 3 edward edward 4.0K Apr 24 23:20 snapshots
-rw-rw-r--. 1 edward edward  111 Apr 24 23:29 teams-f-1-Data.db
-rw-rw-r--. 1 edward edward   16 Apr 24 23:29 teams-f-1-Filter.db
-rw-rw-r--. 1 edward edward   16 Apr 24 23:29 teams-f-1-Index.db
-rw-rw-r--. 1 edward edward 4.2K Apr 24 23:29 teams-f-1-Statistics.db
```

4. 카산드라를 시작한다.

예제 분석

시작시에 카산드라는 데이터 디렉토리에서 데이터 파일을 찾고 로드한다. 서버를 정지하고 디렉토리의 파일들을 변경한 후 다시 카산드라를 시작하는 것으로 카산드라는 원하는 데이터를 찾는다.

부연 설명

데이터는 일반적으로 2개 이상의 노드에 저장한다. 읽기 작업은 필요에 따라 데이터를 수리하고 업데이트한다. 하지만 여러 개의 노드가 동시에 복원돼야 하므로 업데이트를 적용할 수 없다.

sstable2json을 이용하여 데이터를 JSON으로 내보내기

데이터 내보내기는 백업에도 사용할 수 있으며, 다른 시스템으로 데이터를 옮기는 데도 이용할 수 있다. 이 예제에서는 sstable2json 도구를 이용해 데이터를 내보내는 방법을 살펴본다.

예제 구현

sstable2json 도구를 이용해 SSTable 내의 데이터를 확인한다.

```
$ <cassandra_home>/bin/sstable2json /home/edward/hpcas/data/1/football/
teams-f-1-Data.db
{
  "4769616e7473": [["41686d61642042726164736861777",
  "52427c41686d61642042726164736861777c313233357c343133", 0, false]]
}
```

예제 분석

이 도구는 sstable의 바이너리 데이터를 다른 도구에서 읽을 수 있는 JSON 형태로 내보낸다.

부연 설명

sstable2json은 데이터를 내보내는 유용한 몇 가지 옵션을 제공한다.

특정한 키 추출하기

sstable2json은 인자 -k를 이용해 하나 이상의 지정된 키를 추출할 수 있다.

```
$ <cassandra_home>/bin/sstable2json /home/edward/hpcas/data/1/football/
teams-f-1-Data.db -k 4769616e7473
```

특정한 키 제외하기

sstable2json은 인자 -x를 이용해서 하나 이상의 로우를 제외할 수 있다.

```
$ <cassandra_home>/bin/sstable2json /home/edward/hpcas/data/1/football/
teams-f-1-Data.db -x 4769616e7473
```

내보내기로 얻은 JSON을 파일로 저장하기

출력을 표준 출력으로 보낸 후, 결과를 파일에 저장한다.

```
$ <cassandra_home>/bin/sstable2json /home/edward/hpcas/data/1/football/
teams-f-1-Data.db > /tmp/json.txt
```

xxd 명령어를 이용하여 16진수 값 디코드하기

컬럼의 로우가 컴패러터comparator나 밸리데이터validator 없이 바이트로만 저장된 경우 16진수로 표현한다. 시스템에 xxd 도구가 있으면 이를 디코드할 수 있다.

```
$ echo 4769616e7473 | xxd -r -p
Giants
$ echo 41686d6164204272616473686177 | xxd -r -p
Ahmad Bradshaw
```

노드툴 cleanup: 불필요한 데이터 제거하기

카산드라 클러스터에 새로운 노드를 추가하거나 기존에 있던 노드를 토큰 링 token ring의 다른 포지션으로 옮기는 경우, 다른 시스템은 자신이 관리하지 않아도 될 데이터를 계속 가지게 된다. 노드툴 cleanup은 이처럼 어떤 노드에 속할 필요가 없는 데이터를 제거한다.

예제 구현

IP와 JMX 포트를 노드툴 cleanup의 인자로 넣는다.

```
$ <cassandra_home>/bin/nodetool -h 127.0.0.1 -p 8001 cleanup
```

키스페이스와 컬럼 패밀리는 선택적인 인자들이다

만약 이 인자 없이 명령이 실행되면 모든 키스페이스와 컬럼 패밀리에 대해 cleanup이 이루어진다. 키스페이스와 컬럼 패밀리는 명령어의 마지막에 제거할 데이터의 범위를 제한하기 위해 명시한다.

cleanup은 어떠한 노드에도 속하지 않는 데이터를 제거하는 특수한 종류의 컴팩션이다. cleanup은 디스크의 데이터 중 많은 부분을 검사해야 하기 때문에 부하가 매우 높다.

cleanup이 필요한 경우는 2가지가 있는데, 이는 다음과 같다.

토폴로지 변화

cleanup이 필요한 가장 일반적인 경우로 토큰 링에 노드가 추가되거나 제거되는 경우다. 이러한 변화는 클러스터내의 데이터가 속하는 노드에 변화를 가져온다. 카산드라는 기존의 장소에서 자동으로 데이터를 삭제하지 않도록 디자인되었다. 새로운 노드에 문제가 생기는 경우 옮겨진 데이터를 잃을 수 있기 때문에 보호의 차원에서 기존의 장소에 데이터를 그대로 두는 것이다.

힌트 핸드오프와 쓰기 일관성 ANY

cleanup이 필요한 두 번째 경우는 힌트 핸드오프hinted handoff를 사용하면서 쓰기 일관성 ANY를 이용하는 경우다. 쓰기 작업이 발생하는 동안 데이터가 들어가야 할 노드가 꺼져있는 경우 데이터는 클러스터 내의 다른 노드에 저장되고 추후에 적합한 노드로 데이터를 전달한다. 데이터가 재전달된 이후 힌트 핸드오프 데이터를 자동으로 제거하는 프로세스는 존재하지 않는다.

- ▶ 7장, '노드툴 Compact: 데이터 조각모음 및 삭제된 데이터 디스크에서 제거하기'
- ▶ '5장, 카산드라에서의 일관성, 가용성, 파티션 허용'의 예제 '쓰기 일관성 ANY를 사용하여 일관성보다 가용성을 우위에 두기'

노드툴 compact: 데이터 조각모음 및 삭제된 데이터 디스크에서 제거하기

카산드라는 데이터 파일을 구조화된 로그 포맷으로 저장한다. 이러한 포맷을 사용하면 여러 가지 부작용이 발생한다. 반복적으로 쓰여지는 컬럼의 로우 키는 시간에 따라 여러 데이터 파일에 걸쳐서 저장된다. 자주 업데이트되는 컬럼들은 디스크에 여러 번 저장된다. 이러한 테이블을 병합하는 작업을 컴팩션 compaction이라고 부른다. 컴팩션은 일반적으로 새로운 데이터 파일을 생성할 때 수행한다. 이 예제에서는 여러 개의 데이터 파일들을 하나로 합쳐주는 메이저 컴팩션을 실행하는 방법을 살펴본다.

예제 구현

IP와 JMX포트를 노드툴 compact의 인자로 넣는다.

```
$ <cassandra_home>/bin/nodetool -h 127.0.0.1 -p 8001 compact
```

키스페이스와 컬럼 패밀리는 선택적인 인자들이다

인자 없이 명령어가 호출된 경우 compact는 모든 키스페이스와 컬럼 패밀리에 대해 작업을 수행한다. 작업이 이루어질 키스페이스와 컬럼 패밀리를 제한하고싶은 경우 명령어 제일 뒤에 인자로 명시해주면 된다.

메이저 컴팩션은 여러 개의 데이터 파일을 하나로 합쳐준다. 만약 하나의 로우가 여러 개의 물리적 파일에 걸쳐서 저장되어있는 경우 이는 하나의 파일로 합쳐저 읽기의 효율성을 높여주며 지난 툼스톤을 삭제한다. deleted로 설정된 데이터들은 해당 gc_grace와 함께 지워지며 이는 데이터 파일의 크기를 줄여준다.

참고 사항

7장, '빠른 툼스톤 cleanup을 위해 gc_grace 낮추기'

8

다수의 데이터센터 사용하기

카산드라의 조정가능한 일관성 모델은 단 하나의 데이터센터를 사용할 때에서부터 여러 개의 복합적이고 복잡한 데이터센터들을 조합한 환경까지 모두 적용 가능하다. 이번 장에서는 이러한 환경을 구축하기 위해서 사용할 카산드라의 각종 기능을 살펴보자.

디버깅 환경을 수정하여 읽기가 라우팅되는 위치 알아보기

카산드라는 데이터를 여러 개의 노드로 복제하여 관리하고, 이로 인해 읽기 명령이 여러 노드에서 동작할 수 있다. QUORUM 이상의 일관성 레벨 읽기 명령이 오면 읽기 수리를 실행하며, 그 읽기 명령에 두 개 이상의 서버를 사용한다.

읽기에 필요한 모든 노드가 미리 다 선택되어 있으며, 컴퓨터가 서로 모두 연결되어 있는 환경이라면 별로 신경을 쓰지 않아도 된다. 하지만 여러 개의 데이터센터나 여러 개의 스위치가 있는 환경에서는 스위치를 지나가거나 데이터센터 간의 느린 WAN 연결을 지날 때 읽기 지연시간이 몇 밀리초 더 증가할 수 있다. 여기서는 읽기 경로를 디버깅해서 실제로 읽기가 예상한 경로를 따라 행해지는지 여부를 알아보자.

예제 구현

1. ⟨cassandra_home⟩/conf/log4j-server.properties 파일을 열어 다음 설정을 수정한 후 카산드라를 재시작한다.

   ```
   log4j.rootLogger=DEBUG,stdout,R
   ```

2. 하나의 디스플레이에서 tail -f ⟨카산드라_로그_디렉토리⟩/system.log 명령어를 실행하여 카산드라 로그를 열어본다.

   ```
   DEBUG 06:07:35,060 insert writing local
   RowMutation(keyspace='ks1', key='65', modifications=[cf1])
   DEBUG 06:07:35,062 applying mutation of row 65
   ```

3. 다른 디스플레이에서는 카산드라 CLI를 열어 데이터를 삽입해 본다. 랜덤 파티셔너를 사용할 때는 현재 사용하고 있는 노드의 로그에 정보가 표시될 때 까지 서로 다른 키를 사용해 본다.

   ```
   [default@ks1] set cf1['e']['mycolumn']='value';
   Value inserted.
   ```

4. CLI를 사용해서 컬럼값을 가져온다.

```
[default@ks1] get cf1['e']['mycolumn'];
```

로그에 디버깅 메시지가 표시될 것이다.

```
DEBUG 06:08:35,917 weakread reading SliceByNamesReadComman
d(table='ks1', key=65, columnParent='QueryPath(columnFamil
yName='cf1', superColumnName='null', columnName='null')',
columns=[6d79636f6c756d6e,]) locally
...
DEBUG 06:08:35,919 weakreadlocal reading SliceByNamesReadCom
mand(table='ks1', key=65, columnParent='QueryPath(columnFam
ilyName='cf1', superColumnName='null', columnName='null')',
columns=[6d79636f6c756d6e,])
```

예제 분석

로그의 설정을 DEBUG로 맞추면 카산드라는 내부적으로 읽기 명령 수행시 해당
정보를 표시한다. 이는 스니치의 오류를 해결하거나 요청을 네트워크의 배치
에 따라서 라우팅하는 LOCAL_QUORUM 이나 EACH_QUORUM등의 일관성 레벨을 사
용할 때 유용하다.

참고 사항

8장, '다수의 데이터센터 환경에서 Quorum 레벨 사용하기'에서는 읽기 경로
를 디버깅하는 것이 성능에 큰 영향을 미칠 수 있음을 알아본다.

IPTable을 이용해서 로컬 환경에서 복잡한 네트워크 시나리오 시뮬레이션 해보기

노드에 발생하는 오류를 시뮬레이션하기 위해 카산드라를 강제로 종료할 수
도 있지만, 단일 노드에 대한 오류가 아니라 전체 네트워크의 오류를 실험
해보고 싶을 경우도 있다. 시스템이 모두 제대로 동작하고 있으나 서로 간에
통신을 할 수 없는 경우는 분리된 뇌split brain 시나리오라고 부르는데, 이는

스위치 간 업링크에 오류가 생기거나 데이터센터 간 연결이 끊어진 경우에
일어난다.

준비

방화벽을 수정할 때는 백업본을 만들어 두는 것이 중요하다. 원격 컴퓨터를
수정할 때 잘못된 설정을 적용하면 시스템에 접근할 수 없게 되어 매우 위험
하다.

예제 구현

1. /etc/sysconfig/iptables에 있는 `iptables` 설정을 확인한다. IPTables 설
   정은 대부분 루프백 트래픽을 허용하도록 되어있다.

```
:RH-Firewall-1-INPUT - [0:0]
-A INPUT -j RH-Firewall-1-INPUT
-A FORWARD -j RH-Firewall-1-INPUT
-A RH-Firewall-1-INPUT -i lo -j ACCEPT
```

2. 이 코드에서 굵은 글씨 코드 부분을 제거하고 IPTables를 재시작한다. 이
   렇게 하면 현재 돌아가는 카산드라 인스턴스 간 통신이 불가능해진다.

```
#/etc/init.d/iptables restart
```

3. 10.0.1.1에서 실행되고 있는 카산드라를 10.0.1.2에서 실행되고 있는 카
   산드라와 통신이 가능하도록 설정값을 추가한다.

```
10.0.1.2:
-A RH-Firewall-1-INPUT -m state --state NEW -s 10.0.1.1 -d
10.0.1.2 -j ACCEPT
```

예제 분석

IPTables는 완전한 기능을 갖춘 방화벽으로 최신 리눅스 커널에 기본적으로
포함되어 있다. IPTables는 시작점 IP, 도착점 IP, 시작점 포트, 그리고 도착점

포트 등을 포함한 매우 많은 설정값을 기반으로 트래픽을 막거나 허용한다. 여기서는 트래픽을 막는 기능을 통해 네트워크 오류를 시뮬레이션하여 네트워크에 오류가 있을 때 카산드라가 어떻게 동작하는지 알아봤다.

RackInferringSnitch에 사용할 IP 주소 결정하기

스니치Snitch는 카산드라에서 노드를 네트워크의 물리적 위치로 매핑하는 방법이다. 이는 다른 노드에 대한 현재 노드의 상대적인 위치를 바탕으로 요청 라우팅을 효과적으로 해준다. RackInferringSnitch는 네트워크의 IP 분배가 이 옵션이 요구하는 옥텟octet 단위로 설정되어 있을 때에만 동작한다.

준비

다음 그림은 RackInferringSnitch에 알맞은 네트워크 레이아웃이다.

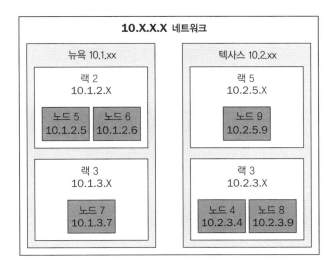

1. 〈cassandra_home〉/conf/cassandra.yaml 파일에서 다음 부분을 수정한다.

```
endpoint_snitch: org.apache.cassandra.locator.RackInferringSnitch
```

2. 변경 사항이 적용되도록 카산드라를 재시작한다.

예제 분석

`RackInferringSnitch`는 네트워크가 특정 네트워크 서브넷 스킴을 따르기만 하면 동작한다. 처음 옥텟 Y.X.X.X는 전용 네트워크 번호 10이고, 두 번째 옥텟 X.Y.X.X는 데이터센터의 위치를 나타낸다. 세 번째 옥텟 X.X.Y.X는 랙의 위치를 표시하고, 마지막 옥텟 X.X.X.Y는 호스트를 의미한다. 카산드라는 이 정보를 사용해서 어느 호스트가 가장 '가까운' 호스트인지를 판단한다. 주로 가까운 노드들이 더 큰 대역폭을 갖고 더 적은 지연 시간을 가지기 때문에 이런 방법을 사용한다. 카산드라는 이 정보를 필요한 쓰기 요청을 가장 가까운 노드로 보내는 것과 요청을 효과적으로 라우팅하는 데 사용한다.

부연 설명

네트워크가 `RackInferringSnitch`에서 필요한 기준을 맞출 수만 있다면 가장 좋겠지만, 이러한 구성은 항상 가능하거나 쉽게 달성될 수 있는 것이 아니다. 또한 단 하나의 컴퓨터라도 이런 관습을 따르지 않으면 스니치가 제대로 동작하지 않는다는 점 역시 융통성이 없는 부분이다.

참고 사항

이번 장의 예제, '프로퍼티 파일 스니치를 사용하여 임의로 랙과 데이터센터 설정값 명시하기'를 참고하여 설정 파일을 통하여 노드의 토폴로지 관계를 정하는 방법을 알아본다.

다수의 데이터센터에 설치하기 위한 스크립트 작성하기

카산드라에서 다수의 데이터센터를 다루는 기능을 테스트 해볼 때 여러 개의 카산드라 인스턴스가 필요할 수 있다. 여기서는 여러 개의 데이터센터를 시뮬레이션을 하기 위해서 필요한 모든 설정 파일을 자동으로 생성하고 설치하는 방법을 알아보자.

준비

이번 예제는 1장의 '다중 인스턴스 설치를 스크립트로 처리하기'의 개선된 버전이다.

이 스크립트는 여러 개의 카산드라 인스턴스를 생성하며, 개개의 인스턴스는 최소 256MB의 램을 사용한다. tar.gz 포맷의 카산드라 릴리스가 스크립트와 동일한 폴더 안에 있어야 한다.

예제 구현

1. 〈hpcbuild〉/scripts/multiple_instances_dc.sh를 생성한 후 다음을 추가한다.

```
#!/bin/sh
#wget http://www.bizdirusa.com/mirrors/apache//cassandra/0.7.0/
apache-cassandra-0.7.0-beta1-bin.tar.gz
HIGH_PERF_CAS=${HOME}/hpcas
CASSANDRA_TAR=apache-cassandra-0.7.5-bin.tar.gz
TAR_EXTRACTS_TO=apache-cassandra-0.7.5
mkdir ${HIGH_PERF_CAS}
mkdir ${HIGH_PERF_CAS}/commit/
mkdir ${HIGH_PERF_CAS}/data/
mkdir ${HIGH_PERF_CAS}/saved_caches/
cp  ${CASSANDRA_TAR} ${HIGH_PERF_CAS}
pushd ${HIGH_PERF_CAS}
```

이 스크립트는 'dc1-3 dc2-3' 등의 매개변수 리스트를 받을 수 있다. 처음 줄표 '-' 이전에 있는 스트링은 데이터센터의 이름을 뜻하며, 줄표 이후에 있는 스트링은 해당 데이터센터에 있는 인스턴스의 수를 뜻한다.

```
while [ $# -gt 0 ]; do
  arg=$1
  shift
  dcname=`echo $arg | cut -f1 -d '-'`
  nodecount=`echo $arg | cut -f2 -d '-'`
  #rf=`echo $arg | cut -f2 -d '-'`
  for (( i=1; i<=nodecount; i++ )) ; do
    tar -xf ${CASSANDRA_TAR}
    mv ${TAR_EXTRACTS_TO} ${TAR_EXTRACTS_TO}-${dcnum}-${i}
    sed -i '1 i MAX_HEAP_SIZE="256M"' ${TAR_EXTRACTS_TO}-${dcnum}-
${i}/conf/cassandra-env.sh
```

2. 데이터센터 숫자를 두 번째 옥텟, 그리고 노드 숫자를 네 번째 옥텟으로
   설정한다.

```
    sed -i '1 i HEAP_NEWSIZE="100M"' ${TAR_EXTRACTS_TO}-${dcnum}-
${i}/conf/cassandra-env.sh
    sed -i "/listen_address\|rpc_address/s/
localhost/127.${dcnum}.0.${i}/g" ${TAR_EXTRACTS_TO}-${dcnum}-${i}/
conf/cassandra.yaml
    sed -i "s|/var/lib/cassandra/data|${HIGH_PERF_CAS}/data/${dcnum}-
${i}|g" ${TAR_EXTRACTS_TO}-${dcnum}-${i}/conf/cassandra.yaml
    sed -i "s|/var/lib/cassandra/commitlog|${HIGH_PERF_CAS}/
commit/${dcnum}-${i}|g" ${TAR_EXTRACTS_TO}-${dcnum}-${i}/conf/
cassandra.yaml
    sed -i "s|/var/lib/cassandra/saved_caches|${HIGH_PERF_CAS}/
saved_caches/${dcnum}-${i}|g" ${TAR_EXTRACTS_TO}-${dcnum}-${i}/conf/
cassandra.yaml
    sed -i "s|8080|8${dcnum}0${i}|g" ${TAR_EXTRACTS_TO}-${dcnum}-
${i}/conf/cassandra-env.sh
```

3. 스니치를 SimpleSnitch에서 RackInferringSnitch로 바꾼다. 이 작업은 카산드라 머신의 리스닝 주소를 사용해 데이터센터와 랙에서 찾는 과정 이다.

```
    sed -i "s|org.apache.cassandra.locator.SimpleSnitch|org.apache.
cassandra.locator.RackInferringSnitch|g" ${TAR_EXTRACTS_TO}-${dcnum}-
${i}/conf/cassandra.yaml
    done
    dcnum=`expr $dcnum + 1`
done
popd
```

4. 각각 세 개의 노드를 갖는 두 개의 데이터센터를 생성하도록 매개변수를 주어 스크립트를 실행한다.

```
$ sh  scripts/multiple_instances_dc.sh  dc1-3 dc2-3
```

5. 클러스터에 있는 노드를 실행하고 CLI에서 노드에 연결하여 키스페이스 를 생성한다. placement_strategy가 NetworkTopologyStrategy인지 확 인하고 strategy_options를 주어 각각의 데이터센터에 데이터의 복제본 을 몇 개나 둘 것인지 결정한다.

```
[default@unknown] create keyspace ks33  placement_strategy = 'org.
apache.cassandra.locator.NetworkTopologyStrategy' and strategy_
options=[{0:2,1:2}];
```

예제 분석

이 스크립트는 커맨드라인으로 매개변수를 받아서 특정 IP 주소를 사용하는 여러 개의 카산드라 인스턴스를 생성한다. IP 주소는 RackInferringSnitch 에서 동작할 수 있도록 선택한다. 클러스터를 시작한 후에는 Network TopologyStrategy를 사용하고 6의 복제 계수를 사용하는 키스페이스를 생성 한다. strategy_options가 데이터센터 0에 복제본 3개, 데이터센터 1에 복제 본 3개를 생성하도록 결정한다.

주어진 키에 대하여 랙, 데이터센터와 엔드포인트 찾기

문제점을 해결할 때, 현재 쓰고 있는 스니치가 해당 노드를 어느 랙과 데이터 센터에 있다고 판단하는지를 아는 것이 중요하다. 또한 오류를 해결하기 위한 데이터가 클러스터에 잘 퍼지고 있는지 알고 싶을 때에는 어떤 노드가 특정 키를 저장하고 있는지를 알아야 한다.

예제 구현

JConsole에서 Mbeans 탭을 선택하고 org.apache.cassandra.db 트리를 확장하고 EndPointSnitch Mbean을 확장한 후 Operations를 선택한다. 오른쪽 창에서 getRack 버튼을 찾는다. 버튼 옆에 있는 텍스트박스에 랙 정보를 알고 싶은 노드의 IP주소를 입력한다. 127.0.0.1을 입력한 후 getRack 버튼을 클릭한다.

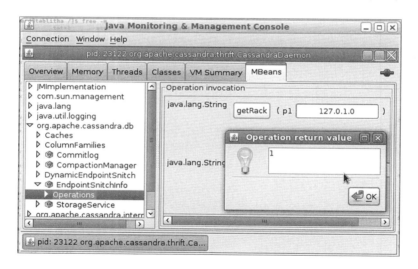

Operations 목록에는 getDatacenter라는 메소드도 존재한다. 노드의 IP주소를 버튼 옆의 텍스트 박스에 입력한 후 OK를 누른다.

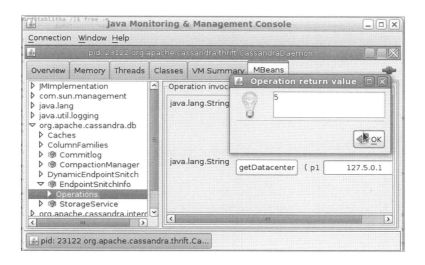

이 기능은 내부 요청을 지능적으로 라우팅할 때 사용한다. 이 기능으로 PropertyFileSnitch 또는 RackInferringSnitch가 제대로 동작하는지 여부를 알 수 있다.

다음 예제 '프로퍼티 파일 스니치를 사용하여 임의로 랙과 데이터센터 설정값 명시하기'

프로퍼티 파일 스니치를 사용하여 임의로 랙과 데이터센터 설정값 명시하기

스니치는 어떤 노드가 동일한 랙이나 데이터센터 안에 있는지를 판정한다. 이 정보는 여러 개의 데이터센터를 사용하는 구성에서 매우 중요하다. 프로퍼티 파일 스니치는 카산드라가 해당 노드의 데이터센터와 랙의 위치를 담고 있는 프로퍼티 파일을 관리자가 지정할 수 있다. 여기서는 프로퍼티 파일 스니치를 설정하는 방법을 알아보자.

앞에서 나온 'RackInferringSnitch에 사용할 IP 주소 결정하기' 예제에서 나온 그림을 다시 살펴본다. 여기서도 동일한 구성으로 되어 있는 네트워크를 사용한다.

1. 〈cassandra_home〉/conf/cassandra-topology.properties를 텍스트 에디터로 열어서 각각의 호스트에 대한 항목을 생성한다.

   ```
   10.1.2.5=ny:rack2
   10.1.2.6=ny:rack2
   10.1.3.7=ny:rack3
   10.2.5.9=tx:rack5
   10.2.3.4=tx:rack3
   10.2.3.9=tx:rack3
   ```

2. 〈cassandra_home〉/conf/cassandra.yaml을 열어서 다음 부분을 수정한다.

   ```
   endpoint_snitch: org.apache.cassandra.locator.PropertyFileSnitch
   ```

3. 파일을 클러스터에 있는 모든 호스트로 복사하고 카산드라를 재시작한다.

cassandra-topology.properties 파일은 간단한 자바 프로퍼티 파일이다. 각각의 줄은 <ip>=<data center>:<rack> 꼴의 항목으로 이루어져 있다. 프로퍼티 파일 스니치는 카산드라를 시작할 때 이 정보를 읽어온다. 그리고 요청을 라우팅하는 데 사용한다. 따라서 되도록이면 동일한 스위치나 데이터센터상에 있는 호스트에서 읽기가 시행될 수 있다.

직전 예제 '주어진 키에 대하여 랙, 데이터센터와 엔드포인트 찾기'를 참고하여 설정이 제대로 되었는지 테스트하는 방법을 알아본다.

258

JConsole을 사용하여 다이나믹 스니치 오류 해결하기

다이나믹 스니치Dynamic Snitch란 PropertyFileSnitch 등의 다른 스니치를 래핑하는 특별한 스니치다. 카산드라는 내부적으로 모든 호스트의 읽기 트래픽에 대한 지연 시간을 측정하여 느리게 작동하는 노드에는 요청을 많이 보내지 않는다. 여기서는 JConsole을 사용하여 스니치가 기록한 노드의 점수를 확인하는 방법을 알아보자.

준비

1장 예제, '카산드라와 JConsole 이해하기'

예제 구현

왼쪽 창에서 org.apache.cassandra.db와 그 아래 있는 DynamicEndpointSnitch를 펼친다. 임의의 숫자로 구성되어 있는 Mbean이 그 아래에 있는데, 이 역시 펼쳐본다. attributes 부분을 클릭하면 오른쪽 패널에 Scores 정보가 나타나고 여기서 해당 노드의 점수를 확인할 수 있다.

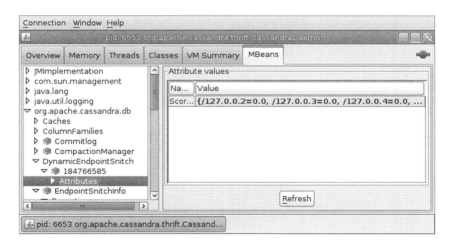

동시다발적인 요청이나 컴팩션, 혹은 잘 동작하지 않는 RAID 드라이브로 인하여 CPU와 IO에 많은 부하가 걸려있다면 해당 노드는 높은 점수를 받는다. 다이나믹 스니치를 활성화시키면 느린 서버들에는 더 적은 요청이 갈 것이고, 이로 인해 서버의 부하를 분산시킬 수 있다.

다수의 데이터센터 환경에서 Quorum 레벨 사용하기

대부분의 애플리케이션은 카산드라가 지연시간이 짧은 읽기와 쓰기를 가능하게 해주기 때문에 카산드라를 사용한다. 클러스터들이 모두 하나의 물리적 장소에 몰려 있다면 네트워크 지연시간과 대역폭은 그리 큰 문제가 되지 않으나, 클러스터가 서로 다른 지리적 위치에 놓여 있다면 이는 고려해야 하는 문제가 된다. 카산드라에는 이런 환경에서 사용할 수 있는 LOCAL_QUORUM과 EACH_QUORUM의 두 가지 일관성 레벨을 제공한다. 여기서는 이를 사용하는 방법을 알아보자.

LOCAL_QUORUM과 EACH_QUORUM은 네트워크 토폴로지 전략Network Topology Strategy 등의 데이터센터를 전제한 전략을 사용할 때에만 유효하다. 이러한 환경을 구축하기 위해 '다수의 데이터센터를 설치하기 위한 스크립트 작성하기' 예제를 참고한다.

> READ.LOCAL_QUORUM은 로컬 데이터센터상의 복제본 중 과반수가 응답을 했을 때 가장 최근의 타임스탬프를 가진 값을 리턴한다.
>
> READ.EACH_QUORUM은 각각의 데이터센터에서 과반수의 복제본이 응답을 했을 때 가장 최근의 타임스탬프를 가진 값을 리턴한다.

WRITE.LOCAL_QUORUM은 로컬 데이터센터에서 〈ReplicationFactor〉 / 2 + 1 개의 노드에 정보가 기록되는 것을 보장한다(네트워크 토폴로지 전략이 필요하다).

WRITE.EACH_QUORUM은 각각의 데이터센터에서 〈ReplicationFactor〉 / 2 + 1 개의 노드에 정보가 기록되는 것을 보장한다(네트워크 토폴로지 전략이 필요하다).

예제 분석

이러한 데이터센터를 전제한 일관성 레벨은 데이터센터 사용을 전제하지 않는 레벨들과 비교하여 장단점이 존재한다. 예를 들어 여러 개의 데이터센터가 존재하는 시스템에서 QUORUM 레벨을 사용하여 읽기를 한다면 클라이언트로 결과값을 전송하기 전에 여러 개의 데이터센터에 흩어져 있는 노드의 응답이 정해진 정족수를 만족할 때까지 기다려야 한다. WAN 링크를 통해 전달되는 요청들은 40밀리초 이상의 높은 지연 시간을 가지므로 빠른 응답 시간을 필요로 하는 애플리케이션에서는 사용되기 어렵다. 이러한 클라이언트는 대신 LOCAL_QUORUM을 사용하여 레벨 ONE보다는 더 강력한 읽기 기능을 사용할 수 있게 하는 동시에 너무 많은 지연 시간은 없게 설정할 수 있다. 읽기보다는 주로 쓰기가 더 빠르긴 하지만, 동일한 논리가 쓰기에도 적용해서 LOCAL_QUORUM을 사용해 적절한 타협선을 찾을 수 있다. 또한 이러한 모델이 네트워크 오류가 발생했을 시에 어떻게 반응하는지도 알아 볼 필요가 있다. EACH_QUORUM 레벨은 모든 데이터센터 간의 통신이 가능하고 각각의 데이터센터에서 QUORUM 레벨이 가능할 때에만 동작한다. 하지만 LOCAL_QUORUM은 다른 데이터센터가 완전히 동작하지 않는 상태가 되더라도 계속 요청을 처리할 수 있다.

Traceroute를 사용해서 네트워크 기기 간 지연 시간 개선하기

인터넷 통신은 유한한 빛의 속도로 이루어지기 때문에 장거리 통신에는 필연적으로 지연 시간이 생긴다. 세상의 모든 곳이 동일한 인터넷 속도를 가지고 있지는 않으며, 몇몇 지역은 다른 곳보다 더 빠른 연결망을 가지고 있다. 이렇듯 네트워크가 모든 곳에서 일정한 속도를 가질 수 없기 때문에 지역별로 지연시간이 달라지며, 이러한 지연 시간을 확인하는 데는 주로 traceroute 프로그램을 사용한다.

예제 구현

1. 인터넷 호스트를 테스트하기 위해서 traceroute 명령어를 사용해 본다.

```
$ traceroute -n www.google.com

traceroute to www.google.com (74.125.226.113), 30 hops max, 60
byte packets

1 192.168.1.1 2.473 ms 6.997 ms 7.603 ms
2 10.240.181.29 14.890 ms 15.394 ms 15.590 ms
3 67.83.224.34 15.970 ms 16.573 ms 16.947 ms
4 67.83.224.9 22.606 ms 22.969 ms 23.324 ms
5 64.15.8.1 23.841 ms 24.710 ms 24.283 ms
6 64.15.0.41 30.699 ms 29.384 ms 24.861 ms
7 ** *
8 72.14.238.232 15.931 ms 16.388 ms 16.810 ms
9 216.239.48.24 19.833 ms 16.504 ms 16.732 ms
10   74.125.226.113  19.616 ms  19.158 ms  19.021 ms
```

예제 분석

Traceroute는 주어진 호스트로 나아가는 패킷을 IP 네트워크에서 취합하여 추적한다. 이는 IP의 TTLtime to live 필드를 활용하여 패킷이 지나가는 길에 있는 게이트웨이에서 ICMP TIME_EXCEEDED 응답을 끌어낸다.

각 디바이스의 응답 시간을 분석함으로써 지나가는 데 오랜 시간이 걸리는 곳에 문제가 발생했음을 알 수 있으며, 문제를 해결하기 위해 네트워크 관리자나 ISP에 연락할 수 있다.

여러 개의 랙 사용시 스위치 간 대역폭 확보하기

노드의 개수가 작은 클러스터에서는 노드를 최대한 간단히 구성할 수 있도록 하나의 스위치에 놓는 것이 좋다. 여러 개의 랙을 사용하는 것은 노드의 총 수가 스위치에서 사용할 수 있는 포트의 개수보다 많거나 추후 확장을 고려하고 있을 때에 쓴다. 카산드라는 클러스터 내에서 매우 많은 통신을 하기 때문에, 만약 노드들이 스위치를 사이에 두고 서로 분리되어 있다면 스위치간 링크에서 병목 현상이 일어나지 않도록 주의한다. 여기서는 네트워크 인터페이스의 트래픽을 모니터링하는 방법을 알아보자.

예제 구현

MRTG나 캑타이Cacti 등의 네트워크 모니터링 서비스NMS를 사용하여 스위치 간 업링크 인터페이스를 포함한 모든 인터페이스의 트래픽을 감시한다. 사용하는 네트워크 장비의 최대 허용 용량과 앞으로의 확장 가능성에 대하여 생각해 본다.

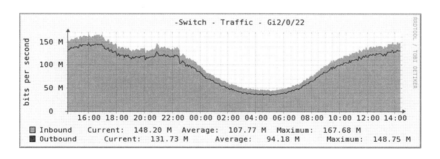

부연 설명

스위치 간 업링크가 트래픽이 매우 집중되어 병목현상이 나타나는 구역이라면 이를 해결하기 위한 몇 가지 방법이 존재한다. 노드들을 더 많은 스위치로 분산시켜 놓거나, 또는 스위치 간 링크를 업그레이드할 수 있다. 예를 들어 10GB의 업링크를 가지고 있는 스위치는 1GB의 업링크를 가지고 있을 때보다 더 많은 대역폭을 사용할 수 있다. 기업 레벨의 스위치는 대부분 Link Aggregation Groups(LAG)를 지원하는데, 이는 여러 개의 인터페이스를 묶어서 모든 링크들의 속도의 합과 같은 하나의 물리적 인터페이스를 가상으로 만든다.

데이터센터 간 지연 시간 개선을 위해 rpc_timeout값 올리기

클러스터에 있는 카산드라 서버들은 서로 통신을 할 때 사용하는 최대 타임아웃 값을 가지고 있다. 이는 스리프트 클라이언트가 카산드라와 통신할 때 사용하는 소켓 타임아웃값과는 다른 값이다. 노드들이 서로 간에 모두 멀리 떨어져 있다면 명령을 처리하는 데 지연 시간 때문에 더 많은 시간이 걸린다. 여기서는 이 타임아웃 값을 조정하는 방법을 알아보자.

예제 구현

1. <cassandra_home>/conf/cassandra.yaml 파일을 수정하여 타임아웃 값을 늘린다.

   ```
   rpc_timeout_in_ms: 20000
   ```

2. 변경 사항을 적용하려면 카산드라를 재시작한다.

예제 분석

클러스터들이 지리적으로 서로 멀리 떨어져 있다면 간간히 일어나는 이상 현상으로 인해 해당 요청이 타임아웃값을 넘게 될 가능성이 생긴다. 클라이언트가 ONE 등의 일관성 레벨을 사용한다면 결과를 빨리 받기를 기대하게 되지만, 클러스터는 해당 데이터를 다른 데이터센터에 복제하는 중일 수도 있다. 타임아웃 값을 올림으로써 클러스터는 백그라운드에서 해당 프로세스를 완료할 시간을 더 확보한다.

다수 데이터센터 환경에서 CLI를 이용한 일관성 레벨 테스트

기본적으로 커맨드라인 인터페이스는 데이터를 읽고 쓸 때 ONE의 일관성 레벨을 사용한다. 카산드라를 다수의 노드와 데이터센터가 있는 환경에서 사용할 때에는 다른 일관성 레벨을 사용할 수도 있다. 이는 문제를 해결하는 것과 테스트를 하는 데 매우 중요하다. 여기서는 CLI를 사용해서 일관성 레벨을 바꾸는 방법을 알아보자.

준비

여기서는 앞에서 설명한 '다수의 데이터센터를 설치하기 위한 스크립트 작성하기'에서와 비슷하게 다중 데이터 설정을 다루는 것을 전제로 한다.

예제 구현

1. CLI에서 `consistencylevel` 명령어를 사용해서 명령을 수행할 레벨을 바꾼다.

```
[default@unknown] connect 127.0.0.1/9160;
Connected to: "Test Cluster" on 127.0.0.1/9160

[default@unknown] create keyspace ks33 with  placement_strategy =
'org.apache.cassandra.locator.NetworkTopologyStrategy' and strategy_
options=[{0:3,1:3}];
[default@unknown] use ks33;
Authenticated to keyspace: ks33
[default@ks33] create column family cf33;
```

데이터센터 중 하나에 있는 모든 노드를 중지한다.

```
$ <cassandra_home>/bin/nodetool -h 127.0.0.1 -p 9001 ring


Address      Status  State   Load          Owns    Token
127.1.0.3    Down    Normal  42.62 KB      42.18%  ...
127.0.0.1    Up      Normal  42.62 KB      6.74%   ...
127.0.0.2    Up      Normal  42.62 KB      11.78%  ...
```

```
127.0.0.3    Up      Normal   42.62 KB      22.79%   ...
127.1.0.2    Down    Normal   42.62 KB      4.62%    ...
127.1.0.1    Down    Normal   42.62 KB      11.90%   ...
```

2. 기본 일관성 레벨인 ONE에서 로우 하나를 삽입해본다.

```
[default@ks33] set cf33['a']['1']=1;
Value inserted.
```

3. 일관성 레벨을 EACH_QUORUM으로 바꾸어 본다.

```
[default@ks33] consistencylevel as EACH_QUORUM;
Consistency level is set to 'EACH_QUORUM'. [default@ks33] set
cf33['a']['1']=1;
null
[default@ks33] get cf33['a']['1'];
null
```

4. 일관성 레벨을 LOCAL_QUORUM으로 바꾸어 본다.

```
[default@ks33] consistencylevel as LOCAL_QUORUM;
Consistency level is set to 'LOCAL_QUORUM'.
[default@ks33] set cf33['a']['1']=1;
Value inserted.
[default@ks33] get cf33['a']['1'];
=> (column=31, value=31, timestamp=1304897159103000)
```

예제 분석

consistencylevel 선언문은 커맨드 라인의 명령이 수행될 일관성 레벨을 바꾼다. 기본값인 레벨 ONE을 사용하면 단 하나의 노드라도 해당 명령을 받으면 바로 수행한다. LOCAL_QUORUM의 경우 로컬 데이터센터에서 과반수의 노드가 해당 명령을 받았다고 인지해야 명령을 수행한다. EACH_QUORUM에서는 모든 데이터센터에서 과반수의 노드가 해당 명령을 받았다고 인지해야 명령을 시행한다. CLI에서 set 또는 get 명령을 사용한 후에 null이 리턴된다면 해당 명령은 실패한 것이다.

일관성 레벨 TWO와 THREE 사용해보기

다수의 데이터센터가 있는 환경에서는 주로 3 이상의 복제 계수를 사용한다. 경우에 따라 유저는 여러 개의 노드에 데이터를 기록하여 시스템의 내구성을 강화시키고는 싶지만 QUORUM의 레벨을 사용하고 싶지는 않을 수도 있다. 〈cassandra_home〉/interface/cassandra.thrift에 있는 스리프트 코드 생성 파일에는 유저가 사용 가능한 일관성 레벨이 주석형태로 표시되어 있다.

```
* Write consistency levels make the following guarantees before reporting
success to the client:
...
*    TWO          Ensure that the write has been written to at least 2
nodes' commit log and memory table
*    THREE        Ensure that the write has been written to at least 3
nodes' commit log and memory table
...
* Read consistency levels make the following guarantees before returning
successful results to the client:
...
*    TWO          Returns the record with the most recent timestamp once
two replicas have replied.
*    THREE        Returns the record with the most recent timestamp once
three replicas have replied.
```

준비

여기서는 앞에서 설명한 '다수의 데이터센터를 설치하기 위한 스크립트 작성하기'에서와 비슷하게 여러 데이터센터를 설치하는 것을 전제로 한다.

예제 구현

1. 두 개의 노드를 가지고 있는 두 개의 데이터센터를 만든다.

```
$ sh multiple_instances_dc.sh dc1-3 dc2-3
```

2. 복제 계수 4를 갖고 데이터센터당 두 개의 복제본을 갖도록 키스페이스를 생성한다.

```
[default@unknown] create keyspace ks4 with placement_strategy =
'org.apache.cassandra.locator.NetworkTopologyStrategy' and strategy_
options=[{0:2,1:2}];

[default@unknown] use ks4;
[default@ks4] create column family cf4;
```

3. 동일한 데이터센터에 있는 몇 개의 노드를 중지시켜 본다.

```
$ <cassandra_home>/bin/nodetool -h 127.0.0.1 -p 9001 ring
Address      Status State    Load      Owns     Token
127.0.0.3    Down   Normal   42.61kb   39.37%   ...
127.1.0.1    Up     Normal   42.61kb   2.43%    ...
127.0.0.2    Down   Normal   42.61kb   10.85%   ...
127.1.0.2    Up     Normal   42.61kb   17.50%   ...
127.0.0.1    Up     Normal   42.61kb   5.40%    ...
127.1.0.3    Up     Normal   42.61kb   24.44%   ...
```

4. 일관성 레벨을 TWO로 변경한 후에 로우를 삽입하고 이를 다시 읽어본다.

```
[default@ks4] connect 127.0.0.1/9160;
[default@unknown] consistencylevel as two;
Consistency level is set to 'TWO'.

[default@unknown] use ks4;
[default@ks4] set cf4['a']['b']='1';
Value inserted.
[default@ks4] get cf4['a'];
=> (column=62, value=31, timestamp=1304911553817000)
Returned 1 results.
```

TWO 또는 THREE 같은 일관성 레벨이 유용할 때가 있다. 그 예로 두 개의 데이터센터를 사용하고 4의 복제 계수를 사용하는 것을 들 수 있다. QUORUM을 사용할 경우 세개의 노드가 필요한데, 데이터센터에는 두 개의 복제본밖에 없으므로 원격 데이터센터에 있는 데이터를 끌어올 수밖에 없다. 원격 데이터센터가 동작하지 않는다면 EACH_QUORUM이 실패할 것이고 로컬 데이터센터가 동작하지 않는다면 LOCAL_QUORUM이 실패할 것이다. 하지만 TWO의 일관성 레벨을 사용한다면 로컬이나 원격이나 상관 없이 두 개의 노드에서 명령을 받아들이면 해당 명령을 수행한다.

네트워크 토폴로지 전략과 랜덤 파티셔너에 사용되는 이상적인 초기 토큰 지정하기

NetworkTopologyStrategy는 EndpointSnitch와 맞물려 동작하며 카산드라 노드들이 상대적으로 서로 얼마나 근접해 있는지 판단하고, 데이터의 복제본을 개발자가 명시한 대로 클러스터에 퍼트리는 역할을 한다.

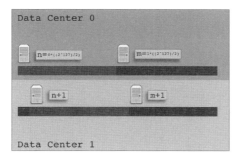

NetworkTopologyStrategy의 복제본 삽입 행동은 다수의 데이터센터를 포괄하며 모든 노드에 고른 토큰 분배를 해 주는 '표준' 링 개념을 사용하지 않는다. 대신 데이터센터 간 미러링된 논리 링을 생성한다.

NetworkTopologyStrategy가 제대로 작동하려면 올바르게 설정된 EndpointSnitch가 필요하다. 시스템에 대한 세밀한 컨트롤을 위해선 PropertyFileSnitch를 사용하여 어떤 카산드라 노드가 어떤 데이터센터와 랙에 있는지를 정해 놓아야 한다.

예제 구현

이번 예제에서는 각각 두 개의 노드를 가지는 두 개의 데이터센터 환경을 사용한다. 그리고 완전한 링에 대하여 계산을 하는 것처럼 토큰값을 계산한다.

1. 이상적 초기 토큰 값을 계산하는 공식은 다음과 같다.

```
Initial_Token = Zero_Indexed_Node_Number * ((2^127) / Number_Of_
Nodes)
```

2. 첫 번째 데이터센터 상의 첫 번째 노드(N0DC0)는 다음과 같다.

```
initial token = 0 * ((2^127) / 2)
initial token = 0
```

3. 첫 번째 데이터센터 상의 두 번째 노드(N1DC0)는 다음과 같다.

```
initial token = 1 * ((2^127) / 2)
initial token = 85070591730234615865843651857942052864
```

두 번째 데이터센터에 대해서는 동일한 계산을 하나, 서로 다른 두 개의 노드가 동일한 토큰을 가질 수 없으므로 토큰 값에 오프셋값 1을 더하여 처리한다

4. 두 번째 데이터센터 상의 첫 번째 노드(N0DC1)는 다음과 같다.

```
initial token = 1
```

5. 두 번째 데이터센터 상의 두 번째 노드(N0DC1)는 다음과 같다.

```
initial token = 85070591730234615865843651857942052865
```

두 개의 데이터센터가 있는 이 예제에서, 만약 3의 토큰값을 가지고 있는 복제본이 있다면 이는 DC0에서 DC1로 갈 것이다. 카산드라는 원격의 데이터센터에 쓰여질 노드를 결정할 때에는 초기 데이터 삽입시와 똑같이 결정한다. 카산드라는 데이터의 토큰의 값과 가장 가깝지만 그 값을 초과하지는 않는 초기 토큰 노드에 데이터를 기록한다. 카산드라가 네트워크 토폴로지 전략Network Topology Strategy을 사용할 때에는 데이터의 복제본을 놓을 수 있는 곳이 전체 링이 아니라 원격 노드밖에 없으므로, 복제본을 DC1N0에 기록할 것이다.

NetworkTopologySnitch는 두 개 이상의 데이터센터에서 사용할 수 있으며 데이터센터가 가지고 있는 노드의 개수가 서로 다를 때에도 사용할 수 있다. 이를 사용하려면 설정이 제대로 되어 있어야 한다.

두 개 이상의 데이터센터가 있는 환경

두 개 이상의 데이터센터가 있다면 위와 같이 토큰값을 계산하고 오프셋 값을 점차 늘려가서 노드들이 서로 다른 토큰값을 가지도록 한다. 예를 들어 세 번째 데이터센터에 대해서는 2를 더하는 식으로 계속 값을 계산한다.

데이터센터가 가지고 있는 노드의 개수가 서로 다를 경우

NetworkTopologyStrategy는 여러 개의 데이터센터가 각각 다른 수의 노드들을 가지고 있는 경우에도 동작할 수 있다. 이 경우에는 단일 데이터센터에 대하여 토큰값을 계산하는 방법을 따른 후에 다른 데이터센터의 노드에서 토큰값이 중첩된 곳이 없는지 확인해 보고, 만약 중복되는 값이 존재한다면 중복되는 노드 중 하나의 토큰값을 증가시켜 값들이 서로 겹치지 않게 한다.

엔드포인트 스니치

옳지 못하게 설정되어 있는 엔드포인트 스니치를 사용할 경우 데이터 복제조차도 제대로 동작하지 않을 수 있다.

참고 사항

8장, '프로퍼티 파일 스니치를 사용하여 임의로 랙과 데이터센터 설정값 명시하기' 예제

카산드라가 어떤 노드로 쓰는지에 대하여 알고 싶다면, 1장의 예제 '랜덤 파티셔너에 사용한 이상적인 초기 토큰 구하기'를 참고하라.

9 코딩과 내부구조

소개

카산드라에는 단순하고 강력한 API와 데이터 모델이 있으며, 사용 확장을 위하여 고안된 커스텀 타입과 파티셔너 등이 있다. 이러한 요소를 사용하기 위해선 표준 카산드라 코드에 추가적으로 코드를 빌드해서 사용하는 것이 필요하다. 카산드라 개발자들은, 다른 많은 오픈소스 프로젝트의 개발자들과 비슷하게, 버그를 고치거나 새로운 기능을 추가하기 위하여 개발자가 되는 경우가 많다.

공통 개발 툴 설치하기

자바 애플리케이션을 개발하는 데 공통인 툴이 있다. 이들은 코드를 가져오고 빌드하고 테스트 하는 것을 돕는다.

yum을 사용하여 다음 항목을 설치한다.

```
$ yum install maven
$ yum install ant
$ yum install subversion
$ yum install git
$ yum install junit
```

이 툴들을 각각 따로따로 다운로드해서 설치할 수도 있지만 yum을 사용하여 설치하는 것이 더 빠르다.

소스코드에서 카산드라 빌드하기

카산드라 코드는 매우 활발히 업데이트 되고 있으며, 다수의 브랜치가 존재한다. 공식 배포판을 사용하는 것이 좋으나, 때때로 발표되지 않은 어떤 새로운 기능이 필요하거나 버그를 고친 버전을 사용해야 할 경우가 있다. 카산드라를 소스부터 컴파일하여 사용함으로써 사용 환경을 더 세밀하게 조정할 수 있다. 소스 코드가 있으면 가끔 나타나는 에러나 경고 메시지의 이유도 더 자세히 알 수 있다. 여기서는 카산드라 코드를 서브버전SVN에서 체크아웃하고 빌드하는 방법에 대해서 알아보자.

1. http://svn.apache.org/repos/asf/cassandra/branches에 방문한다. 여러 개의 폴더들이 나열될 것이다.

```
/cassandra-0.5/
/cassandra-0.6/
```

각각의 폴더는 서로 다른 브랜치들을 나타낸다. 0.6 브랜치를 확인하려면 다음과 같이 해보자.

```
$ svn co http://svn.apache.org/repos/asf/cassandra/branches/
cassandra-0.6/
```

2. 트렁크trunk는 가장 최근의 개발 환경이 진행되는 곳이다. 트렁크를 확인 하려면 다음과 같이 해보자.

```
$ svn co http://svn.apache.org/repos/asf/cassandra/trunk/
```

3. 릴리스의 tar 파일을 빌드하려면 폴더 안으로 이동하여 다음 명령을 시행 한다.

```
$ ant release
```

이는 build/apache-cassandra-0.6.5-bin.tar.gz에 릴리스의 tar 파일을 생 성하고 릴리스의 jar 파일을 생성하며 압축이 해제된 버전을 build/dist 폴더에 저장한다.

서브버전svn은 소프트웨어 프로젝트를 관리하는 데 자주 사용하는 소스코드 버전 관리 시스템이다. 서브버전 저장소는 HTTP 프로토콜로 접근이 가능하 며, 따라서 간단한 브라우징이 가능하다. 여기서는 커맨드라인 클라이언트를 사용하여 저장소에서 코드를 받아오는 방법을 알아보자.

이번 장의 '서브버전의 diff 기능 활용하기' 예제를 참고한다.

기본 타입을 서브클래스화하여 새로운 타입 만들기

카산드라는 컬럼을 바이트 배열로 저장하며 기본적으로 이에 어떠한 제약도 걸어두지 않는다. 이러한 구조는 유저가 빠르게 데이터를 저장하고 직렬화할 수 있게 하지만, 이러한 접근 방식에는 문제점도 존재한다. CLI를 사용하는 하이레벨 유저에게는 이 바이트 배열의 값이 16진수 스트링으로 표시된다. 그리고 데이터 타입 확인과 길이 제한 등의 기능이 동작하는지 확인하기 어렵다. 여기서는 AbstractType을 확장하여 새로운 타입을 만드는 방법을 알아보자.

예제 구현

1. 〈hpc_build〉/java/hpcas/c09/USFootballPlayerType.java 파일을 생성한다.

```
package hpcas.c09;

import org.apache.cassandra.db.marshal.*;
import hpcas.c03.*;
import java.nio.ByteBuffer;
import org.apache.cassandra.thrift.*;
import org.apache.cassandra.utils.ByteBufferUtil;

class PlayerBean {
  String position, name;
  int rushingyards, receivingyards;

  public PlayerBean(){}
```

2. 이 인스턴스를 ByteBuffer로 기록하는 메소드를 만든다.

```java
    public ByteBuffer writeToBuffer() {
      return ByteBufferUtil.bytes(position + "|" + name +"|" +
rushingyards + "|" + receivingyards);
      }
```

3. ByteBuffer에서 PlayerBean 인스턴스를 리턴하는 메소드를 만든다.

```java
    public static PlayerBean readFromBuffer(ByteBuffer bb){
      String s = ByteBufferUtil.string(bb);
      String [] parts = s.split("\\|");
      PlayerBean pb = new PlayerBean();
      pb.position= parts[0];
      pb.name=parts[1];
      pb.rushingyards=Integer.parseInt(parts[2]);
      pb.receivingyards=Integer.parseInt(parts[3]);
      return pb;
    }

    public String toString(){
      return name +" "+position+" "+rushingyards+" "+receivingyards;
    }
  }
```

4. AbstractType을 상속받는 클래스를 하나 만든다.

```java
  public class USFootballPlayerType extends AbstractType{
```

5. 클래스의 인스턴스를 스태틱하게 초기화한다.

```java
    public static final USFootballPlayerType instance =

        new USFootballPlayerType();

  USFootballPlayerType(){}
```

6. 커맨드라인 인터페이스에서 화면에 표시하는 부분을 관장하는
   getString 메소드를 오버라이드한다.

```
public String getString(ByteBuffer bb) {
  PlayerBean pb = PlayerBean.readFromBuffer(bb);
  return pb.toString();
}
```

7. 항목을 정렬할 때 사용하는 compare 메소드를 정의한다.

```
public int compare(ByteBuffer o1, ByteBuffer o2) {
  return ByteBufferUtil.compareUnsigned(o1, o2);
}


public void validate(ByteBuffer bb) throws MarshalException {
}
```

8. 새로운 키스페이스와 컬럼 패밀리를 생성하는 메인 메소드를 생성한다.
   새로운 컬럼 패밀리의 validation_class를 생성된 타입인 hpcas.c09.
   USFootballPlayerType으로 설정한다.

```
public static void main(String[] args) throws Exception {
  FramedConnWrapper fcw = new FramedConnWrapper(
      Util.envOrProp("host"),
      Integer.parseInt(Util.envOrProp("port")));
  fcw.open();
  Cassandra.Client client = fcw.getClient();
  client.set_keyspace("football");
  try {
    KsDef ksD = new KsDef();
    ksD.setname("football");
    CfDef cfD = new CfDef();
    cfD.setDefault_validation_class("hpcas.c09.USFootballPlayerType");
    cfD.setName("teams");
    client.system_add_keyspace(ksD);
    cfD.setKeyspace("football");
    client.system_add_column_family(cfD);
  } catch (Exception e) {
    System.out.println(e.getMessage());
  }
```

9. 항목을 생성한 후 삽입한다.

```
PlayerBean pb = new PlayerBean();
pb.name = "Ahmad Bradshaw";
pb.position = "RB";
pb.receivingyards = 413;
pb.rushingyards = 1235;
ColumnParent cp = new ColumnParent();
cp.setColumn_family("teams");
Column c = new Column();
c.setName(ByteBufferUtil.bytes(pb.name));
c.setValue(pb.writeToBuffer());
client.insert(ByteBufferUtil.bytes("Giants"), cp, c,
    ConsistencyLevel.ONE);
fcw.close();
    }
}
```

10. 프로젝트를 빌드한 후 해당 JAR파일을 모든 노드에서 〈cassandra_home〉/lib 폴더에 복사한 후 카산드라를 재시작한다.

```
$ host=127.0.0.1 port=9160 ant -DclassToRun=hpcas.c09.
USFootballPlayerType run
```

11. 커맨드라인 인터페이스에서 컬럼 패밀리를 나열해 본다.

```
[default@unknown] use football;
Authenticated to keyspace: football
[default@football] assume teams comparator as ascii;
Assumption for column family 'teams' added successfully.
[default@football] list teams;
RowKey: Giants
=> (column=Ahmad Bradshaw, value=Ahmad Bradshaw RB 1235 413,
timestamp=0)
```

새로운 타입과 함께 compare 메소드를 만들어서 컬럼이 정렬되는 방법을 새로 정의할 수 있다. 이 타입은 바이트 레벨에서 비교한다. 화면에 표시되는 부분은 getString을 새롭게 정의하여 조정할 수 있다. 이 타입에서는 구획 문자로 사용된 파이프 문자를 제거해 사용자가 더 쉽게 읽을 수 있게 한다.

다음 예제 '데이터 삽입시 데이터 밸리데이션하기'를 참고한다

데이터 삽입시 데이터 밸리데이션하기

컬럼 패밀리에서는 부수적으로 밸리데이션 기능을 사용할 수 있다. 컬럼 패밀리에 대하여 기본 밸리데이션 클래스를 설정할 수 있는데, 특정 이름을 가진 컬럼에 대하여 이런 밸리데이션 클래스를 다른 것으로 치환하여 사용할 수 있다. 여기서는 AbstractType의 서브 클래스를 생성하여 이를 밸리데이션 클래스로 사용하는 방법에 대하여 알아보자.

이번 예제는 직전 예제, '기본 타입을 서브클래스화하여 새로운 타입 만들기'의 개선된 예제다.

1. 텍스트 에디터로 src/hpcas/c09/USFootballPlayerType.java 파일을 수정하여 다음의 굵은 글꼴로 표시된 부분을 추가하여 올바르지 않은 데이터를 걸러내도록 한다.

```
public class USFootballPlayerType extends AbstractType{
    ...
    public void validate(ByteBuffer bb) throws MarshalException {
        PlayerBean pb = PlayerBean.readFromBuffer(bb);
        if (!( pb.position.equalsIgnoreCase("QB") ||
                pb.position.equalsIgnoreCase("RB") )){
            throw new MarshalException("bad position");
        }
    }
}
```

2. main 메소드 안에서 position을 LB로 설정한다. 이 값을 설정하면 밸리
   데이션에 오류가 발생할 것이다.

```
public static void main(String[] args) throws Exception {
    ...
    PlayerBean pb = new PlayerBean();
    pb.name = "Ahmad Bradshaw";
    //pb.position = "RB";
    pb.position = "LB";
```

3. 프로젝트를 빌드한 후 hpcas.jar 파일을 카산드라의 lib 폴더에 복사해 둔
   다. 이미 인스턴스가 실행되고 있다면 이를 재시작한다.

```
$ cd <hpc_home> ; cd ant
$ cp dist/lib/hpcas.jar /home/edward/hpcas/apache-cassandra-0.7.3-1/
lib/
```

4. 빌드한 후 애플리케이션을 시작한다.

```
$ host=127.0.0.1 port=9160  ant -DclassToRun=hpcas.c09.
USFootballPlayerType run
[java] InvalidRequestException(why:[football][teams]
[41686d616420427261647368617] = [4c427c41686d616420427261647368617
7c313233357c343133] failed validation (bad position))
```

밸리데이션 클래스를 사용하도록 설정이 되어 있다면 데이터를 삽입할 때 먼저 `validate` 메소드로 보내서 처리한다. 데이터가 유효하다면 메소드는 리턴값을 주고, 데이터가 유효하지 않다면 메소드는 `MarshalException`을 발생시킨 후에 밸리데이션이 왜 실패했는지 표시한다. 데이터를 삽입할 때 밸리데이션하는 것은 올바르지 않는 정보를 입력하는 것을 막아 주며, 이는 데이터의 길이나 내용에 대하여 제한을 걸 때 사용될 수 있다.

IRC와 이메일을 활용해 카산드라 개발자들과 연락하기

인터넷에는 매우 활발한 카산드라 사용자와 개발자 커뮤니티가 있다. 이메일과 IRC를 통하여 전세계의 사람들이 서로 협력할 수 있다. 놀랍게도, 프로젝트를 진행하는 과정의 많은 일이 이러한 매체를 통하여 진행된다. 이런 활동 덕분에 카산드라는 단순히 오픈소스 라이선스가 있는 코드에서 벗어나, 누구든지 프로젝트에 참여하는 장을 열었다. 여기서는 이 커뮤니티와 연락하고 참여하는 방법을 알아보자.

IRC에 irc://chat.us.freenode.net:6667로 연결한 후 다음 채널 중 관심이 가는 곳으로 접속을 한다.

채널	설명
#cassandra	카산드라와 관련된 일반적인 이야기
#cassandra-dev	카산드라 코드와 관련된 이야기
#cassandra-ops	카산트라 성능과 관련된 이야기

비슷한 채널 중 관심을 가질 만한 것으로 #solandra, #thrift, #hive가 있다.

다수의 메일링 리스트 역시 존재하는데, 다음 주소로 메일을 보내면 리스트에 합류할 수 있는 방법을 알려주는 답장이 올 것이다.

이름	이메일	설명
Users	user-subscribe@cassandra.apache.org	카산드라와 관련된 일반적인 질문
Developer	dev-subscribe@cassandra.apache.org	카산드라 코드와 관련된 토론
Commits	commits-subscribe@cassandra.apache.org	카산드라 코드가 커밋되면 자동적으로 생성되는 메일
Clients development	client-dev-subscribe@cassandra.apache.org	스크립트나 헥토르 같은 하이레벨 클라이언트를 위한 메일

메일링 리스트나 IRC에 올리기 전에 문제 해결법을 사전에 검색하는 습관을 들인다. 대부분은 예전에 이미 누군가가 질문한 적이 있으며 답변 또한 존재한다. 이 리스트의 사람들은 매우 열정적이며 기꺼이 그들의 시간을 투자하여 도와 주기를 원한다.

카산드라를 더 개발하거나 오류를 고치고 싶다면 dev 메일링 리스트와 채팅방에 들어갈 수 있다. 보통 핵심 커미터들은 소스코드를 잘 이해하고 문제의 핵심을 간파하는 통찰력이 있으므로 코드가 더 빨리 커밋될 수 있도록 도와줄 수 있다.

서브버전의 diff 기능 활용하기

서브버전은 매우 인기있는 소스코드 버전 관리 시스템이다. 체크아웃 이후에 소스코드의 모든 수정 사항은 diff 파일로 변환할 수 있다. diff 파일이란 수정된 사항을 기록하는 파일이다. 이는 개발자들 사이에서 공유되어 전체 프로젝트를 다 받을 필요 없이 코드를 공유할 수 있게 해 준다. 여기서는 서브버전을 사용해 diff 파일을 생성하는 방법을 알아보자.

1. 코드가 체크아웃 이후에 바뀌었는지 여부를 확인하기 위하여 `svn stat` 명령어를 사용한다.

```
$ svn stat
?        src/java/org/apache/cassandra/cli/CliUserHelp.java
?        src/java/org/apache/cassandra/cli/CliCompleter.java
?        src/java/org/apache/cassandra/cli/CliClient.java
?        src/java/org/apache/cassandra/cli/Cli.g
```

2. `svn add`로 서브버전의 add 기능을 사용하여 이 파일을 프로젝트에 추가한다.

```
$ svn add src/java/org/apache/cassandra/cli/*.java
```

3. 소스 파일의 수정 사항이 기록되어 있는 diff 파일을 생성한다.

```
$ svn diff > /tmp/cassandra-XXX-1.patch.txt
```

예제 분석

서브버전의 `diff` 기능은 소스코드의 변화를 추적하고 코드를 다른 사람들과 공유할 수 있게 한다.

부연 설명

diff 파일은 사람이 읽을 수 있는 포맷으로 되어 있다. 마이너스 부호(-)로 시작하는 라인들은 그 해당 라인이 지워짐을 뜻하고 플러스 부호(+)로 시작하는 라인들은 그 라인이 추가되었음을 의미한다. 이 파일에는 변화된 라인만 저장하는 것이 아니라, 그 라인 위에 몇 줄도 함께 저장하는데, 이것으로 diff 파일이 생성된 이후의 변화로 인해 패치 오프셋이 맞지 않는 경우를 해결할 수 있다.

```
$ svn  diff | head -11
Index: src/java/org/apache/cassandra/cli/CliUserHelp.java
```

```
================================================================
--- src/java/org/apache/cassandra/cli/CliUserHelp.java (revision
1082028)
+++ src/java/org/apache/cassandra/cli/CliUserHelp.java (working copy)
@@ -325,7 +325,11 @@
    state.out.println("example:");
    state.out.println("assume Users comparator as lexicaluuid;");
    break;
-
+        case CliParser.NODE_CONSISTENCY_LEVEL:
+        state.out.println("consistencylevel as <level>");
```

참고 사항

다음 예제 '패치 명령의 diff 기능 활용하기'를 참고하여 소스코드에 diff 명령어를 적용하는 방법을 알아본다.

패치 명령의 diff 기능 활용하기

diff 파일은 파일의 수정 전후의 변경 사항을 표시한다. 공개적으로 발표되지 않는 소스 코드 업데이트나 패치는 주로 diff 파일 형태로 나온다. 여기서는 patch 명령어를 사용하여 diff 파일을 카산드라 소스 코드 브랜치에 적용하는 방법을 알아보자.

준비

패치를 하는 대상이 패치가 만들어진 버전과 동일한 버전인지 확인하자. 올바른 소스가 아닌 곳에 패치를 적용한다면 제대로 동작하지 않을 수 있다. 이번 예제에서는 앞의 예제 '서브버전의 diff 기능 활용하기'에서 나온 결과값 diff 파일을 사용한다. 패치가 제대로 적용되지 않았다면 svn revert 명령어를 사용하여 파일을 저장소에서 다운로드한 상태로 돌려놓을 수 있다.

1. 카산드라 소스 디렉토리로 이동한다. `svn stat` 명령어를 사용하여 출력 값이 나오지 않는지 확인해 소스 코드 수정 여부를 확인한다.

```
$ cd <cassandra_source_home>
$ svn stat
```

2. `patch` 명령어에 리다이렉션을 사용하여 패치 파일의 내용을 넣어준다.

```
$ patch -p0 < /tmp/cassandra-2354-3.patch.txt
patching file src/java/org/apache/cassandra/cli/CliUserHelp.java
patching file src/java/org/apache/cassandra/cli/CliCompleter.java
patching file src/java/org/apache/cassandra/cli/CliClient.java
patching file src/java/org/apache/cassandra/cli/Cli.java
```

 패치 도중 문제점이 발생할 때

패치를 하는 도중에 'skipping hunk' 등의 메세지가 표시된다면 이는 diff 파일이 제대로 적용되지 않았음을 뜻한다. 이러한 경우는 주로 패치가 현재 사용하고 있는 소스가 아닌 다른 소스로부터 제작되었을 때 발생한다.

명령어 patch는 diff 파일의 내용을 가져와서 이를 로컬의 소스코드에 적용하는 역할을 한다. diff와 patch 파일은 개발자들이 코드의 변화를 공유하고 검토할 수 있도록 해 준다. 카산드라 코드의 모든 변경 사항 업데이트는 diff 파일을 통하여 이루어진다.

strings와 od 명령어를 통하여 데이터 파일 검색하기

개발자가 카산드라 데이터 파일을 바로 검토해 보고 싶을 수도 있다. 이는 API를 사용하여 스캔을 하거나 데이터를 JSON 포맷으로 추출하여 검토를 하는 것보다 훨씬 빠른 대안이다. 카산드라 데이터 파일은 바이너리 포맷이므로 일반적인 텍스트 에디터를 사용하기는 힘들다. 이러한 일을 처리하는 데 도움을 주는 두 개의 툴이 있다. 파일을 8진 덤프 형태로 표시해 주는 od와 바이너리 파일 내부에 사람이 읽을 수 있는 스트링을 추출해서 보여주는 strings 명령어다. 여기서는 이 툴을 사용하는 방법을 알아보자.

예제 구현

1. 데이터 디렉토리에 있는 *Data* 꼴의 파일에 대해 strings 명령어를 실행한다.

   ```
   $strings /home/edward/hpcas/data/1/football/teams-f-1-Data.db
   Giants
   Ahmad Bradshaw
   RB|Ahmad Bradshaw|1235|413
   ```

2. 동일한 파일에 대하여 od 명령어를 -a 옵션과 함께 실행해 본다.

   ```
   [edward@tablitha hpcbuild]$ od -a /home/edward/hpcas/data/1/
   football/teams-f-1-Data.db
   0000000 nul ack  G  i  a  n  t  s nul nul nul nul nul nul nul
   _
   0000020 nul nul nul dle nul nul nul etx nul nul nul soh nul nul nul
   0
   0000040 nul  bs nul nul nul nul nul nul nul nul nul nul nul nul nul
   nul
   0000060 nul nul nul nul nul nul nul soh nul  so  A  h  m  a  d
   sp
   0000100  B  r  a  d  s  h  a  w nul nul nul nul nul nul nul
   nul
   0000120 nul nul nul nul sub R B | A h m a d sp B r
   0000140 a d s h a w | 1 2 3 5 | 4 1 3
   0000157
   ```

SSTable2JSON 같은 툴은 인덱스 파일을 샘플링할 때 필요한 시작 부하가 있는 반면, od와 strings 같은 툴은 빠른 속도로 데이터를 추출할 수 있으며 문제를 해결하고자 할 때 간편하게 사용할 수 있다. od와 strings는 grep 같은 툴과 함께 사용할 수도 있다. 하지만 이러한 8진이나 16진수 덤프 파일은 데이터 파일의 내부적 구조를 해독할 수 없으므로 파일을 디코드하여 보여주지 않는다는 단점이 있다. 이 데이터 파일의 구조가 바뀔 수 있다는 점도 문제다.

sstable2json 내보내기 유틸리티 커스터마이징

sstable2json 유틸리티는 이의 대응되는 툴 json2sstable과 함께 사용하며 데이터를 출력해 주는 유틸리티다. 하지만 이 툴은 사용하는 데 편리하지는 않다. 여기서는 sstable2json 프로그램을 커스터마이징하여 개발자가 설정한 대로 데이터를 출력하는 법을 알아보자.

 이 예제는 데이터가 ASCII나 UTF-8로 이루어져 있을 때에만 사용할 수 있다.

1. SSTable 파일에 대하여 sstable2json을 실행하여 본다. 결과값이 16진수 스트링으로 출력되어 나올 것이다.

```
$ <cassandra_home>/bin/sstable2json
$ <cassandra_home>/data/1/football/teams-f-1-Data.db

{

"4769616e7473": [["41686d6164204272616473686177", "52427c41686d61
642042726164736861777c313233357c343133", 0, false]]

}
```

2. SSTableExport.java 파일을 카산드라 소스로부터 프로젝트의 소스 홈폴 더로 복사한다.

```
$ <cassandra_src>/cassandra-0.7/src/java/org/apache/cassandra/tools/
SSTableExport.java <hpc_home>/src/java/hpcas/c09/
```

3. 패키지 이름을 hpcas.c09로 바꾼다. bytesToHex 메소드를 호출하는 부분 을 찾아 이를 ByteBufferUtil.string 메소드로 치환한다.

```
package hpcas.c09;
...
  private static void serializeColumn(IColumn column, PrintStream out)
  {
    try{
      out.print("[");
      out.print(quote(ByteBufferUtil.string(column.name())));
      out.print(", ");
      out.print(quote(ByteBufferUtil.string(column.value())));
      ...
    } catch (CharacterCodingException ex) { }
  private static void serializeRow(SSTableIdentityIterator row,
DecoratedKey key, PrintStream out)
  {
    ColumnFamily columnFamily = row.getColumnFamily();
    boolean isSuperCF = columnFamily.isSuper();
    //out.print(asKey(bytesToHex(key.key)));
    try{
      out.print(asKey(ByteBufferUtil.string(key.key)));
    } catch (CharacterCodingException ex) { }
```

4. sstable2json 파일을 복사한 후 이를 이번 예제에서 만든 클래스를 부르 도록 수정한다.

```
$ cp <cassandra_home>/bin/sstable2json <cassandra_home>/bin/
sstable2nicejson
```

```
$JAVA -cp $CLASSPATH  -Dstorage-config=$CASSANDRA_CONF \
-Dlog4j.configuration=log4j-tools.properties \

hpcas.c09.SSTableExport "$@"
```

5. 만들어진 sstable2nicejson 스크립트를 실행한다. 이제는 문자열로 표
   시될 것이다.

```
$ <cassandra_home>/bin/sstable2nicejson <cassandra_home>/data/1/
football/teams-f-1-Data.db

{

"Giants": [["Ahmad Bradshaw", "RB|Ahmad Bradshaw|1235|413", 0,
false]]

}
```

기본으로 내장되어 있는 변환 프로그램은 데이터를 16진수 문자열로 출력한
다. 여기서는 ByteBufferUtil 클래스에서 도우미 함수를 사용하여 이 바이트
데이터를 문자열로 바꿔서 출력했다. 하지만 만약 저장된 정보가 이진 데이터
였다면 이번 예제에서 제대로 작동하지 않았을 것이다.

이 애플리케이션은 조금만 수정하여 XML이나 벌크 로딩이 가능한 SQL 파일
을 출력하도록 하거나 다른 카산드라 클러스터로 내용을 복사하기 위한 배치
삽입을 하도록 할 수 있다.

메모리 사용량을 낮춰주는 인덱스 인터벌 기간 설정하기

카산드라에서 `index_interval` 값은 SSTable의 로우 키 샘플링을 제어한다. 기본값인 128을 사용하면 128개당 하나의 키를 메모리에 저장한다. 인덱스 샘플링은 노드의 카산드라가 실행될 때 행해지며 이 데이터는 SSTable이 제거될 때까지 메모리에 남아있다. 여기서 사용되는 메모리의 양은 키 캐시의 크기에 독립적이다.

예제 구현

1. 〈cassandra_home〉/cassandra.yaml을 열어서 `index_interval`의 값을 128에서 256으로 올린다.

   ```
   index_interval: 256
   ```

2. 카산드라를 재시작하여 변경사항이 적용되게 한다.

예제 분석

설정에서 `index_interval` 값을 늘리면 메모리를 더 적게 하나, 인덱스의 효율이 떨어진다. 이 기능은 주로 많은 양의 데이터가 있으나 램 용량이 별로 크지 않을 경우에 사용하며, 모든 카산드라 노드들이 키의 크기와 개수, 그리고 키-로우 비율이 같지 않으므로 이 숫자를 조정할 수 있다. 또한 이 값을 늘리면 노드가 더 빠르게 시작된다.

불안정한 네트워크를 위하여 phi_convict_threshold 값 올리기

오류 디텍터는 가십gossip 트래픽을 모니터링하며, 노드가 특정 기간 동안 이 프로세스에 참여하지 않았다면, 이는 이 노드를 중지된 노드로 표기한다. 여기서는 불안정한 네트워크를 위하여 `phi_convict_threshold` 값을 늘리는 방법을 알아보자.

1. 〈cassandra_home〉/conf/cassandra.yaml 파일을 수정하여 phi_conviction_threshold를 다음과 같이 수정하고 카산드라를 재시작한다.

```
phi_conviction_threshold:
phi_convict_threshold: 10
```

더 높은 값으로 phi_conviction_threshold를 설정하게 되면 정상인 노드가 답장이 없다고 오판할 확률이 줄어든다. 하지만 이와 동시에, 장애 상황을 감지하는 데 더 오랜 시간이 걸린다. 이 설정값은 네트워크가 불안정하거나 동일한 하드웨어에 올라가있는 다른 인스턴스에 의하여 자원이 빼앗길 수 있는 가상머신의 경우에 변경한다.

설정의 phi_conviction_threshold 값의 단위는 초가 아니다. 기본값인 8은 약 9초에 해당하며, 10은 약 14초에 해당된다.

카산드라 메이븐 플러그인 사용하기

메이븐Maven을 사용하면 카산드라를 기본적으로 지원하는 소프트워어 프로젝트를 간단히 만들 수 있다. 카산드라 메이븐 플러그인은 필요한 의존성들을 모두 자동으로 받아주며, 카산드라를 시작하고 멈출 수 있는 goal 옵션을 제공한다. 이는 카산드라를 사용하는 올인원 프로젝트를 쉽게 만들 수 있는 방법이다. 여기서는 카산드라 메이븐 플러그인을 사용하는 방법을 알아보자.

이번 장의 앞에서 설명한 '공통 개발 툴 설치하기'를 참고한다.

1. Maven을 archetype:generate 매개변수를 주어 실행한다.

```
$ mvn archetype:generate
110: remote -> maven-archetype-webapp
Choose a number: 107: 110
Choose version:
1: 1.0
Choose a number: 1: 1
Define value for property 'groupId': : hpcas.ch09
Define value for property 'artifactId': : webapp
Define value for property 'version': 1.0-SNAPSHOT:
Define value for property 'package': hpcas.ch09:
Confirm properties configuration:
groupId: hpcas.ch09
artifactId: webapp
version: 1.0-SNAPSHOT
package: hpcas.ch09
Y: y
[INFO] ------------------------------------------------------------

[INFO] BUILD SUCCESSFUL

[INFO] ------------------------------------------------------------
```

2. webapp/pom.xml 파일을 텍스트 에디터로 수정한다.

```
<project xmlns="http://maven.apache.org/POM/4.0.0"
  xmlns:xsi="http://www.w3.org/2001/XMLSchema-instance"
  xsi:schemaLocation="http://maven.apache.org/POM/4.0.0 http://maven.
apache.org/maven-v4_0_0.xsd">
  <modelVersion>4.0.0</modelVersion>
  <groupId>org.apache.wiki.cassandra.mavenplugin</groupId>
  <artifactId>webapp</artifactId>
  <packaging>war</packaging>
  <version>1.0-SNAPSHOT</version>
  <name>webapp Maven Webapp</name>
```

```
<url>http://maven.apache.org</url>
<dependencies>
  <dependency>
    <groupId>me.prettyprint</groupId>
    <artifactId>hector-core</artifactId>
    <version>0.7.0-25</version>
  </dependency>
</dependencies>
<build>
  <finalName>webapp</finalName>
  <plugins>
    <plugin>
      <artifactId>maven-compiler-plugin</artifactId>
      <version>2.3.2</version>
      <configuration>
        <source>1.6</source>
        <target>1.6</target>
      </configuration>
    </plugin>
  </plugins>
</build>
</project>
```

3. 다음 디렉토리를 생성한다.

$ mkdir -p webapp/src/cassandra/cli

$ mkdir -p webapp/src/main/resources
$ mkdir -p webapp/src/main/webapp/WEB-INF

카산드라 메이븐 플러그인은 webapp/src/cassandra/cli/load.script를 실행한다.

```
create keyspace WebappKeyspace with replication_factor=1;
use WebappKeyspace;
create column family Example with column_type='Standard' and
comparator='UTF8Type';
```

4. Maven을 cassandra:start goal 옵션을 주어 실행한다.

```
$ mvn cassandra:start -Dcassandra.jmxPort=7199
[INFO] Cassandra cluster "Test Cluster" started.
[INFO] Running /home/edward/arch/webapp/src/cassandra/cli/load.
script...
[INFO] Connected to: "Test Cluster" on 127.0.0.1/9160
[INFO] 30a5bc5b-8028-11e0-9b86-e700f669bcfc
[INFO] Waiting for schema agreement...
[INFO] ... schemas agree across the cluster
[INFO] Finished /home/edward/arch/webapp/src/cassandra/cli/load.
script.

[INFO] Cassandra started in 5.3s
```

예제 분석

메이븐 프로젝트는 pom 파일로 제어할 수 있다. pom 파일은 프로젝트에 대한 정보와 의존성 정보, 그리고 플러그인 설정 정보를 담고 있다. 인터넷의 메이븐 저장소에는 프로젝트 JAR 파일들과 이들의 의존성 정보가 있다. 메이븐을 위한 카산드라 플러그인은 따로 카산드라 관련 라이브러리를 프로젝트에 추가할 필요 없이 카산드라를 켜고 끌 수 있는 goal 옵션을 제공해 카산드라를 사용하는 애플리케이션을 쉽게 만들 수 있게 해 준다.

부연 설명

카산드라 메이븐 플러그인에 대한 더 많은 정보는 다음 사이트에서 찾아볼 수 있다.

http://mojo.codehaus.org/cassandra-maven-plugin/

10
라이브러리와 애플리케이션

소개

카산드라가 인기를 끌면서, 여러 소프트웨어를 카산드라로 만들고 있다. 이 중 몇 개는 카산드라를 사용하는 데 도움을 주는 유틸리티와 라이브러리다. 몇몇 소프트웨어는 카산드라의 확장성을 잘 활용할 수 있게 만들었다. 이번 장에서는 이 유틸리티들에 대해서 알아보자.

벤치마킹을 위한 contrib 스트레스 툴 빌드하기

Stress는 커맨드라인에서 쉽게 사용할 수 있는 카산드라용 스트레스 테스팅 벤치마크 툴이다. Stress를 이용하여 짧은 시간에 동시다발적인 요청을 보낼 수 있으며 성능을 테스트하기 위해서 큰 데이터 셋을 생성할 수도 있다. 여기서는 카산드라 소스에서 이를 빌드하는 방법을 알아보자.

준비

예제를 따라하기 이전에 9장에서 설명한 '소스코드에서 카산드라 빌드하기' 예제를 실행해본다.

예제 구현

소스 디렉토리에서 ant를 실행한 후, contrib/stress 디렉토리에서 ant를 다시 실행한다.

```
$ cd <cassandra_src>
$ ant jar
$ cd contrib/stress
$ ant jar
...
BUILD SUCCESSFUL
Total time: 0 seconds
```

예제 분석

빌드 과정이 코드들을 컴파일해서 stress.jar 파일로 만들어 준다.

참고 사항

다음 예제 'Stress 툴을 사용해서 데이터를 삽입하고 읽기'를 살펴본다

stress 툴을 사용해서 데이터를 삽입하고 읽기

Stress 툴은 카산드라를 위해서 특별히 제작된 다중 스레드 부하 테스터다. 이는 커맨드라인 상에서 작동하며 여러 가지 설정을 통해 동작하는 방법을 변경할 수 있다. 여기서는 Stress 툴을 사용하는 방법을 알아보자.

준비

이 예제를 따라하기 전에 이전 예제 '벤치마킹을 위한 contrib 스트레스 툴 빌드하기'를 먼저 참고한다

예제 구현

10000개의 삽입 명령을 수행하기 위하여 ⟨cassandra_src⟩/bin/stress를 실행한다.

```
$ bin/stress -d 127.0.0.1,127.0.0.2,127.0.0.3 -n 10000 --operation INSERT
Keyspace already exists.
total,interval_op_rate,interval_key_rate,avg_latency,elapsed_time
10000,1000,1000,0.0201764,3
```

예제 분석

Stress 툴은 클러스터에 부하를 주는 테스트를 쉽게 할 수 있는 방법 중 하나다. 이는 데이터를 삽입하고 읽을 수 있으며 이러한 명령에 대한 성능을 정리하여 보고한다. 방대한 데이터를 큰 규모로 테스트할 필요가 있는 스테이징 환경에서도 이 툴은 유용하게 사용된다. 클러스터에 새로운 노드를 추가하는 등의 관리 기법을 연습하는 데 이 툴의 데이터 생성 기능이 유용하다.

부연 설명

Stress 툴은 테스트 하는 머신이 아닌 다른 노드 에서 실행하는 게 좋고, 불필요한 경합이 일어날 수 있는 다른 모든 요인을 제거하는 것이 좋다.

다음 예제 '야후 클라우드 서빙 벤치마크 실행하기'를 참고하여 더 정교한 부하 테스트를 실행해 본다.

야후 클라우드 서빙 벤치마크 실행하기

야후 클라우드 서빙 벤치마크YCSB, Yahoo! Cloud Serving Benchmark는 NoSQL 시스템 간의 성능 비교를 위한 자료를 만들어 주는 벤치마킹 툴이다. 이는 무작위로 삽입, 가져오기, 삭제하기 등의 부하를 생성하며 다수의 스레드를 사용하여 테스트를 수행한다. 여기서는 YCSB를 빌드하고 실행하는 방법을 알아보자.

YCSB에 대한 정보는 다음 사이트에서 더 알아볼 수 있다.

http://research.yahoo.com/Web_Information_Management/YCSB

https://github.com/brianfrankcooper/YCSB/wiki/

https://github.com/joaquincasares/YCSB

1. git을 사용해서 소스코드를 가져온다.

   ```
   $ git clone git://github.com/brianfrankcooper/YCSB.git
   ```

2. ant를 사용하여 코드를 빌드한다.

   ```
   $ cd YCSB/
   $ ant
   ```

3. ⟨cassandra_home⟩/lib 디렉토리에 있는 JAR 파일들을 YCSB 클래스패스로 복사한다.

   ```
   $ cp $HOME/apache-cassandra-0.7.0-rc3-1/lib/*.jar db/cassandra-0.7/
   lib/
   $ ant dbcompile-cassandra-0.7
   ```

4. 카산드라 CLI를 사용하여 필요한 키스페이스와 컬럼 패밀리를 생성한다.

```
[default@unknown] create keyspace usertable with replication_
factor=3;
[default@unknown] use usertable;
[default@unknown] create column family data;
```

5. 셸 스크립트 run.sh를 생성하여 서로 다른 매개변수를 받아서 테스트한다.

```
CP=build/ycsb.jar
for i in db/cassandra-0.7/lib/*.jar ; do
  CP=$CP:${i}
done
java -cp $CP com.yahoo.ycsb.Client  -t -db com.yahoo.ycsb.
db.CassandraClient7 -P workloads/workloadb \
-p recordcount=10 \
-p hosts=127.0.0.1,127.0.0.2 \
-p operationcount=10 \
-s
```

6. 스크립트를 시행한 후 more 명령어를 통해 출력을 페이지 단위로 본다.

```
$ sh run.sh | more
YCSB Client 0.1
Command line: -t -db com.yahoo.ycsb.db.CassandraClient7 -P
workloads/workloadb -p recordcount=10 -p hosts=127.0.0.1,127.0.0.2
-p operationcount=10 -s
Loading workload...
Starting test.
data
  0 sec: 0 operations;
  0 sec: 10 operations; 64.52 current ops/sec; [UPDATE
AverageLatency(ms)=30] [READ AverageLatency(ms)=3]
[OVERALL], RunTime(ms), 152.0
[OVERALL], Throughput(ops/sec), 65.78947368421052
[UPDATE], Operations, 1
[UPDATE], AverageLatency(ms), 30.0
```

```
[UPDATE], MinLatency(ms), 30
[UPDATE], MaxLatency(ms), 30
[UPDATE], 95thPercentileLatency(ms), 30
[UPDATE], 99thPercentileLatency(ms), 30
[UPDATE], Return=0, 1
```

YCSB에는 세부적으로 조정할 수 있는 여러 개의 설정이 존재한다. 가장 중요한 설정 옵션 중 하나는 -p인데, 이는 부하의 양을 조절하는 역할을 한다. 여기서 부하는 읽기와 쓰기, 그리고 업데이트의 비율을 말한다. -p 옵션을 사용하면 부하를 결정하는 설정 파일을 오버라이드할 수 있다. YCSB는 노드의 수가 많아지거나 적어질 때 이에 따른 성능 변화를 벤치마킹할 수 있다.

카산드라는 역사적으로 YCSB 테스트에서 가장 성능이 좋게 나타나는 시스템 중 하나다.

카산드라를 위한 하이레벨 클라이언트 헥토르

클라이언트에서 더 고급 API를 사용할 수 있다면 이를 사용하는 것이 좋다. 헥토르Hector는 가장 활발하게 개발되고 있는 고급 클라이언트 중 하나다. 이는 스리프트 API 상에서 작동하며 긴 스리프트 코드를 도우미 함수와 디자인 패턴을 사용하여 짧게 만들어 준다. 여기서는 헥토르를 사용하여 카산드라와 통신하는 방법을 알아보자.

헥토르 JAR 파일을 다운로드해 애플리케이션의 클래스패스에 넣어 둔다.

```
$wget https://github.com/downloads/rantav/hector/hector-
core-0.7.0-26.tgz
$cp hector-core* <hpc_build>/lib
```

〈hpc_build〉/src/hpcas/c10/HectorExample.java 파일을 텍스트 에디터로 연다.

```
public class HectorExample {
```

헥토르는 직렬화를 자동으로 해주어 개발자는 따로 텍스트의 인코딩을 해 줄 필요가 없다. 내부적으로 StringSerializer는 "string".getBytes("UTF-8") 과 비슷한 역할을 한다.

```
private static StringSerializer stringSerializer =
StringSerializer.get();
    public static void main(String[] args) throws Exception {
```

헥토르는 클라이언트 쪽에서 부하를 배분할 수 있는 방법을 사용한다. Hfactory.getOrCreateCluster의 호스트 리스트는 쉼표로 구분된 호스트:포트번호 꼴의 목록이다.

```
Cluster cluster = Hfactory.getOrCreateCluster("TestCluster",
    Util.envOrProp("targetsHost"));
Keyspace keyspaceOperator = HFactory.createKeyspace(
    Util.envOrProp("ks33", cluster);
```

HFactory 객체에는 여러 개의 팩토리 메소드가 존재한다. HFactory. createStringColumn은 컬럼을 코드 한 줄로 생성할 수 있는 메소드이며, 이는 컬럼을 자바빈JavaBean 스타일을 사용하여 다루는 것으로 대체할 수 있다.

```
Mutator<String> mutator = Hfactory.createMutator
    (keyspaceOperator, StringSerializer.get());
mutator.insert("bbrown", "cf33",
    HFactory.createStringColumn("first", "Bob"));
```

데이터를 읽는 방법 중 하나는 ColumnQuery 객체를 사용하는 것이다. ColumnQuery에서는 set 명령어가 void를 리턴하지 않고 ColumnQuery 인스턴스를 리턴하는 방법을 사용한다.

```
    ColumnQuery<String, String, String> columnQuery =
        HFactory.createStringColumnQuery(keyspaceOperator);
    columnQuery.setColumnFamily("cf33").setKey(
        "bbrown").setName("first");
    QueryResult<HColumn<String, String>> result =
        columnQuery.execute();
    System.out.println("Resulting column from cassandra: " +
        result.get());
    cluster.getConnectionManager().shutdown();
  }
}
```

헥토르는 몇 가지 중요한 기능을 제공한다. 첫째로, 스리프트가 제공하는 바인
딩은 플랫폼과 상관없이 동작하도록 디자인되어 있으며 호환성을 추구하도록
만들어져 있다. 헥토르 같은 하이레벨 클라이언트에서는 자바의 제너릭 등의
기능을 사용할 수 있으며 더 높은 수준의 추상화 구현이 가능하다. 예를 들어
HFactory 클래스는 스리프트를 단독으로 사용할 때에는 4줄의 코드를 사용해
야 하는 반면, 여기서는 단 한 줄의 팩토리 메소드 호출로 줄여서 쓸 수 있다.
장애 상황을 감지하고 자동으로 재시작하는 것은 높은 가동 시간을 달성하는
데 중요하기 때문에 헥토르는 클라이언트에서 로드 밸런싱을 지원한다.

다음 예제 '헥토르를 이용하여 일괄처리하기'에서 API를 사용하여 일괄처리를
쉽게 하는 방법을 알아보자.

헥토르를 이용하여 일괄처리하기

이전 장에서 개개의 경우에 대하여 삽입 명령을 하는 것보다 일괄처리를 하는
편이 더 좋다는 것을 알아보았다. 하지만 batch_mutate 메소드의 복잡하고 긴
시그너처로 인해 코드가 읽기 힘들고, 어수선해질 수 있다. 여기서는 헥토르에

서 제공하는 API를 사용하여 이런 일괄 작업을 깔끔하게 하는 방법을 알아보자.

1. 〈hpc_build〉/src/hpcas/c10/HectorBatchMutate.java 파일을 생성한다.

```
public class HectorBatchMutate {
  final StringSerializer serializer = StringSerializer.get();
  public static void main(String[] args) throws Exception {
    Cluster cluster = HFactory.getOrCreateCluster("test",
        Util.envOrProp("target"));
    Keyspace keyspace = HFactory.createKeyspace(
        Util.envOrProp("ks"), cluster);
```

2. 하나의 삽입 작업을 할 때와 마찬가지로 뮤테이터mutator를 생성한 후에 addInsertion 메소드를 여러 번 호출한다.

```
Mutator m = Hfactory.createMutator(keyspace,serializer);
m.addInsertion("keyforbatchload", Util.envOrProp("ks"),
    HFactory.createStringColumn("age", "30"));
m.addInsertion("keyforbatchload", Util.envOrProp("ks"),
    HFactory.createStringColumn("weight", "190"));
```

execute 메소드를 호출하기 전까진 쓰기 명령을 카산드라로 전송하지 않는다.

```
    m.execute();
  }
}
```

일괄 작업을 하는 데 복잡한 객체가 필요한 스리프트와는 달리 헥토르의 뮤레이터는 방법이 간단하고 코드가 짧다. 더 짧은 코드를 사용하는 것은 검토할 코드가 더 줄어든다는 것이며 이로 인해 실수할 확률도 적어진다.

카산드라와 자바 퍼시스턴스 아키텍처

메모리에 있는 데이터와 디스크에 있는 데이터는 다른 구조로 되어 있다. 직렬화와 역직렬화는 메모리에 있는 데이터를 디스크에 저장하는 과정을 의미하며, 이 일을 직접 할 수도 있다. 하지만 간단하게 하는 방법도 있는데, 자바 퍼시스턴스 아키텍처JPA, Java Persistence Architecture는 자바 오브젝트에 애노테이션을 사용하여 직렬화와 역직렬화를 자동으로 처리할 수 있도록 해 준다. 여기서는 JPA 애노테이션을 사용하여 데이터를 저장하는 방법을 알아보자.

준비

이번 예제에서는 메이븐2 패키지에 포함되어 있는 mvm 명령어가 필요하다.

예제 구현

1. 서브버전을 사용하여 kundera의 소스 코드를 받은 후 maven을 사용하여 이를 빌드한다.

```
$ svn checkout http://kundera.googlecode.com/svn/trunk/ kundera-read-
only
$ cd kundera-read-only
$ mvn install
```

2. ⟨hpc_build⟩/src/hpcas/c10/Athlete.java 파일을 생성한다.

```
package hpcas.c10;
```

3. Entity 애노테이션을 적용한 후 ColumnFamily 애노테이션을 사용하여 컬럼 패밀리 이름을 넣는다.

```
@Entity
@Index (index=false)
@ColumnFamily("Athlete")
public class Athlete {
```

4. @Id 애노테이션을 사용하여 로우 키를 표시한다.

```
@Id
String username;
```

5. @Column 애노테이션이 붙은 필드는 모두 저장된다. 추가적으로 이 컬럼 네임에 대한 스트링을 입력할 수 있다.

```
@Column(name = "email")
String emailAddress;
@Column
String country;
public Athlete() {

}
...
}
```

6. 쿤데라Kundera는 자바 프로퍼티 파일로 설정을 하거나 코드에 지정된 맵에서 설정할 수 있다. 〈hpc_build〉/src/hpcas/c10/AthleteDemo.java 파일을 생성한다.

```
public class AthleteDemo {
  public static void main (String [] args) throws Exception {
    Map map = new HashMap();
    map.put("kundera.nodes", "localhost");
    map.put("kundera.port", "9160");
    map.put("kundera.keyspace", "athlete");
    map.put("sessionless", "false");
    map.put("kundera.client",
        "com.impetus.kundera.client.  PelopsClient");
```

7. 팩토리 패턴에서 EntityManager 인스턴스를 생성한다.

```
EntityManagerFactory factory = new EntityManagerFactoryImpl(
    "test", map);
EntityManager manager = factory.createEntityManager();
```

8. 키로 값을 찾기 위하여 find() 메소드를 사용한다. 객체에서 애노테이션
이 붙은 필드는 자동으로 카산드라에서 받은 데이터로 채워진다.

```
try {
    Athlete athlete = manager.find(Athlete.class, "bsmith");
    System.out.println(author.emailAddress);
} catch (PersistenceException pe) {
    pe.printStackTrace();
    }
  }
}
```

예제 분석

JPA는 find와 remove 등의 메소드를 제공하여 사용자가 동일한 직렬화 코드를
반복해서 작성하는 수고를 덜어준다. 하지만 세밀한 제어는 할 수 없다는 단
점이 있다. JPA는 관계형 데이터베이스 등의 데이터 저장소에 쉽게 접근할 수
있게 해 주므로 데이터의 저장소를 다른 것으로 변경할 때 코드를 많이 들어
낼 필요가 없다.

부연 설명

헥토르에서는 hector-object-mapper라는 서브프로젝트를 사용하여 JPA를 사
용할 수 있다.

카산드라를 사용하는 텍스트 인덱싱 프로그램 솔란드라 설정하기

솔란드라Solandra는 루씬Lucene과 카산드라, 그리고 솔라Solr를 조합한 것이다. 루
씬은 텍스트 검색을 위한 리버스 인덱스 시스템이다. 솔라는 인기있는 루씬용
웹 프론트엔드로, 캐시 워밍 등의 고급 기능을 지원한다. 솔란드라는 이 두 툴
을 조합하여 루씬의 데이터를 카산드라에 넣어 높은 확장성을 추구할 수 있게
해 준다.

1. 솔란드라 소스 코드를 얻기 위하여 git을 사용하고 이를 ant로 빌드한다.

```
$ git clone https://github.com/tjake/Solandra.git
$ ant
```

2. 솔란드라가 데이터를 저장할 임시 폴더를 준비한다. 그리고 다음 단계를
   통하여 솔란드라를 시작하고 데이터를 다운로드하고 샘플 데이터를 로드
   한다.

```
$ mkdir /tmp/cassandra-data
$ cd solandra-app; ./start-solandra.sh -b
$ cd ../reuters-demo/
$ ./1-download-data.sh
$ ./2-import-data.sh
```

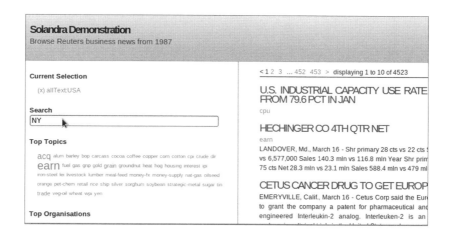

3. ./website/index.html을 웹 브라우저로 열어본다. 텍스트 박스에 검색하
   고 싶은 단어를 입력하여 솔란드라에 입력된 문서를 검색해 본다.

솔란드라는 솔라가 디스크에 저장할 데이터를 카산드라를 사용해 저장한
다. 이는 루씬의 `IndexReader`와 `IndexWriter`를 임의로 구현하고 솔라와
카산드라를 동일한 JVM상에서 돌림으로써 구현한다. 루씬의 범위 검색(예
를 들어 albert에서 apple까지 검색하기)을 구현하기 위하여 솔란드라는 데이터를
`OrderPreservingPartitioner`를 사용하여 저장한다. 솔란드라는 솔라를 대규
모로 확장시킬 수 있는 방법을 제공하며, 이를 사용하는 애플리케이션은 데이
터가 쓰이자마자 읽어올 수 있다.

트랜잭션 잠금을 위한 케이지를 지원하도록 주키퍼 설치하기

케이지Cages API는 분산 읽기와 쓰기 잠금에 사용하며 이는 아파치 주키퍼
Zookeeper를 기반으로 만들어져 있다. 여기서는 케이지를 지원할 수 있도록 주
키퍼 인스턴스를 설정하는 방법을 알아보자.

 아파치 주키퍼는 신뢰도 높은 분산 협업 서버 시스템을 개발하고 유지하기 위한 오픈소
스 프로젝트다.

1. 아파치 주키퍼의 바이너리 버전을 다운로드한 후 압축을 푼다.

   ```
   $ http://apache.cyberuse.com//hadoop/zookeeper/zookeeper-3.3.2/
   zookeeper-3.3.2.tar.gz
   $ tar -xf zookeeper-3.3.2.tar.gz
   cd zookeeper *
   ```

2. 이번 예제에서 사용할 설정 파일을 만든다. `dataDir`을 설정하는 것을 잊
   지 않도록 한다.

```
$ cp conf/zoo_sample.cfg conf/zoo.cfg
tickTime=2000
initLimit=10
syncLimit=5
dataDir=/tmp/zk
clientPort=2181
```

3. 위의 설정 파일에서 지정한 dataDir를 생성한다.

```
$ mkdir /tmp/zk
```

4. zookeeper 인스턴스를 시작한다.

```
$ bin/zkServer.sh start
JMX enabled by default
Using config: /home/edward/cassandra-dev/zookeeper-3.3.2/bin/../
conf/zoo.cfg
Starting zookeeper ...
...
STARTED
```

5. 주키퍼가 제대로 실행되고 있는지를 확인하기 위하여 정해진 포트인 2181 포트를 리스닝하고 있는 프로세스가 있는지 확인한다.

```
$ netstat -an | grep 2181
tcp        0        0 :::2181                        :::*
LISTEN
```

예제 분석

아파치 주키퍼는 분산 동기화 애플리케이션을 제공한다. 이는 많은 서버에서 사용할 수 있도록 하나에서 일곱 개의 노드에 설치할 수 있으며, 많은 개수의 락을 관리하는 것이 가능하다. 카산드라와 주키퍼는 매우 흥미로운 조합인데, 카산드라는 가용성과 높은 성능을 제공하며 주키퍼는 동기화를 지원하기 때문이다.

다음 예제, '케이지를 사용하여 원자성을 만족하는 읽기와 쓰기 구현하기'는
이번 예제에서 설치한 zookeeper 인스턴스를 사용한다.

케이지를 사용하여 원자성을 만족하는 읽기와 쓰기 구현하기

5장의 예제 '일관성이 락이나 트랜잭션과 다르다는 것을 보이기'에서 여러 개
의 애플리케이션이 동기화 과정 없이 동일한 데이터를 읽고 업데이트할 때에
일어나는 일을 알아보았다. 직전 예제에서는 분산 동기화 시스템인 아파치 주
키퍼를 설치해 보았다. 케이지 라이브러리는 로우에 접근하는 것을 동기화하
는 간단한 API를 제공한다. 여기서는 케이지를 사용하는 방법을 알아보자.

준비

5장의 '일관성이 락이나 트랜잭션과 다르다는 것을 보이기' 예제를 참고한다.
이번 예제를 따라하기 위해선 직전 예제인 '트랜잭션 잠금을 위한 케이지를
지원하도록 주키퍼 설치하기'를 미리 시행해야 한다.

예제 구현

1. 서브버전을 사용하여 케이지의 소스코드와 바이너리 JAR 파일을 받는다.

   ```
   $ svn checkout http://cages.googlecode.com/svn/trunk/ cages-read-
   only
   ```

2. 빌드 루트의 라이브러리 폴더로 케이지와 주키퍼의 JAR 파일을 복사한다.

   ```
   $ cp cages-read-only/Cages/build/cages.jar <hpc_build>/lib/
   $ cp zookeeper-3.3.2/zookeeper-3.3.2.jar <hpc_build>/lib
   ```

3. 5장의 예제 '일관성이 락이나 트랜잭션과 다르다는 것을 보이기'에서 사
   용했던 코드 〈hpc_build〉/src/java/hpcas/c05/ShowConcurrency.java에
   케이지와 주키퍼 패키지와 클래스를 사용할 수 있도록 다음을 추가한다.

```
import org.apache.cassandra.thrift.*;
import org.wyki.zookeeper.cages.ZkSessionManager;
import org.wyki.zookeeper.cages.ZkWriteLock;
```

4. 주키퍼에 연결하는 데 사용하는 객체인 ZkSessionManager 레퍼런스를
   추가한다.

```
public class ShowConcurrency implements Runnable {
    ZkSessionManager session;
    String host;
```

5. 생성자를 사용하여 세션 인스턴스를 초기화한다.

```
public ShowConcurrency(String host, int port, int inserts) {
    this.host = host;
    this.port = port;
    this.inserts = inserts;
    try {
        session = new ZkSessionManager("localhost");
        session.initializeInstance("localhost");
    } catch (Exception ex) {
        System.out.println("could not connect to zookeeper "+ex);
        System.exit(1);
    }
}
```

6. 주키퍼는 계층적 데이터 모델을 사용한다. 키스페이스는 최상위 디렉
   토리에 해당하며 컬럼 패밀리는 두 번째 레벨에 해당된다. 세 번째 레
   벨이 바로 락이 걸려야 하는 로우다. lock 객체를 인스턴스화한 후에
   acquire() 메소드를 사용하고, 수행할 명령을 진행한 후에 락이 끝났을
   때 release()를 호출한다.

```
for (int i = 0; i < inserts; i++) {
    ZkWriteLock lock = new ZkWriteLock("/ks33/cf33/count_col") ;
    try {
        lock.acquire();
        int x = getValue(client);
```

```
        x++;
        setValue(client, x);
    } finally {
        lock.release();
    }
}
```

7. 각각 30번의 삽입 명령을 수행하는 네 개의 스레드를 사용해서 hpcas.
   c05.ShowConcurrency를 실행한다.

```
$ host=127.0.0.1 port=9160 inserts=30 threads=4 ant
-DclassToRun=hpcas.c04.ShowConcurrency run
...
    [java] wrote 119
    [java] read 119
    [java] wrote 120
    [java] read 120
    [java] The final value is 120
```

케이지와 주키퍼는 외부 프로세스를 동기화할 수 있는 방안을 마련해 준다.
각각의 스레드가 초기화될 때에 주키퍼 세션이 하나씩 열린다. 코드의 임계영
역 안에서는 읽기와 값 증가시키기, 그리고 컬럼 업데이트를 할 수 있다. 코드
의 임계영역을 주키퍼 쓰기 락으로 감싸서 현재 스레드가 일을 하고 있을 때
다른 스레드가 값을 수정하는 일이 없게 한다.

동기화를 사용하면 추가적 부하가 발생하므로 꼭 필요할 때에만 사용해야 한
다. 주키퍼는 여러 개의 노드로 확장할 수는 있지만, 무한정 확장할 수는 없는
데, 이는 주키퍼가 모든 노드에서 동기화되어야 하기 때문이다.

314

CLI의 대안책, 그루반드라 사용하기

그루비Groovy는 JVM을 위한 빠른 다이나믹 언어다. 그루반드라Groovandra는 카산드라 데이터를 빨리 검색할 수 있도록 만들어진 그루비용 라이브러리다. 이는 카산드라 CLI만으로는 할 수 없으나 자바로 따로 코딩하기에는 좀 아까운 일을 할 때 사용할 수 있다. 코드는 한 줄 한 줄 쓸 수도 있으며 그루비 스크립트로 작성할 수도 있는데, 이는 실행하기 이전에 따로 컴파일을 할 필요가 없다.

예제 구현

1. 그루비의 릴리스 버전을 다운로드하고 압축을 푼다.

```
$ wget http://dist.groovy.codehaus.org/distributions/groovy-binary-
1.8.0.zip
$ unzip groovy-binary-1.8.0.zip
```

2. 그루비를 시작하고, 클래스패스에 cassandra/lib에 있는 JAR 파일과 groovandra.jar 파일을 추가하는 시작 스크립트를 작성한다.

```
$ vi groovy-1.8.0/bin/groovycassandraCASSANDRA_HOME=/home/edward/
hpcas/apache-cassandra-0.7.3-1/lib
GROOVANDRA_JAR=/home/edward/encrypt/trunk/dist/groovandra.jar
CLASSPATH=${GROOVANDRA_JAR}:$CLASSPATH
for i in ${CASSANDRA_HOME}/*.jar ; do
  CLASSPATH=${CLASSPATH}:$i
done
export CLASSPATH
/home/edward/groovy/groovy-1.8.0/bin/groovysh
```

```
$ chmod a+x groovy-1.8.0/bin/groovycassandra
```

3. 그루비 셸을 시작한다.

```
$ sh <groovy_home>/bin/groovycassandra
```

```
bean=new com.jointhegrid.groovandra.GroovandraBean()
===> com.jointhegrid.groovandra.GroovandraBean@6a69ed4a
groovy:000> bean.doConnect("localhost",9160);
===> com.jointhegrid.groovandra.GroovandraBean@6a69ed4a
groovy:000> bean.withKeyspace("mail").showKeyspace()
===> KsDef(name:mail, strategy_class:org.apache.cassandra.locator.
SimpleStrategy, replication_factor:1, ...
```

예제 분석

그루반드라는 컴파일, 배포, 그리고 자바 애플리케이션을 실행해야 하는 귀찮은 과정 없이 카산드라에 연결하여 작업을 할 수 있는 간편한 프로그램이다. 그루비는 애플리케이션에 한 줄 한 줄 접근할 수 있게 해준다. 이는 즉석으로 프로그래밍과 디버깅을 할 수 있게 해준다. 또한 CLI에서 접근할 수 없는 여러 매개변수를 지정하는 multiget_slice 등의 메소드도 호출할 수 있다.

로그산드라를 이용한 검색 가능한 로그 스토리지

로그산드라Logsandra란 카산드라 기반의 로그 저장소 프로젝트다. 이는 로그를 파싱할 수 있는 툴을 제공하고, 검색이 가능하게 저장을 하며 로그 내의 키워드를 검색하거나 해당 키워드가 나오는 빈도수를 그래프화할 수 있다. 로그산드라는 두 개의 프로세스로 이루어져 있는데, 처음 프로세스는 로그를 파싱하여 카산드라에 저장하고 두 번째 프로세스는 웹 서버를 실행시켜 키워드를 검색하거나 빈도수를 그래프화시켜준다.

준비

로그산드라는 정보를 저장하기 위하여 현재 실행되고 있는 카산드라 인스턴스가 필요하다. 이 예제를 실행시키려면 파이썬과 파이썬 인스톨러 pip도 필요하다.

```
$ yum install python python-pip
```

1. 로그산드라 소스 코드를 git을 이용하여 다운로드한 후 의존성을 해결하기 위하여 pip을 사용하여 설치한다.

```
$ git clone git://github.com/thobbs/logsandra.git
$ cd logsandra
```

2. 루트 권한을 얻은 후 설치를 하고 다시 일반 유저 권한으로 돌아온다.

```
$ su
# cat requirements.txt | xargs pip-python install
# python setup.py install
# exit
```

3. 다음으로, 로그산드라의 키스페이스를 설정한 후 샘플 데이터를 불러온다.

```
$ python scripts/create_keyspace.py
$ python scripts/load_sample_data.py

Loading sample data for the following keywords: foo, bar, baz
```

4. 웹서버를 시작한다.

```
$ ./logsandra-httpd.py start
```

5. http://localhost:5000/에 접속한 후 load_sample_data.py로 샘플 데이터를 추가한다. 그리고 'foo'를 검색해 본다.

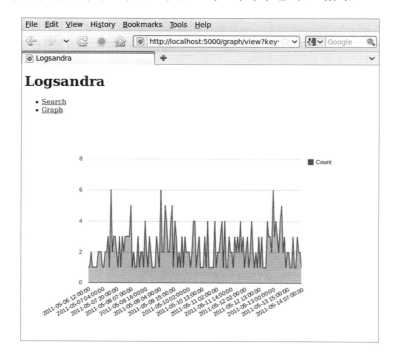

시간에 따른 키워드의 빈도수를 그래프화해서 볼 수도 있다.

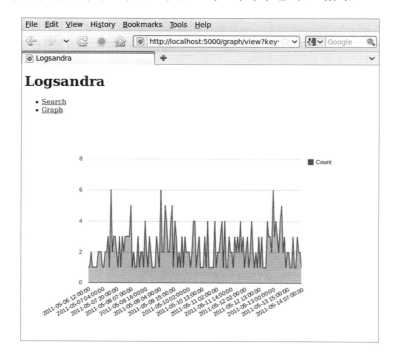

로그산드라는 'logsandra'라는 이름의 키스페이스에 'keyword'라는 이름의
컬럼 패밀리 안에 데이터를 저장한다. 이는 키워드를 포함하는 로그를 시간별
로 모두 찾아 이벤트를 받는다. 이를 효율적으로 만들기 위해서는 키워드별
로 하나의 타임라인을 만들기 위해서 이벤트 타임라인을 역정규화한다. 로그
에 나타나는 모든 키워드에는 로그 이벤트의 복제본이 각각 해당하는 타임라
인에 덧붙여진다. 각각의 타임라인은 모두 독립된 로우를 가지고 있으며, 로우
안의 컬럼들은 모두 하나의 로그 이벤트를 가지고 있다. 컬럼은 시간별로 정
렬되어 있고 충돌을 피하기 위하여 유니크 ID(UUID)를 컬럼 이름으로 사용한
다. 이러한 역정규화가 디스크 공간을 많이 차지하지만, 검색을 할 때는 하나
의 로우에 매우 근접한 부분만 검색하면 되므로 매우 효율적이다.

```
[default@logsandra] show keyspaces;
Keyspace: logsandra:
...
Column Families:
  ColumnFamily: keyword
    Columns sorted by: org.apache.cassandra.db.marshal.TimeUUIDType
```

로그산드라는 카산드라에 로그 데이터를 저장하고 접근하는 매우 다용도의
기능을 제공한다. 여기서 주목해야 할 점은 로그산드라가 파이썬으로 제작되
었다는 점이며, 자바 이외의 언어로 카산드라를 사용하는 것의 좋은 예다.

logsandra/conf 디렉토리 안의 logsandra.yaml 파일에서 로그산드라 웹 인터
페이스가 어떠한 호스트와 포트로 바인딩되는지의 정보와, 카산드라 클러스터
로 연결하는 호스트와 포트 정보, 그리고 로그 이벤트를 감시할 폴더를 지정
하는 지시어를 지정할 수 있다.

11

하둡과 카산드라

소개

아파치 하둡 프로젝트는 '신뢰도가 높고 확장가능한 분산 컴퓨팅'을 위한 오픈소스 소프트웨어다. 하둡에는 두 가지 서브프로젝트가 있다.

- ▶ HDFS: 애플리케이션 데이터에 높은 처리량을 제공하는 분산 파일 시스템
- ▶ **맵리듀스**MapReduce: 클러스터에서 많은 양의 데이터를 분산처리하는 소프트웨어 프레임워크

하둡은 일반적으로 매우 큰 데이터셋을 저장하고 처리할 때 사용한다. 카산드라는 입력 포맷 인터페이스와 출력 포맷 인터페이스를 통해 하둡과 함께 쓴다. 따라서 하둡의 맵리듀스MapReduce 프로그램이 카산드라에서 데이터를 읽고 데이터를 쓸 수 있다. 카산드라는 짧은 지연시간으로 읽고 쓰며, 하둡은 데이터마이닝과 고급 검색기능을 제공하기 때문에 둘은 상호 보완적이다.

임의의 형태의 하둡 클러스터 설치하기

프로덕션 하둡 클러스터는 싱글 노드처럼 동작시킬 수 있고, 수천 개의 컴퓨터분산처리용으로 설치할 수도 있다. 각 클러스터는 다음 컴포넌트 중 하나를 가진다.

- ▶ **네임노드**NameNode: 파일시스템 메타데이터를 저장하는 컴포넌트
- ▶ **세컨더리 네임노드**Secondary NameNode: 네임노드의 체크포인트
- ▶ **잡트래커**JobTracker: 잡 스케줄링Job scheduling에 관여하는 컴포넌트

다음 컴포넌트들은 여러 대의 컴퓨터에 설치된다.

- ▶ **태스크트래커**TaskTracker: 하나의 잡job에 대한 각각의 태스크task를 수행하는 컴포넌트
- ▶ **데이터노드**DataNode: 디스크에 데이터를 저장하는 컴포넌트

이 컴포넌트들 간의 커뮤니케이션은 다음 그림과 같이 이루어진다.

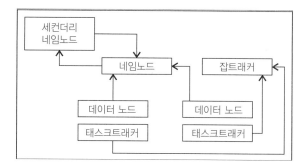

하둡이 효과적인 그리드 컴퓨팅을 하기 위해서는 여러 대의 머신에 설치되어야 하지만, 하나의 노드에 가상의 클러스터로 설치하는 것 또한 가능하다. 이 예제에서는 가상 클로스터를 설치하는 방법을 살펴본다.

예제 구현

1. 시스템의 호스트이름을 정한다. 이후 하둡 배포판을 받고 압축을 푼다.

```
$ hostname tablitha.jtg.pvt
$ cd ~
$ wget  http://apache.mirrors.pair.com//hadoop/core/hadoop-0.20.2/
hadoop-0.20.2.tar.gz
$ tar -xf hadoop-0.20.2.tar.gz
$ cd hadoop-0.20.2
```

2. 〈hadoop_home〉/conf/core-site.xml 파일을 수정한다. fs.default.name 의 값으로 앞에서 정한 호스트이름인 tablitha.jtg.pvt를 입력한다.

```
<configuration>
  <property>
    <name>fs.default.name</name>
    <value>hdfs://tablitha.jtg.pvt:9000</value>
  </property>
</configuration>
```

3. 〈hadoop_home〉/conf/mapred-site.xml 파일을 수정한다. mapred.job.
   tracker값으로 앞에서 정한 호스트이름인 tablitha.jtg.pvt를 입력한다.

```
<configuration>
  <property>
    <name>mapred.job.tracker</name>
    <value>tablitha.jtg.pvt:9001</value>
  </property>
</configuration>
```

4. 〈hadoop_home〉/conf/hdfs-site.xml 파일을 수정한다. 클러스터에 노드
   가 하나뿐이므로 replication을 1로 설정한다.

```
<configuration>
  <property>
    <name>dfs.replication</name>
    <value>1</value>
  </property>
</configuration>
```

5. 〈hadoop_home〉/conf/hadoop-env.sh 파일에서 JAVA_HOME 변수를 설정
   하도록 수정한다.

```
JAVA_HOME=/usr/java/latest
```

6. 네임노드를 포맷한다(이 작업은 매 설치마다 한 번만 해주면 된다).

```
$ bin/hadoop namenode -format
11/03/09 19:09:01 INFO namenode.NameNode: STARTUP_MSG:
11/03/09 19:09:01 INFO common.Storage: Storage directory
/tmp/hadoop-edward/dfs/name has been successfully formatted.
/************************************************************
SHUTDOWN_MSG: Shutting down NameNode at tablitha.jtg.
pvt/192.168.1.100
************************************************************/
```

7. 모든 하둡 컴포넌트를 시작한다.

```
$ bin/hadoop-daemon.sh start namenode
$ bin/hadoop-daemon.sh start jobtracker
$ bin/hadoop-daemon.sh start datanode
$ bin/hadoop-daemon.sh start tasktracker
$ bin/hadoop-daemon.sh start secondarynamenode
```

8. 네임노드 웹 인터페이스에서 라이브노드Live Node가 하나 있음을 확인한
   다. 이는 네임노드와 데이터노드가 통신하고 있음을 의미한다.

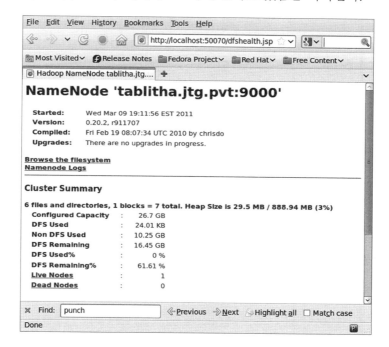

9. 잡트래커 웹 인터페이스에서 Nodes 컬럼에 노드가 하나 있음을 확인한
   다. 이는 잡트래커와 태스크트래커가 서로 통신하고 있음을 의미한다.

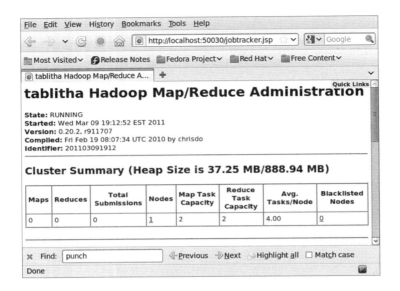

10.파일시스템을 테스트하기위해 hadoop 커맨드라인 툴을 이용한다.

```
$ hadoop dfs -ls /
$ hadoop dfs -mkdir /test_dir
$ echo "some info to test" > /tmp/myfile
$ hadoop dfs -copyFromLocal /tmp/myfile /test_dir
$ hadoop dfs -cat /test_dir/myfile
some info to test
```

예제 분석

각각의 하둡 컴포넌트는 core-site.xml과 mapred-site.xml 또는 hdfs-site.xml
파일에 있는 정보들을 통해 스스로를 부트스트랩한다. 예를들어 데이터노드는
네임노드를 찾아서 통신하기 위해 fs.default.name의 정보를 이용한다.

참고 사항

하둡은 매우 크고 복잡한 프로젝트로, 다양한 기능과 구성요소를 가진다.

ColumnFamilyInputFormat을 이용하여 카산드라로부터 데이터를 읽는 매핑 프로그램

ColumnFamilyInputFormat은 카산드라에 저장된 데이터를 하둡 작업의 입력으로 이용한다. 하둡은 이를 통해 데이터에 대해 다양한 알고리즘을 적용할 수 있다. 이 예제는 매핑을 통해 특정한 컬럼을 가지는 키를 찾고, 컬럼의 값을 대문자로 바꾸는 작업이다.

> **큰 데이터 주의!**
>
> ColumnFamilyInputFormat은 모든 노드의 모든 데이터를 살펴본다.

예제 구현

1. 〈hpc_build〉/src/java/hpcas/c11/MapOnly.java 파일을 생성한다.

```
package hpcas.c11;
import hpcas.c03.Util;
import java.nio.ByteBuffer;
import java.util.*;
import org.apache.cassandra.hadoop.ColumnFamilyInputFormat;
import org.apache.cassandra.hadoop.ConfigHelper;
import org.apache.cassandra.thrift.SlicePredicate;
import org.apache.hadoop.conf.Configuration;
import org.apache.hadoop.conf.Configured;
import org.apache.hadoop.fs.Path;
import org.apache.hadoop.io.Text;
import org.apache.hadoop.mapreduce.Job;
import org.apache.hadoop.mapreduce.lib.output.FileOutputFormat;
import org.apache.hadoop.util.Tool;
import org.apache.hadoop.util.ToolRunner;
```

엔트리 포인트인 하둡 프로그램은 일반적으로 확장된 구성과, 도구 구현을 지원한다. 이는 하둡이 자동으로 설정을 구성하고, 기능을 상속받음을 의미한다.

```
public class MapOnly extends Configured implements Tool {
  public static final String CONF_COLUMN_NAME = "columnname";
  public static void main(String[] args) throws Exception {
    System.exit(ToolRunner.run(new Configuration(), new MapOnly(),
        args));
  }
  public int run(String[] args) throws Exception {

    //컬럼 이름은 유저가 정한다.
    getConf().set(CONF_COLUMN_NAME, Util.envOrProp("columnname"));
    //'Uppercase'는 잡(job) 이름이다.
    Job job = new Job(getConf(), "Uppercase");
    job.setNumReduceTasks(0);
    job.setJarByClass(MapOnly.class);
```

매퍼Mapper는 입력 포맷으로부터 키-값 쌍을 처리한다. 매퍼는 중간 결과
물로 텍스트 타입의 키-값 쌍을 만든다. UpperCaseMapper는 다음 코드에
서 자세히 설명한다.

```
    job.setMapperClass(UpperCaseMapper.class);
    job.setMapOutputKeyClass(Text.class);
    job.setMapOutputValueClass(Text.class);
    //결과물의 위치는 유저가 정한다.

    FileOutputFormat.setOutputPath(job,
        new Path(Util.envOrProp("output")));
```

ColumnFamilyInputFormat을 쓰기 위해선 카산드라 클러스터에 연결하
기 위한 정보가 필요하다. 연결 이후엔 스플리팅Splitting 값을 계산한다. 스
플리팅은 맵리듀스 입력을 여러 매퍼에서 병렬적으로 처리할 수 있도록
나누는 작업을 말한다.

```
    job.setInputFormatClass(ColumnFamilyInputFormat.class);
    ConfigHelper.setRpcPort(job.getConfiguration(), "9160");
    ConfigHelper.setInitialAddress(job.getConfiguration(),
        "localhost");
```

```
ConfigHelper.setPartitioner(job.getConfiguration(),
    "org.apache.cassandra.dht.RandomPartitioner");
ConfigHelper.setInputColumnFamily(job.getConfiguration(),
```

유저는 키스페이스, 컬럼 패밀리 등 컬럼에 대한 정보를 입력한다.

```
    Util.envOrProp("KS"), Util.envOrProp("CF"));
SlicePredicate predicate = new SlicePredicate().setColumn_names(
    Arrays.asList(ByteBuffer.wrap(
        Util.envOrProp("column").getBytes())));
ConfigHelper.setInputSlicePredicate(job.getConfiguration(),
        predicate);
job.waitForCompletion(true);
return 0;
    }
}
```

2. ⟨hpc_build⟩/src/java/hpcas/c11/MapOnly.java 파일을 생성한다.

```
package hpcas.c11;
import java.io.IOException;
import java.nio.ByteBuffer;
import java.util.SortedMap;
import org.apache.cassandra.db.IColumn;
import org.apache.cassandra.utils.ByteBufferUtil;
import org.apache.hadoop.io.Text;
import org.apache.hadoop.mapreduce.Mapper;
import org.apache.hadoop.mapreduce.Mapper.Context;
```

매퍼의 시그너처_{signature}를 쓰면 map 메소드의 입력과 출력을 프레임워크
에 전달할 수 있다.

```
public class UpperCaseMapper extends Mapper<ByteBuffer,
SortedMap<ByteBuffer, IColumn>, Text, Text>
{
  private Text akey = new Text();
  private Text value = new Text();
  private ByteBuffer sourceColumn;
```

setup 메소드는 매퍼 초기에 한 번 호출한다. 컬럼의 정보를 map 메소드가 아닌 setup에서 불러오는데, 이는 프로그램이 실행되는 동안 바뀌지 않을 정보기 때문이다.

```
@Override
protected void setup(org.apache.hadoop.mapreduce.Mapper.Context
context)
    throws IOException, InterruptedException {
  sourceColumn = ByteBuffer.wrap(
    context.getConfiguration().get(
    MapOnly.CONF_COLUMN_NAME).getBytes());
}
```

입력 포맷의 데이터가 map 메소드로 전달된다. 키와 값은 모두 문자열로 취급하고 대문자 변환을 적용한다. 이후의 값은 context에 쓰인다. 정의된 리듀서reducer가 없기 때문에 데이터는 바로 HDFS에 쓰인다.

```
public void map(ByteBuffer key, SortedMap<ByteBuffer, IColumn>
columns, Context context)
    throws IOException, InterruptedException {
  IColumn column = columns.get(sourceColumn);
  if (column == null)
    return;
  value.set(ByteBufferUtil.string(column.value()).toUpperCase() );
  akey.set(ByteBufferUtil.string(key).toUpperCase());
  context.write(akey, value);
  }
}
```

3. 키스페이스, 컬럼 패밀리, 컬럼의 이름을 입력하고 애플리케이션을 실행한다(아래 명령어는 한 줄이다).

```
$ ant dist
$ columnname=favorite_movie column=favorite_movie \
KS=ks33 CF=cf33 output=/map_output \
<hadoop_home>/bin/hadoop  jar \
<hpc_home>/dist/lib/hpcas.jar \
hpcas.c11.MapOnly \
```

4. `-libjars`를 이용해 분산시킬 JAR을 쉼표로 구분해 입력한다.

```
-libjars \
<cassandra_home>/lib/apache-cassandra-0.7.3.jar, <cassandra_home>/
lib/libthrift-0.5.jar,
<cassandra_home>/lib/guava-r05.jar,
<cassandra_home>/lib/commons-lang-2.4.jar

11/03/12 12:50:20 INFO mapred.JobClient: Running job:
job_201103091912_0034
...
11/03/12 12:50:41 INFO mapred.JobClient: Map input records=3
11/03/12 12:50:41 INFO mapred.JobClient: Spilled Records=0
11/03/12 12:50:41 INFO mapred.JobClient: Map output records=3
```

5. 로컬 콘솔로 스트림하는 명령어인 `<hadoop_home>/bin/hadoop dfs -cat`
을 이용해 결과를 확인한다.

```
$ <hadoop_home>/bin/hadoop dfs -cat /map_output/*
STACEY  DRDOLITTLE
ED      MEMENTO
BOB     MEMENTO
```

예제 분석

`ColumnFamilyInputFormat`을 실행할 때마다 컬럼 패밀리 전체를 입력으로 이용한다. 이는 큰 크기의 컬럼 패밀리를 입력으로 사용하면 매우 오랜 시간이 걸림을 의미한다. `ColumnFamilyInputFormat`은 우선 작업을 계획하기 위해 카산드라에 연결한다. 계획의 결과는 스플리팅의 리스트다. 각각의 스플리팅은 태스크트래커TaskTracker가 작업한다. 클러스터가 클수록 병렬적으로 처리될 수 있는 스플리팅 또한 많이 생긴다.

하둡에서 바로 카산드라에 데이터를 쓰기 위해서는 다음 예제 'Cassandra OutputFormat을 이용하여 카산드라에 데이터를 쓰는 매핑 프로그램'을 살펴 보라.

CassandraOutputFormat을 이용하여 카산드라에 데이터를 쓰는 매핑 프로그램

기본 출력 포맷은 객체를 사람이 읽을 수 있는 형태로 쓴다. 카산드라는 이외 에도 맵리듀스 작업의 결과가 카산드라에 바로 써지게 하는 하둡 출력 포맷도 가지고 있다. 이 예제에서는 카산드라에서 데이터를 읽어 업데이트하고 맵리 듀스를 이용해 다시 쓰는 작업을 살펴본다.

준비

이 예제에서는 지난 예제에서 작성한 프로그램을 변경할 것이다.

예제 구현

1. 굵은 글씨의 코드를 〈hpc_build〉/src/java/hpcas/c11/MapOnly.java 파일 에 추가한다.

```
ConfigHelper.setInputSlicePredicate(job.getConfiguration(),
    predicate);
job.setMapOutputKeyClass(ByteBuffer.class);
job.setMapOutputValueClass(List.class);
job.setOutputFormatClass(ColumnFamilyOutputFormat.class);
ConfigHelper.setOutputColumnFamily(job.getConfiguration(),
    Util.envOrProp("KS"), Util.envOrProp("CF"));

job.waitForCompletion(true);
```

출력 포맷은 ByteBuffer와 Mutation 객체의 리스트를 받는다. 기존에 있던 context.write() 호출을 주석처리하고 다음과 같이 고친다.

```
//context.write(akey, value);
context.write(key, Collections.singletonList(
    getMutation(source Column, value)));
}
```

2. 컬럼 이름과 대문자로 된 새로운 값을 이용해 새로운 뮤테이션mutation을 생성한다.

```
private static Mutation getMutation(ByteBuffer word, Text value)
{
Column c = new Column();
c.name = word;
c.value = ByteBuffer.wrap(value.getBytes());
c.timestamp = System.currentTimeMillis() * 1000;
Mutation m = new Mutation();
m.column_or_supercolumn = new ColumnOrSuperColumn();
m.column_or_supercolumn.column = c;
return m;
}
```

3. Hpc_build 프로젝트를 다시 빌드하고 코드를 실행한다.

```
$ cd <hpc_build>
$ ant
```

실행을 위해서는 Avro와 추가적인 JAR 파일이 추가적으로 필요하다. 다음 파일을 -libjar 리스트에 추가한 후 프로그램을 다시 실행한다.

  □ avro-1.4.0-fixes.jar
  □ jackson-core-asl-1.4.0.jar
  □ jackson-mapper-asl-1.4.0.jar

4. 컬럼의 값이 대문자로 되어있는 것을 볼 수 있다.

```
[default@ks33] list cf33;
Using default limit of 100
-------------------
RowKey: stacey
=> (column=favorite_movie, value=DRDOLITTLE,
RowKey: ed
=> (column=favorite_movie, value=MEMENTO,
RowKey: bob
=> (column=favorite_movie, value=MEMENTO,
3 Rows Returned.
```

예제 분석

출력 포맷은 맵리듀스로부터 데이터를 받고 이를 카산드라에 쓴다. 입력 포맷과 출력 포맷을 모두 지원하면 개발자는 주어진 문제에 다양한 방법으로 접근할 수 있다. 이 작업은 카산드라에서 데이터를 읽고, 하둡에서 수행한 후, 카산드라에 데이터를 다시 쓴다. 하지만 개발자는 하둡을 통해 카산드라로부터 데이터를 읽을 수 있고 카산드라에 데이터를 쓸 수 있다. 그 반대도 가능하다.

맵리듀스를 이용하여 카산드라의 입출력을 그룹화하고 카운팅하기

그리드 컴퓨팅 시스템은 문제를 작은 부분 문제로 나누고 이 작업을 여러 노드에 분배한다. 하둡의 분산 컴퓨팅 모델은 맵리듀스를 이용한다. 맵리듀스에는 두 가지 단계가 있다. 첫 번째 단계는 맵map 단계다. 동일한 키가 같은 리듀서reducer로 가는 것을 보장하기 위해 파티셔너를 이용하는 셔플 정렬shuffle sort이 있다. 그리고 마지막으로 리듀스reduce 단계가 있다. 이 예제에서는 카산드라 contrib에 있는 word_count 애플리케이션을 살펴본다. 그룹화와 카운팅은 맵리듀스로 해결하기에 이상적인 문제다.

 맵리듀스에 대한 더 많은 정보는 http://en.wikipedia.org/wiki/MapReduce를 참조하라.

334

이 예제에 쓰이는 코드는 http://svn.apache.org/repos/asf/cassandra/ branches/cassandra-0.7/contrib/word_count/에서 찾을 수 있다.

매퍼는 하나의 컬럼을 받아 `StringTokenizer`를 이용해 여러 토큰으로 나눈다. `StringTokenizer`는 문자열을 공백, 컬럼 같은 보편적인 토큰으로 구분하는 클래스다.

```java
public static class TokenizerMapper extends Mapper<ByteBuffer,
SortedMap<ByteBuffer, IColumn>, Text, IntWritable>
{
  private final static IntWritable one = new IntWritable(1);
  private Text word = new Text();
  private ByteBuffer sourceColumn;
  ....
  public void map(ByteBuffer key, SortedMap<ByteBuffer, IColumn>
columns, Context context) throws IOException, InterruptedException
  {
    IColumn column = columns.get(sourceColumn);
    if (column == null)
      return;
    String value = ByteBufferUtil.string(column.value());
    StringTokenizer itr = new StringTokenizer(value);
    while (itr.hasMoreTokens())
    {
      word.set(itr.nextToken());
      context.write(word, one);
    }
  }
}
```

동일한 키는 같은 리듀서가 작업해야 한다. 이 리듀서는 주어진 키가 몇번 발생하는지 센다.

```
public static class ReducerToFilesystem extends Reducer<Text,
IntWritable, Text, IntWritable>
{
  public void reduce(Text key, Iterable<IntWritable> values, Context
context) throws IOException, InterruptedException
  {
    int sum = 0;
    for (IntWritable val : values)
      sum += val.get();
    context.write(key, new IntWritable(sum));
  }
}
```

예제 분석

맵리듀스는 많은 보편적인 알고리즘을 효율적으로 병렬화한다. 그룹화와 카운팅이 이러한 예 중 하나다. 이 애플리케이션은 텍스트에서 단어의 수를 센다. 이 코드를 약간만 바꾸면 웹사이트의 방문 수를 세는 데도 이용할 수 있고, 텍스트 본문에서 단어의 위치를 역으로 인덱싱하는 데도 이용할 수 있다.

카산드라 스토리지 핸들러를 지원하는 하이브 구성하기

하이브Hive는 하둡Hadoop 위에서 돌아가는 데이터 창고 인프라스트럭처다. 하이브는 간편한 데이터 요약을 위한 도구, 애드혹ad-hoc 쿼리 작업을 위한 도구, 그리고 하둡에 저장된 큰 데이터셋 분석을 위한 도구를 제공한다. 하이브의 데이터를 다루는 메커니즘은 SQL을 기반으로 했다. 즉 SQL에 친숙한 개발자가 데이터 쿼리를 삭제할 수 있게 하는 간단한 쿼리 언어인 하이브 QL을 제공한다.

하이브는 HDFS 외부의 시스템이 있는 데이터를 입력 또는 출력으로 사용하기 위한 스토리지 핸들러Storage Handler API를 제공한다. 이 예제에서는 카산드라 스토리지 핸들러와 하이브를 세팅하는 작업을 알아본다.

실제로 동작하는 하둡 배포판이 필요하다. 더 많은 정보를 위해서는 이 장에 있는 '임의의 형태의 하둡 클러스터 설치하기'를 참조하라. 카산드라 스토리지 핸들러는 아직 하이브 배포판에 포함되지 않았다. 소스로부터 하이브를 빌드하고 가장 최신 패치를 적용하거나 '카산드라, 하둡, 하이브로 구성된 스택인 데이터스택스 브리스크 구성하기 예제'를 따라하면 스토리지 핸들러를 지원하는 하이브 바이너리 버전을 얻을 수 있다.

예제 구현

1. http://hive.apache.org에서 하이브의 배포판을 받아 압축을 해제한다.

```
$ cd ~
$ wget <tar.gz for latest release>
$ tar -xf hive-0.8.0.tar.gz
$ cd hive-0.8.0
```

2. 카산드라 배포판에 있는 모든 JAR 파일을 auxlib로 복사한다. 그리고 불필요한 라이브러리와 현재 하이브 버전과 충돌을 일으킬 수 있는 라이브러리를 제거한다.

```
$ mkdir auxlib
$ cp <cassandra_home>/lib/*.jar auxlib/
$ rm auxlib/antlr*
$ rm auxlib/commons-cli*
```

3. HADOOP_HOME의 환경변수로 하둡의 설치 디렉토리를 설정한다.

```
$ export HADOOP_HOME=~/hadoop-0.20.2
```

4. 하이브를 시작한다.

```
$ bin/hive
hive>
```

하이브는 하둡 위에서 빌드된다. HADOOP_HOME 환경변수는 하이브에서 필요로 하는 라이브러리와 호스트이름, 네임노드의 포트, 잡트래커의 포트와 같이 위치와 관련이 있는 하둡 설정을 찾는 데 필요하다.

카산드라 스토리지 핸들러는 카산드라의 많은 라이브러리를 클래스패스에 설정해둬야 동작한다. 이는 카산드라에서 제공하는 ColumnFamilyInputFormat 과 같은 클래스를 필요로 하기 때문이다.

- ▶ 다음 예제 '카산드라 컬럼 패밀리 위에 하이브 테이블 정의하기'
- ▶ 이 장의 뒤에 나오는 '하이브를 이용하여 두 개의 컬럼 패밀리 조인하기' 예제
- ▶ 이 장의 뒤에 나오는 '하이브를 이용하여 컬럼의 값을 그룹짓고 그 수를 세기' 예제

카산드라 컬럼 패밀리 위에 하이브 테이블 정의하기

한 테이블 내의 로우는 고정된 수의 컬럼을 가지지만 카산드라의 로우는 이와 연관된 여러 개의 키-값 쌍들을 가진다. 하이브는 바로 이 점에 착안해서 만들어졌다. 카산드라 위에서 하이브를 사용하는 작업은 마치 맵을 고정된 배열로 만드는 작업으로 생각할 수 있다. 이때 바탕이 되는 정보는 특정 키-값 쌍이다.

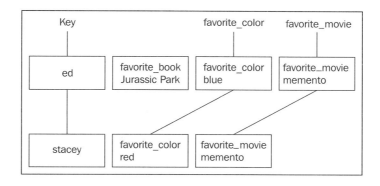

이 예제에서는 favorite_book과 같은 컬럼에는 접근할 수 없다. 추가적으로 만약 로우가 favorite_movie 등 필요로 하는 컬럼이 없는 경우 null이 리턴된다.

준비

하이브를 구성하고 설치하기 위해서는 '카산드라 스토리지 핸들러를 지원하는 하이브 구성하기' 예제를 참고하라.

예제 구현

카산드라 스토리지 핸들러를 사용하는 테이블은 external 속성을 가지고 있어야 한다. external 테이블은 하이브에서 삭제되더라도 물리적으로 제거되지 않는다.

```
hive> CREATE EXTERNAL TABLE IF NOT EXISTS
```

1. String 타입의 key라는 컬럼과 string 타입의 favorite_movie 컬럼을 가진 cf33이라는 이름의 테이블을 만들자.

```
> cf33 (key string, favorite_movie string)
```

STORED BY 구문을 사용하면 하이브가 외부 스토리지 핸들러를 쓸 수 있다.

```
> STORED BY 'org.apache.hadoop.hive.cassandra.
CassandraStorageHandler'
```

Cassandra.columns.mapping은 하이브 컬럼과 카산드라 컬럼을 매핑해준다. 형식은 column_family:column_name과 special:key로 로우키를 사용하라는 의미다.

```
> WITH SERDEPROPERTIES
> ("cassandra.columns.mapping" = ":key,cf33:favorite_movie" ,
```

2. 컬럼 패밀리 이름을 명시한다.

```
> "cassandra.cf.name" = "cf33" ,
```

3. 초기 contact host와 RPC 포트를 지정한다.

```
> "cassandra.host" = "127.0.0.1" , "cassandra.port" = "9160",
```

4. 이용하는 파타셔너를 지정한다.

```
"cassandra.partitioner" =
"org.apache.cassandra.dht.RandomPartitioner" )
```

5. 테이블 속성에서 키스페이스의 이름을 정의한다.

```
TBLPROPERTIES ("cassandra.ks.name" = "ks33");
```

6. 테이블 생성이 끝나면 모든 로우를 선택하고, 이를 키에 따라 정렬하는 간단한 쿼리를 실행한다.

```
hive> SELECT * FROM cf33 ORDER BY key;
Total MapReduce jobs = 1
Launching Job 1 out of 1
...
bob memento
ed memento stacey drdolittle
Time taken: 37.196 seconds
```

테이블을 생성할 때 지정한 인자는 하이브 테이블 정의에 저장된다. Cassandra.ks.name, Cassandra.cf.name, Cassandra.host, Cassandra.port, Cassandra.partitioner를 비롯한 대부분의 인자들은 내부적으로 ColumnFamilyInput 형태로 전달된다. 하이브는 컬럼이 시스템에 따라 다른 이름을 가질 수 있기 때문에 Cassandra.columns.mapping 속성을 이용하여 컬럼들을 매핑한다.

하이브는 컬럼 패밀리의 모든 내용을 병렬적으로 불러오기 위해선, 여러 개의 매퍼를 이용한다. 이러한 맵 단계의 결과물은 이후 하나의 리듀서에 전달되는데, 이 리듀서의 결과물은 저절로 정렬이 되어서 나온다.

- ▶ 다음 예제, '하이브를 이용하여 두 개의 컬럼 패밀리 조인하기'
- ▶ 이 장의 예제, '하이브를 이용하여 컬럼의 값을 그룹짓고 그 수를 세기'

하이브를 이용하여 두 개의 컬럼 패밀리 조인하기

두 개의 데이터셋을 조인join하는 것은 매우 흔한 작업이다. 이 작업은 일반적으로 데이터가 정규화된 폼인 SQL 데이터베이스에서 이루어진다. 카산드라의 데이터는 일반적으로 역 정규화된 폼으로 저장된다. 하지만 많은 경우 유저는 두개의 컬럼 패밀리로부터 하나의 키에 대해 컬럼을 조인하는 작업을 원한다.

'카산드라 스토리지 핸들러를 지원하는 하이브 구성하기' 예제가 선행되어야 한다.

1. 같은 로우 키를 가지는 두개의 컬럼 패밀리들에 엔트리를 생성한다.

```
$ <cassandra_home>/bin/cassandra-cli
[default@ks33] set cfcars['ed']['car']='viper' ;
[default@ks33] set cfcars['stacey']['car']='civic';
[default@ks33] set ed cf33['ed']['favorite_movie']='memento'
[default@ks33] set ed cf33['stacey']['favorite_movie']='drdolittle'
```

2. 각각의 컬럼 패밀리 테이블이 생성되었음을 확인한다.

```
$ <hive_home>/bin/hive
hive> show tables;
OK
cf33
cfcars
Time taken: 0.145 seconds
```

3. 로우키에 대한 두 데이터셋을 합치기 위해 JOIN 절을 실행한다.

```
hive> SELECT cf33.key, cf33.favorite_movie, cfcars.car FROM cf33
JOIN cfcars ON cf33.key = cfcars.key;
...
OK
key     favorite_movie car
ed      memento        viper
stacey drdoolittle    civic
Time taken: 41.238 seconds
```

카산드라 스토리지 핸들러는 하이브가 카산드라로부터 데이터를 읽을 수 있게 한다. 데이터를 읽고 나면 하이브의 다른 데이터와 차이가 없다. 이는 이 예에서처럼 다른 카산드라 테이블과 조인될 수도 있으며, HDFS 데이터의 테이블과 조인될 수도 있다. 균등 조인equality join은 맵리듀스에서 효율적이다. 이는 맵 단계가 생성된 데이터가 일반적으로 키에 따라 리듀서로 이동되기 때문이다.

하이브를 이용하여 컬럼의 값을 그룹짓고 그 수를 세기

하이브 내부에 스키마가 정의되고 나면 많은 종류의 애드혹 쿼리가 실행될 수 있다. 하이브는 쿼리에 따라서 플랜을 생성하는데 이는 맵리듀스 작업을 포함할 수도 있다. 이 예제에서는 하이브를 이용해서 특정 컬럼의 값을 그룹짓고 그 수를 세는 방법을 살펴본다.

1. 'favorite_movie' 컬럼이 비어있지 않도록 몇 개의 엔트리를 삽입한다.

   ```
   [default@ks33] set cf33['ed']['favorite_movie']='memento';
   [default@ks33] set cf33['stacey']['favorite_movie']='drdolittle';
   [default@ks33] set cf33['bob']['favorite_movie']='memento';
   ```

2. favorite_movie 컬럼의 값의 수를 세고 이들을 오름차순으로 정렬하는 HQL 쿼리를 만든다.

   ```
   hive> SELECT favorite_movie,count(1) as x FROM cf33 GROUP BY
   favorite_movie ORDER BY x;
   ...
   OK
   drdolittle 1
   memento    2
   ```

SQL_{Structured Query Language}에 익숙한 사람들은 하이브에 SELECT, GROUP BY, ORDER BY 같은 명령어가 있는 것을 눈치챘을 것이다.

이번 예제와 '맵리듀스를 이용하여 카산드라의 입출력을 그룹화하고 카운팅하기'를 비교해보면 하이브 코드 생성 기능의 이점을 확인할 수 있다. 맵리듀스 프로그램을 프로그래밍, 컴파일, 테스트, 배포하는 작업이 경우에 따라서는 하이브 쿼리 단 두 줄로 끝날 수도 있다!

참고 사항

이 장의 예제 '맵리듀스를 이용하여 카산드라의 입출력을 그룹화하고 카운팅하기'

카산드라 노드와 하둡 태스크트래커 함께 이용하기

같은 하드웨어에서 여러 개의 애플리케이션을 실행하는 경우, 이들은 자원을 공유함으로써 서로의 성능에 영향을 준다. 맵리듀스 작업은 일반적으로 기가바이트 단위의 데이터에 대해 수십 분에서 몇 시간까지 시간이 걸리기도 한다. 카산드라의 요청은 작은 양의 데이터에 대한 낮은 지연율의 작업이다.

하둡이 만들어낸 중요한 컨셉 중 하나는 데이터를 이동시키는 것이 프로세싱을 이동시키는 것보다 부하가 크다는 것이다. 한 하둡의 잡Job이 여러 개의 태스크task로 나뉘면 스케줄러는 태스크를 해당 데이터가 있는 노드에서 수행하도록 한다. 이러한 특징을 데이터 지역화data locality라고 부른다.

이 예제에서는 하둡과 카산드라를 이용하여 데이터 지역화를 성취하고, 이들이 한 하드웨어에서 독립적으로 잘 돌 수 있게 하는 설정에 대해서 알아본다.

예제 구현

만약 시스템에 여러 개의 디스크가 있는 경우 태스크트래커TaskTracker를 별도의 디스크에 독립적으로 구성하는 것을 추천한다.

1. 〈hadoop_home〉/conf/mapred-site.xml을 편집한다.

```
<property>
  <name>mapred.temp.dir</name>
  <value>/mnt/hadoop_disk/mapred/temp</value>
</property>
```

2. *.task.maximum의 값을 작은 수로 설정한다.

```
<property>
  <name>mapred.tasktracker.reduce.tasks.maximum</name>
  <value>1</value>
</property>
<property>
  <name>mapred.tasktracker.map.tasks.maximum</name>
  <value>3</value>
</property>
```

3. 포크fork된 프로세스의 -Xmx 크기를 설정한다.

```
<property>
  <name>mapred.child.java.opts</name>
  <value>-Xmx150m</value>
</property>
```

4. 변화를 적용하기 위해서 태스크트래커를 재시작한다.

예제 분석

맵리듀스 잡job은 IO(입출력) 부하가 매우 크다. 이러한 작업은 많은 양의 데이터를 이용하면서 작업을 하는 동안 반복적으로 디스크에 데이터를 쓴다. mpared.temp.dir을 위한 별도의 디스크를 갖추는 것이 가급적 좋은데, 이를 통해 카산드라와 하둡의 디스크 트래픽을 분리할 수 있기 때문이다.

카산드라와 하둡 모두 시스템의 CPU 자원을 사용하기 위해 경쟁을 한다. 이를 하둡 쪽에서 조절하기 위해서는 mapred.tasktracker.reduce.tasks.maximum 과 mapred.tasktracker.map.tasks.maximum의 값을 작은 수로 설정하면 된다. 예를 들어, 만약 시스템이 8개의 CPU 코어를 가지고 있고 이 중 4개만을 태스크트래커에 할당하고 남은 4개를 카산드라에 할당하고자 하는 경우가 이에 해당된다.

`mapred.child.java.ops` 속성은 맵과 리듀스 작업에서 사용하는 인자다. 이 속성의 Xmx 값을 설정할때는 (`mapred.tasktracker.reduce.tasks.maximum` + `mapred.tasktracker.map.tasks.maximum`) 값을 곱하여 특정 시간에 사용할 수 있는 최대 메모리를 결정한다. 이를 카산드라에 할당되는 메모리의 양과 균형을 맞춘다.

참고 사항

다음 예제인 '맵리듀스 작업을 위한 '섀도우' 데이터센터 구성하기'는 카산드라에 내장된 복제기능을 이용하여, 클러스터를 ETL-type을 위한 노드와 낮은 지연율의 요청을 위한 노드로 나누는 방법을 알아본다.

맵리듀스 작업을 위한 '섀도우' 데이터센터 구성하기

맵리듀스와 다른 Extract Translate Load(ETL) 프로세스는 부하가 매우 크므로, 카산드라 요청 처리 능력을 떨어트릴 수 있다. 이 예제에서는 다음 그림과 같이 ETL을 위한 카산드라 데이터센터를 구축하는 방법을 살펴본다.

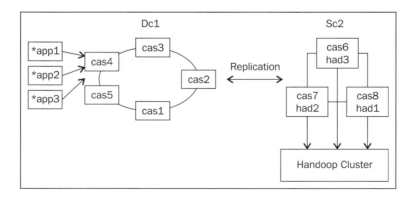

준비

다중 데이터센터 설정에 관해서는 '8장, 다수의 데이터센터 사용하기'의 예제를 참고한다.

예제 구현

1. DC1에서는 3번 복제되고 DC2에서는 1번 복제되는 새로운 키스페이스를 생성한다.

   ```
   [default@unknown] create keyspace ks33 with
   placement_strategy = 'org.apache.cassandra.locator.
   NetworkTopologyStrategy' and strategy_options=[{DC1:3,DC2:1}];
   ```

2. ⟨cassandra_home⟩/conf/cassandra-topology.properties를 열고, 각각의 호스트에 대한 엔트리를 추가한다. 호스트 1번부터 5번까지는 DC1에, 6번부터 8번까지는 DC2에 할당한다.

   ```
   10.1.2.1=DC1:rack1 #cas1
   10.1.2.2=DC1:rack1
   10.1.2.3=DC1:rack1
   10.1.2.4=DC1:rack1
   10.1.2.5=DC1:rack1
   10.2.5.9=DC2:rack1 #cas6
   10.2.3.4=DC2:rack1 #cas7
   10.2.3.9=DC2:rack1 #cas8
   ```

3. ⟨cassandra_home⟩/conf/cassandra.yaml을 편집한다.

   ```
   endpoint_snitch: org.apache.cassandra.locator.PropertyFileSnitch
   ```

예제 분석

이 구성은 카산드라의 다중 데이터 센터 기능을 적극 활용한다. 애플리케이션 서버들(app1-3)은 독자적으로 DC1의 카산드라 서버들(cas1-5)과 통신을 하며,

하둡 클러스터들은 DC2 서버들(cas6-8)과 통신을 한다. 이러한 자원의 분할은 ETL-type의 프로세스가 애플리케이션 서버의 리퀘스트를 처리하는 노드에 영향을 주지 않고 실행할 수 있게 해준다.

섀도우Shadow 데이터센터의 하드웨어는 요청을 처리하는 서버의 하드웨어 사양과 동일할 필요는 없다. 또한 물리적인 서버의 수가 작아도 된다. 예를 들어, 프라이머리 데이터센터는 사용자의 요청을 처리하기 위해 빠른 SCSI 디스크와 큰 용량의 RAM이 달린 10개의 서버로 구성되지만, 섀도우 데이터 센터의 경우 용량이 큰 SATA 드라이브와 적은램으로 3개의 서버를 구성하는 것만으로도 맵리듀스 및 ETL 작업을 처리하는 데 충분할 수도 있다.

카산드라, 하둡, 하이브로 구성된 스택인 데이터스택스 브리스크 구성하기

브리스크Brisk는 카산드라, 하둡, 하이브를 하나의 패키지로 합친 것이다. 이는 이 컴포넌트들을 하나의 엔티티entity로 빠르고 쉽게 배포하고 관리할 수 있게 해준다.

1. 브리스크를 다운로드하고 압축을 해제한다.

```
$ mkdir brisk
$ cd brisk
$ wget --no-check-certificate https://github.com/downloads/ riptano/
brisk/brisk-1.0~beta1-bin.tar.gz
$ tar -xf brisk-1.0~beta1-bin.tar.gz
```

2. 카산드라와 하둡 스택을 시작하기 위해 -t 인자를 주어 브리스크를 시작한다.

```
$ bin/brisk cassandra -t
INFO 01:12:10,514 Started job history server at: localhost:50030
INFO 01:12:10,514 Job History Server web address: localhost:50030
INFO 01:12:10,519 Completed job store is inactive
INFO 01:12:10,532 Starting ThriftJobTrackerPlugin
INFO 01:12:10,549 Starting Thrift server
INFO 01:12:10,553 Hadoop Job Tracker Started...
```

3. hadoop dfs 명령어를 셸 안에서 실행한다.

```
$ bin/brisk hadoop dfs -ls /
Found 1 items
drwxrwxrwx - edward edward 0 2011-05-27 01:12 /tmp
```

4. brisk 셸에서 하이브를 시작한다.

```
$ bin/brisk hive
Hive history file=/tmp/edward/hive_job_log_
edward_201105270113_823009135.txt
hive>
```

예제 분석

브리스크는 데이터를 HDFS에 대한 카산드라 파일 시스템(CFS)에 직접 저장하여, 각각의 네임노드NameNode, 세컨더리 네임노드SecondaryNameNode, 데이터노드DataNode 컴포넌트를 개별적으로 실행할 필요를 없애준다. 일반적으로 관계형 데이터로 저장하는 하이브 메타데이터는 카산드라에 직접 저장되기도 한다. 브리스크는 카산드라를 사용하며, 하둡 컴포넌트를 각각 관리하고 싶어 하지 않는 사람들에게 매우 이상적이다.

12

성능 통계 수집 및 분석

카산드라에는 시스템이 잘 작동하는지 여부를 판단할 수 있는 성능 측정 기능이 내장되어 있다. 이 정보를 기록하는 것은 발생하는 오류를 진단하거나 시스템의 용량을 증대시키기 위한 계획을 짤 때 매우 유용하다. 카산드라는 이런 정보를 표준 JMX MBeans Java Management eXtension Managed Bean를 통해서 제공한다. MBeans를 통해서 다양한 애플리케이션이 이러한 정보를 수집하고 보고하는 등의 일을 할 수 있다. 이번 장에서는 시스템에서 전반적으로 사용하는 모니터링 기법과 카산드라에서 사용할 수 있는 모니터링 기법에 대하여 비중있게 알아보자. 이들은 어느 정보가 중요하고 이를 어떻게 해석해야 하는지를 알려 준다.

이번 장에 있는 예제 중 일부는 캑타이 Cacti 네트워크 매니지먼트 시스템 (http://www.cacti.net)과 카산드라-캑타이-m6(http://www.jointhegrid.com/cassandra/ cassandra-cacti-m6.jsp)를 사용하여 카산드라 JMX에서 정보를 수집해 그래프화 하는 작업을 한다.

노드툴 tpstats를 이용하여 병목 지점 찾기

카산드라 서버의 내부 구조는 SEDA Staged Event Driven Architecture로 설계되어 있다. 이 설계에서는 요청들이 각각 하나의 스레드를 생성하지 않고 정해져 있는 크기의 스레드 풀이라는 큐에 들어간다. 스레드 풀이 꽉 차면 요청이 밀리게 되며 클라이언트에서는 딜레이나 예외적인 상황이 발생하게 된다. 이러한 성능 문제를 진단하기 위한 첫걸음은 tpstats(thread pool stats)을 사용하여 어느 스테이지에 일이 몰렸는지를 판단하는 것이다.

예제 구현

통계 자료를 얻으려는 서버의 JMX 포트에 연결하기 위하여 노드툴 tpstats를 사용한다.

```
$ <cassandra_home>/bin/nodetool -h 127.0.0.1 -p 8080 tpstats
Pool Name                   Active    Pending      Completed
ReadStage                     0          0              8
```

RequestResponseStage	0	0	210271
MutationStage	0	0	333208
ReadRepairStage	0	0	0
GossipStage	0	0	92134
AntiEntropyStage	0	0	0
MigrationStage	0	0	2
MemtablePostFlusher	0	0	5
StreamStage	0	0	0
FlushWriter	0	0	4
MiscStage	0	0	0
FlushSorter	0	0	0
InternalResponseStage	0	0	3
HintedHandoff	0	0	2

예제 분석

Active 또는 Pending 컬럼에 0이 아닌 숫자가 있는 스테이지가 요청들이 밀리고 있는 스테이지이다. 제대로 작동하고 있는 시스템에서는 Active와 Pending 컬럼의 값이 항상 0에 가까운 값으로 나타난다.

부연 설명

스테이지 ReadStage와 RequestResponseStage는 데이터를 검색하고 결과를 클라이언트로 돌려주는 역할을 한다.

AntiEntropyStage 스테이지는 노드툴 repair를 실행하는 등의 관리행동을 할때 들어간다.

FlushStage는 멤테이블이 꽉 차서 디스크로 저장될 때 주기적으로 들어가게 되며, 이 스테이지의 Active와 Pending 값이 항상 0이 되는 경우는 매우 드물다. 디스크로 멤테이블의 값을 저장하는 것은 연속적인 가동을 요하는 일이므로 디스크에 매우 큰 부하가 걸리게 된다.

MutationStage는 쓰기 작업을 처리하는 스테이지다. 쓰기 스테이지는 매우 많이 최적화되어 있기 때문에 이 스테이지에서 요청이 밀린다면 이는 현재 다량의 동시다발적 쓰기가 일어나고 있거나, 해당 디스크의 커밋 로그가 쓰기 트래픽을 감당하지 못하는 경우 중 하나다.

노드툴 cfstats를 이용하여 컬럼 패밀리 통계 얻기

각각의 컬럼 패밀리는 여러 개의 성능 카운터가 있어서 심층적인 성능 진단이 가능하다. 여기서 cfstats(column family statistics)를 사용하여 컬럼 패밀리에 대한 고수준의 개략적 정보를 얻을 수 있다.

예제 구현

컬럼 패밀리 정보를 얻기 위해서 노드툴 cfstats 명령을 사용한다.

```
$  <hpcas>/bin/nodetool -h 127.0.0.1 -p 8080 cfstats
Keyspace: Keyspace1
  Read Count: 0
  Read Latency: NaN ms.
  Write Count: 333208
  Write Latency: 0.020031103694989314 ms.
  Pending Tasks: 0
    Column Family: Standard1
    SSTable count: 0
    Space used (live): 0
    Space used (total): 0
    Memtable Columns Count: 1666040
    Memtable Data Size: 84968040
    Memtable Switch Count: 0
    Read Count: 0
    Read Latency: NaN ms.
    Write Count: 333208
    Write Latency: 0.020 ms.
    Pending Tasks: 0
    Key cache capacity: 200000
    Key cache size: 0
    Key cache hit rate: NaN
    Row cache: disabled
```

```
Compacted row minimum size: 0
Compacted row maximum size: 0
Compacted row mean size: 0
```

결과에서 나오는 값 중 SSTable count 값은 지금 현재의 값이다. Write Count 등은 일정 시간 내에 측정된 값을 기반으로 계산된 비율값이다. 모든 컬럼 패밀리는 개개의 고유한 값을 가지고 있으며, Read Count 등의 특정 변수의 값을 사용하여 키스페이스의 전체적 활동을 개략적으로 측정한다.

여기서 나온 기타 항목들에 대해서는 이번 장에 있는 다른 예제에서 소개한다.

CPU 사용량 모니터링

CPU 활동은 성능의 가장 중요한 요인 중 하나다. 여기서는 CPU 그래프를 분석하는 방법을 알아보자.

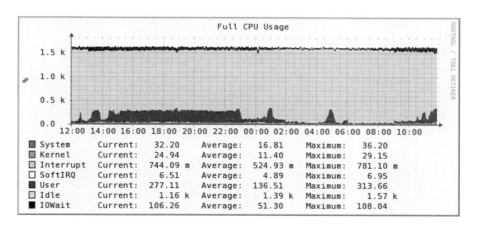

다음 표는 주요 CPU 상태에 대한 설명이다.

상태	설명
user	유저 레벨(애플리케이션)에서 실행 중 사용된 CPU의 퍼센트를 나타낸다.
system	시스템 레벨(커널)에서 실행 중 사용된 CPU의 퍼센트를 나타낸다.
idle	주목할 만한 디스크 I/O 요청이 있었을 때 CPU들이 유휴 상태였을 경우의 시간 비율을 퍼센트 단위로 나타낸다.
IOWait	주목할 만한 디스크 I/O 요청이 없었을 때 CPU들이 유휴 상태였을 경우의 시간 비율을 퍼센트 단위로 나타낸다.

이 그래프에서 확인할 점은 다음과 같다.

▶ 각각의 상태를 추적하여 시간이 좀 지난 후와의 값을 비교해 본다.

▶ 추후 성장을 고려하여 IDLE 상태가 충분히 있도록 한다.

▶ IOWait를 추적하여 디스크와 네트워크의 병목 현상을 확인한다.

모든 작업의 부하는 다르다. 카산드라를 캐싱 용으로 사용하는 사이트에 경우에는 램의 용량보다 데이터 셋의 크기가 작을 것이다. 부하가 있을 때에는 User와 System의 값이 주로 올라가게 되며 병목현상의 원인으로 작용한다. 램의 크기보다 훨씬 더 큰 데이터를 다루는 데 카산드라를 사용한다면 IOWait이 주로 성능의 걸림돌이 될 것이다.

자바 가비지 컬렉션 프로세스는 시스템이 일시적으로 정지되는 것을 막기 위하여 여러 개의 스레드를 사용한다. 일반적으로, 시스템이 Idle 스테이트에서 많은 시간을 보낸다면 이는 더 많은 명령을 수용할 수 있음을 의미한다. 하지만 top 명령어 사용시 wa로 표시되는 IOWait 상태는 시스템이 디스크나 네트워크의 IO를 기다리고 있다는 것을 의미한다. 이런 상황에서는 시스템이 IO를 기다리고 있기 때문에 CPU가 완전히 활용되지 않는다.

 IOWait과 Idle 정보를 수집하는것을 잊지 말자

몇몇 NMS 시스템은 IOWait 등의 다른 시스템 상태를 포함하지 않는 CPU 그래프를 제공한다. IOWait값이 높으면 CPU를 충분히 활용할 수 없게 된다. User, System, Idle 스테이트만 제공하는 그래프를 본다면 200퍼센트의 User 스테이트, 700퍼센트의 Idle 스테이트 상태임에도 불구하고 카산드라가 프로세서를 왜 완전히 활용하고 있지 않는지 의문이 들 것이다. 이의 이유가 CPU가 300퍼센트의 CPU 시간 동안 IO를 기다리고 있기 때문일 수 있다.

참고 사항

높은 IOWait 값은 디스크 시스템이 과부하에 놓여 있다는것을 의미한다. '디스크 사용량 모니터링 및 성능의 기초선 갖기' 예제를 확인하여 하드디스크 활동을 모니터링 하는 방법을 알아본다.

읽기/쓰기 그래프를 추가하여 활동 중인 컬럼 패밀리 찾기

각각의 컬럼 패밀리는 쓰기와 읽기 요청을 항상 추적하고 있다. 여기서는 CFStores의 읽기/쓰기 그래프에 대하여 설명하고 이 그래프가 제공하는 정보에 대하여 알아보자.

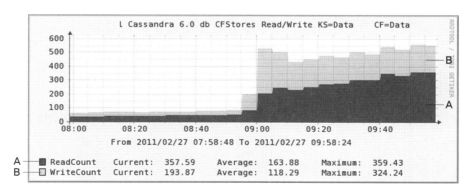

이 그래프에서 ReadCount는 A 영역으로 나타나며 WriteCount는 그 위에 쌓인 B 영역으로 나타난다. 해당 컬럼 패밀리에 더 많은 요청이 들어오면 더 많은 시스템 자원이 사용된다. 이 정보를 활용해 다음을 확인해보자.

▶ 디스크와 CPU 사용 그래프와 상관관계를 보고 시스템이 일 초에 몇 개의 요청을 처리할 수 있는지 알아본다.

▶ 이 값을 시간에 따라 추적하여 사용 패턴을 알아본다.

읽기와 쓰기를 추적하고, 추이를 살피고, 이에 대한 기초선을 갖는 것은 매우 중요하다. 예를 들어 어떤 소프트웨어가 읽기 요청을 잘못하여 세 번씩 반복하게 될 수도 있는데, 보통의 비율을 알지 못하면 이 문제를 알아내는 것이 매우 어려울 것이다. 또한 어느 컬럼 패밀리가 가장 활동이 활발한지를 알아야 어느 곳에 더 큰 캐시를 배정할 것인지를 결정할 수 있다.

힌트 핸드오프는 갔어야 할 정보가 노드가 중지되어서 가지 못한 경우를 기록한다. 이는 원본 시스템에서 데이터를 읽어서 다른 노드로 재송신할 정보를 찾는다. 중지된 노드가 다시 온라인 상태로 회복될 때 힌트 정보를 보내줘야 하므로 이 때 힌트를 담고 있는 노드의 읽기 트래픽이 잠시 증가한다.

멤테이블 그래프를 사용하여 멤테이블이 언제, 왜 디스크에 기록되는지 알아보기

멤테이블은 메모리에 데이터를 기록하는 정렬된 구조다. 멤테이블은 시간이나 크기, 혹은 활동의 한계값에 도달할 때 디스크로 저장된다. 여기서는 다음 멤테이블 그래프를 분석하는 방법을 알아보자.

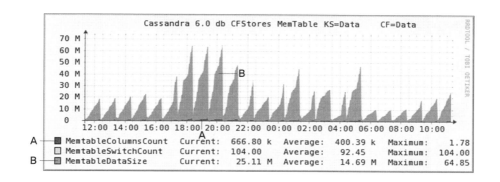

A 영역은 MemtableColumnsCount를 표시하며 이는 멤테이블 안에 있는 컬럼의 수를 의미한다. B 영역이 모든 키와 컬럼을 포함하는 멤테이블의 크기인 MemtableDataSize이다. 디스크에 저장되기 전까지 테이블의 크기는 점차 증가하며, 디스크에 저장되는 순간 컬럼의 수는 0으로 돌아온다. 이 그래프를 사용하여 다음을 확인해보자.

- ▶ 그래프가 주기적 톱니 모양을 유지하고 있는지 확인한다.
- ▶ 멤테이블이 디스크로 저장되는 원인을 알아본다.
- ▶ 멤테이블의 크기를 메모리 사용량과 비교하여 너무 큰 멤테이블 크기 설정으로 의하여 메모리에 경합이 일어나지 않는지 확인한다.

부연 설명

컬럼이 멤테이블에 두 번 기록된다면 처음에 있었던 것은 덮어씌워진다. 멤테이블의 크기 설정이 더 높게 되어있다면 이는 더 드물게 디스크로 저장이 될 것이다. 이는 동일한 데이터가 디스크에 여러 번 저장되지 않을 확률을 증가시킨다. 멤테이블을 디스크에 저장하는 것은 여러 개의 SSTable을 생성하며, 이는 더 많은 컴팩션을 불러일으킨다. 디스크에서 자주 컴팩션이 일어나거나 멤테이블이 저장된다면 유저의 요청을 처리할 자원이 더 줄어든다.

'4장, 성능 튜닝'의 '쓰기집약적 작업에 맞는 멤테이블 튜닝'

이번 장의 '그래프를 사용하여 컴팩션 모니터링하기'

SSTable 개수 그래프화하기

카산드라의 SSTable은 한번 쓰이면 다시는 수정되지 않는다. 하지만 쓰기와 삭제가 잦은 컬럼 패밀리는 새로운 SSTable을 자주 생성한다. 컴팩션 관리자에는 특정 한계치를 가지고 있어서 SSTable의 개수가 이 값을 넘으면 여러 SSTable을 하나로 묶는다. 여기서는 아래와 같은 SSTable 그래프에서 보이는 정보를 해석하는 방법을 알아보자.

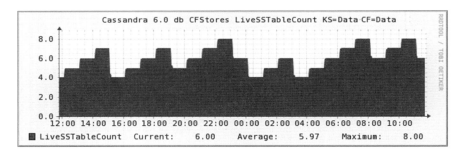

위 그래프는 LiveSSTableCount를 표시한다. 모든 SSTable은 인덱스와 블룸 필터 파일을 가지고 있다. 컬럼 패밀리 안의 데이터를 읽을 때 해당 데이터를 모든 SSTable에서 찾아야 할 경우도 있기 때문에, SSTable의 개수가 많아질수록 읽기 성능이 저하된다. 스냅샷의 한 부분인 SSTable은 디스크에 존재하더라도 이 그래프에는 반영되지 않는다.

이 그래프를 사용하여 다음을 확인하자.

▶ SSTable의 개수가 한자리수 이내로 낮게 유지되도록 한다.

▶ SSTable의 현재 개수를 과거의 개수와 비교해 본다.

컴팩션의 한계치는 SSTable의 총 개수를 낮게 유지하도록 한다. 매우 큰 컴팩션 도중이거나 큰 데이터를 로드할 때 컴팩션이 비활성화 되어있다면 이 숫자가 커질 수 있다. 만약에 SSTable의 개수가 계속 늘어난다면 멤테이블이나 컴팩션 설정값을 튜닝하거나 하드웨어를 업그레이드 하는 것을 고려해 보아야한다.

디스크 사용량 모니터링 및 성능의 기초선 갖기

램 용량보다 더 큰 용량의 데이터를 다루는 시스템에서는 디스크의 성능이 전체적 성능을 좌우한다. 여기서는 다음 그래프를 참고하여 하드디스크의 활동을 모니터링하는 법을 알아보자.

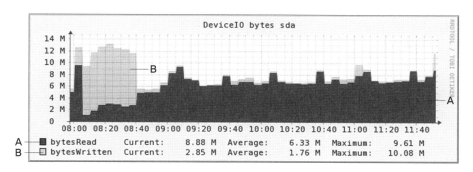

그래프에서 A 영역은 bytesRead를 표시하고 있으며, 이는 초당 읽는 데이터 양이다. 위에 쌓여져있는 B 영역은 bytesWritten이며, 초당 쓰는 데이터 양이다. 이 그래프를 사용하여 다음을 확인하자.

- ▶ 디스크 사용량의 추이를 지켜본다.
- ▶ 피크 타임에 디스크 활동이 최대 한계치에 다다르지 않았는지 여부를 확인한다.
- ▶ 이 그래프와 캐시 활동 그래프를 연관지어 서로 다른 캐시 설정이 가져올 수 있는 IO 성능향상에 대하여 알아본다.

예제 분석

디스크는 순차적 데이터를 빨리 읽고 쓸 수 있으나, 물리적으로 서로 떨어져 있는 데이터를 접근하는 것은 느리다. 대부분의 사용이 임의 접근을 수반하므로 여기서 데이터를 탐색하는 데 많은 시간이 걸리고 이는 처리량을 감소시킨다.

부연 설명

Solid State Drives(이하 SSD)는 이런 디스크의 임의 접근 문제를 해결할 수 있는 대안 중 하나다. SSD에는 물리적으로 움직이는 부품이 없으므로 데이터를 찾으러 부품이 움직일 필요가 없다. 하지만 이 기술은 상대적으로 최신 기술이라 하드디스크보다 비싸다.

참고 사항

물리적 디스크를 튜닝하는 것에 대하여 더 알아보려면 '4장, 성능 튜닝'에서 '커밋 로그 전용 디스크 사용하기', 'RAID 레벨 설정하기' 그리고 '하드디스크 성능 개선을 위한 파일시스템 최적화' 부분을 참고하라.

캐시 그래프를 사용하여 캐시의 유효성 확인하기

예제 구현

그래프 하단의 캐시 히트율_{Cache Hit Rate}은 요청의 수를 캐시 히트의 수로 나눈 값이다. 이 값이 높을수록 캐시가 더 효과적이다. 이 그래프를 사용하여 다음을 확인하자.

▶ 어제나 저번 주의 히트율을 오늘의 캐시 히트율과 비교하여 서로 다른 트래픽 패턴이 히트율에 영향을 주고 있지 않음을 확인한다.

▶ 이 그래프의 활동을 디바이스의 IO 그래프와 비교하여 서로 다른 캐시 설정이 IO를 얼마나 줄여줄 수 있는지 알아본다.

▶ 퍼센트 단위로 캐시 크기를 정했을 때 캐시가 너무 커지지 않는지 알아 본다.

예제 분석

캐시는 적절한 상황에서 적절히 설정되면 굉장한 성능 향상을 가져온다. 여기서 액티브 셋_{Active Set} 개념이 필요하다. 액티브 셋이란 주어진 시간에 사용하는 데이터 부분을 뜻한다. 한 예로 어떤 노드가 1억 유저에 대한 400기가바이트의 정보를 저장하고 있다고 하자. 어느 특정 시간 안에는 사용자의 일부분, 예를 들어 5퍼센트 정도만 활동할 것이다. 이를 위해 적절한 크기의 캐시를 사용한다면 적은 양의 메모리를 사용하더라도 활동적인 5퍼센트의 사용자들에 대하여 효과적으로 성능을 개선시킬 수 있다.

캐시 튜닝은 캐시 히트율을 높이기 위하여 캐시를 충분히 크게 하는 일이 필수다. 최종 목표는 디스크 사용량을 줄일 수 있도록 최대한 많은 액티브 셋을 메모리상에 저장하는 것이다.

효용 체감의 법칙은 캐시 사이즈에서도 적용된다. 예를 들어 만일 50000개 아이템이 캐시상에 있을 때 90퍼센트의 히트율을 달성했으나 100000개의 아이템을 캐시상에 넣었을 때 92퍼센트밖에 달성시키지 못한다면 이 2퍼센트를 올리기 위하여 메모리 사용량을 두 배로 만드는 것은 이치에 맞지 않는다.

참고 사항

'4장, 성능 튜닝'에서 '키 캐시로 읽기 성능 개선하기'와 '로우 캐시로 읽기 성능 개선하기' 부분을 참고한다.

그래프를 사용하여 컴팩션 모니터링하기

카산드라의 구조화된 로그 포맷에서 컴팩션은 데이터를 생성하고 삭제하는 주기에서 매우 중요한 역할을 한다. 컴팩션은 오래된 정보를 지우고 디스크의 데이터를 최적화한다. 툼스톤Tombstone을 통하여 나중에 지워질 것으로 기록된 로우는 후에 완전히 지워질 데이터의 후보에 올라간다. 여기서는 이 컴팩션 작업을 그래프로 확인하는 방법을 알아보자.

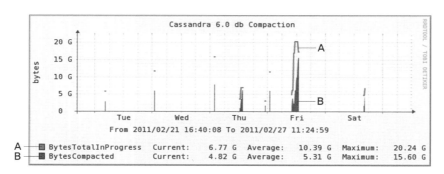

네트워크 매니지먼트 시스템들은 주로 5분 간격으로 이를 모니터링한다. 컴팩션이 일어나는 방법 때문에 5분 간격으로 측정되는 그래프는 몇몇 이벤트들을 놓칠 수 있으나, 이렇게 작은 것들은 성능에 영향을 미치지 않는다.

예제 분석

컴팩션을 시작할 때 그래프의 A선은 `BytesTotalInProgress`를 기록하며, 이는 처리해야 할 데이터의 총량을 표시한다. B 영역은 `ByteCompacted`를 의미하며, 이는 현재의 진행 사항을 표시한다. B 영역이 A선은 닿을 때 일이 끝난다.

그래프에 아무 것도 없으면 이는 그 시점에 컴팩션이 일어나고 있지 않는다는 것을 의미한다. 다음을 확인해보자.

- ▶ 이 그래프를 주기적으로 살펴보아 시스템이 자주 컴팩션을 수행하고있지는 않는지 알아본다.
- ▶ 수리repair나 조인join 등의 긴 시간이 걸리는 컴팩션 작업을 찾아본다.

부연 설명

컴팩션은 옛 데이터를 삭제하고 디스크의 데이터를 최적화하기 때문에 이 활동이 일어나는 것을 부정적으로 바라보아선 안된다. 하지만 시스템에서 컴팩션이 자주 일어난다면 사용자의 요청이 더 긴 지연시간 후에 처리가 되리 때문에 이 작업은 그래프처럼 스파이크 형태로 빨리 끝나는 것이 좋다. 제대로 동작하고 있는 시스템은 몇 기가바이트의 데이터를 짧은 시간 안에 처리할 수 있으나, 시스템에 많은 부하가 걸리게 되면 이를 처리하는데 많은 시간이 걸릴 수도 있다.

멤테이블 설정을 조절하여 디스크로 저장하는 주기를 길게 하면 컴팩션 작업을 덜 잦게 만들 수 있다. 또한, 정해진 시간대에 주요 컴팩션을 시행하도록 설정할 수도 있으며, 이는 요청의 피크점에서 큰 컴팩션이 일어나는 것을 막을 수 있다.

참고 사항

'4장, 성능 튜닝'의 '컴팩션 한계값 설정하기'를 참고하여 컴팩션이 일어나는 조건을 변경하는 법을 알아본다.

다음 예제, '노드툴 컴팩션 stats를 사용하여 컴팩션의 진척도 알아보기'를 참고하여 그래프를 사용하는 대신 커맨드라인을 사용하는 방법을 알아본다.

노드툴 컴팩션 stats를 사용하여 컴팩션의 진척도 알아보기

컴팩션이 일어나는 이유는 여러가지가 있을 수 있다. 예를 들어 설정해 둔 어떤 한계값에 도달하게 될 때 일어날 수 있다. 큰 컴팩션은 사용자에 의하여 시행되며, 컬럼 패밀리에 대한 모든 SSTable의 데이터가 처리된다. 조인을 하거나 노드를 떠나는 경우, 컴팩션의 반대인 안티엔트로피 수리가 발생한다. 여기서는 이를 노드툴 명령어를 통하여 모니터링 하는 방법을 알아보자.

예제 구현

현재 실행하고 있는 컴팩션을 간단히 알아보기 위하여 노드툴 compactionstats 명령어를 사용할 수 있다.

```
$ <cassandra_home>/bin/nodetool -h 127.0.0.1 -p 8080 compactionstats
compaction type: Major
column family: standard1
bytes compacted: 49925478
bytes total in progress: 63555680
pending tasks: 1
```

예제 분석

이 명령어를 통하여 노드가 컴팩션 활동을 하고 있는지 여부와 끝날 때까지 얼마나 남았는지를 간단히 알아볼 수 있다. 이를 사용하여 현재 있는 성능 저하가 컴팩션 때문인지 알 수 있으며 또한 노드들을 합치는 진척도를 볼 수 있다.

컬럼 패밀리에 대한 통계 그래프를 통하여 로우 크기의 평균과 최대값 알아보기

로우 하나에는 최소 하나의 컬럼에서부터 최대 20억 개의 컬럼까지 있을 수 있다. 이 과정이 일어난 로우들에 대한 정보가 컴팩션 과정에서 저장된다. 여기서는 다음 그래프를 해석하는 방법과 카산드라에서 로우 크기가 내포하고 있는 정보에 대해 알아보자.

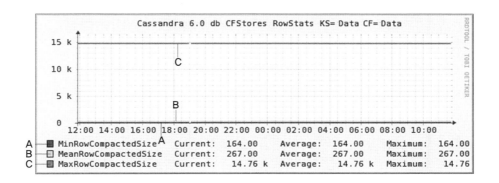

A, B, C 선은 각각 컴팩션 후 최소, 평균, 최대의 로우 크기를 의미한다. 이 값은 키 크기와 그에 해당하는 모든 컬럼을 합친 로우 정보의 바이트 크기다.

▶ MaxRowCompactedSize를 사용하여 로우 크기가 예상했던 것보다 훨씬 더 커지지는 않았는지를 알아본다.

▶ MeanRowCompactedSize를 사용하여 특정 캐시가 사용할 크기를 예상해 본다.

 로우 캐시와 대규모의 로우

로우가 매우 클 때에 로우 캐시를 사용하면 메모리 부하가 발생한다. 로우 캐시를 사용할 때에는 로우의 모든 컬럼이 캐싱되어야 한다.

지연시간 그래프를 사용하여 키를 검색하는 데 드는 시간 측정하기

지연시간은 데이터를 클라이언트로 전송할 때 매우 중요한 요인 중 하나다. 카산드라는 요청을 받은 후부터 디스크에서 찾아지거나 삽입되는 시간까지의 시간을 기록한다. 이때 네트워크 지연 시간은 제외한다. 여기서는 이 그래프를 해석하는 방법을 알아보자.

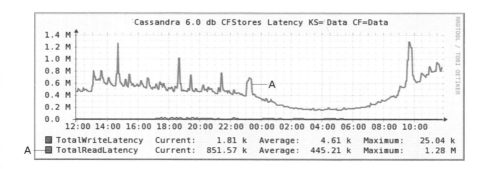

예제 구현

카산드라는 데이터를 읽을 때 사용된 시간을 누적하여 기록하며, 이 값을 TotalReadLatencyMicros라는 값으로 접근할 수 있게 해 준다. 이를 총 읽기 횟수로 나누어서 요청당 평균 읽기 지연 시간을 구할 수 있다. 이는 위 그래프에서 A선이다. 그리고 이 정보를 사용하여 다음을 확인하자.

▶ 지연시간이 허용 가능한 범위 내에 있는지 확인한다.

▶ 지연시간 데이터를 예전의 값들과 비교한다.

카산드라는 데이터를 기록할 때 이를 먼저 메모리에 기록한 후 디스크에 몰아서 쓰기 때문에 데이터는 거의 일정한 속도로 기록되며 이에 수반되는 지연시간도 매우 낮다. 이렇듯 쓰기에 대한 속도와 지연시간은 거의 항상 예측 가능하게 일정한 값을 가지고 있기 때문에 별로 그래프화 할 가치가 없다.

예제 분석

지연 시간은 데이터 크기, 디스크 검색 속도, 다른 요청에 의한 부하, 그리고 캐싱 등의 여러 가지 요인에 의하여 발생한다. 작은 컬럼 패밀리는 큰 것들보다 더 빠른 검색 속도를 가진다. SCSI 등의 더 빠른 RPM을 갖는 디스크는 SATA 디스크보다 더 빠른 검색 속도를 갖는다. 더 많은 동시다발적 요청은 데이터의 경합과 지연시간이 더 많아지게 한다. 카산드라에 내장되어있는 키 캐시와 로우 캐시 기능과 VFS 캐시는 데이터의 일부나 전부를 메모리로 옮기면 지연 시간은 줄어든다.

컬럼 패밀리의 시간에 따른 크기 트래킹하기

시스템의 총 디스크 사용량을 그래프화 하는 것은 매우 흔한 일이다. 컬럼 패밀리는 사용하고 있는 디스크 크기를 기록하는 통계 자료를 가지고 있다. 여기서는 아래의 컬럼 패밀리 저장소 그래프를 해석하는 방법에 대하여 알아보자.

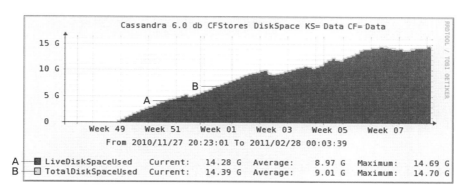

A 영역은 `LiveDiskSpaceUsed`를 표시하며, 이는 데이터와 인덱스, 블룸 필터 파일이 차지하는 용량을 의미한다. B선은 `TotalDiskSpaceUsed`를 표시하고 있으며 이는 컴팩션에 의한 임시 파일의 용량도 포함하여 계산한 값이다. 다음을 확인해보자.

▶ 컬럼 패밀리가 차지하고 있는 크기를 트래킹하여 용량이 불어나는 속도를 알아본다.

▶ 컴팩션을 할 때 `TotalDiskSpaceUsed`가 디스크 용량을 모두 차지하고 있지는 않은지 확인한다.

컬럼 패밀리의 크기는 읽기와 쓰기의 성능에도 큰 영향을 미친다. 예를 들어 컬럼 패밀리의 크기가 10GB일 때에는 1초에 1000개의 요청을 처리할 수 있다면, 15GB일 때에는 750개의 요청밖에 처리할 수 없게 된다. 그러므로 컬럼 패밀리가 차지하는 용량을 지연시간과 요청률 등의 다른 정보와 대응하여 봐야 한다.

쿼리 지연시간의 분포를 알아보기 위하여 노드툴 cfhistograms 사용하기

노드툴에는 cfhistograms 명령어가 존재하여 요청들의 지연시간 정보를 알 수 있게 한다. 이는 외부 NMS를 사용하여 정보를 기록하지 않고도 요청의 성능을 알 수 있다는 점에서 매우 유용하다.

노드툴 cfhistograms 명령을 실행해 본다.

```
$<cassandra_home>/bin/nodetool -h 127.0.0.1 -p 8080 cfhistograms
testkeyspace testcf | awk '{print $1 $3 $5}'
```

Offset	Read Latency	Column Count
1	0	0
2	1	4
3	998	7
4	7729	4
5	22844	15
6	44439	10

히스토그램은 요청 시간의 분포를 한눈에 파악하는 데 유용하다. 이는 평균
요청 시간으로 충분치 않은 경우에 유용하다. 예를 들어 로우 캐시를 활용하
는 요청은 낮은 지연시간을 갖지만 캐시를 사용하지 않는 요청들은 훨씬 느릴
수 있기 때문이다.

12장, '지연시간 그래프를 사용하여 키를 검색하는 데 드는 시간 측정하기'를
참고하여 지연 시간에 대한 정보를 알아보자.

열려있는 네트워크 연결 트래킹하기

카산드라는 클라이언트-서버 애플리케이션이며, 연결되는 모든 클라이언트는
자원을 사용한다. 운영체제에서 열려있는 모든 소켓은 CPU와 메모리를 사용
한다. VM에서 사용하는 모든 스레드도 자원을 사용하기는 마찬가지다. 여기서
는 다음 TCP 연결 그래프를 해석하는 방법을 알아보자. 첫 번째 그래프는 현
재 접속되어있는 연결들을 보여준다.

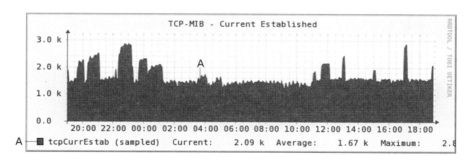

두 번째 그래프는 리스닝 중인 연결 수를 나타낸다.

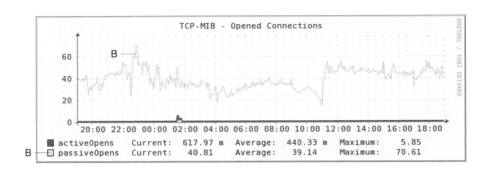

첫 번째 그래프에서 A 영역은 시스템에서 몇 개의 소켓이 열려 있는지를 알려준다. 이 정보를 사용하여 다음을 살펴보자.

> ▶ 현재 열려있는 연결들이 운영체제에서 정해놓은 한계치를 넘지 않는가 살펴본다.

> ▶ 클라이언트에서 연결을 닫지 않고 놔 두었는지 여부를 알아본다.

> ▶ 두 번째 그래프의 B선은 TCP 커넥션이 리슨Listen 상태에서 SYN-RCVD 상태로 바뀐 횟수를 표시한다. 이 정보를 사용하여 시스템에 리스닝 소켓이 몇 개나 열려 있는지 확인할 수 있다.

TCP 기본 관리 정보에는 TCP 기능 중 꼭 구현해야 할 것을 정의하고 보여주며, 여기에는 TCP 스택을 트러블슈팅하고 성능 정보를 얻을 수 있는 여러 개의 카운터가 있다. 카산드라의 높은 요청률과 높은 노드 간 통신 정보량때문에 이러한 정보는 매우 중요하다.

https://www.ietf.org/rfc/rfc4022.txt에서 모니터링할 수 있는 정보들의 리스트인 SNMP 기본 관리 정보 파일을 확인할 수 있다.

13
카산드라 서버 모니터링

소개

카산드라를 최적의 상태에서 실행하기 위해서는 카산드라가 어떻게 하드웨어와 운영체제를 활용하고 있는지 알아야 한다. 또한 카산드라가 제대로 작동하고 있는지 여부를 알려면 카산드라의 내부 구조도 이해하고 있어야 한다. 이번 장에서는 관례적으로 사용하는 관리기법과 카산드라에서 사용하는 모니터링 기법을 알아보자.

Log4j 로그를 중앙 서버로 보내기

문제가 발생했다면 그 원인이 무엇인지 빨리 아는 것이 좋다. 시스템이 몇 개 없는 환경에서는 시스템에 SSH로 연결하여 커맨드라인 툴을 사용하여 로그 파일을 확인하는 정도로 충분하다. 하지만 카산드라 클러스터는 수백개의 노드가 연결된 거대한 시스템일 수 있기 때문에 로그를 종합하고 검토하는 더 나은 기법이 필요하다. 여기서는 카산드라가 로그를 작성하는 기법인 Log4j를 로컬 로그 파일뿐만 아니라 원격의 syslog 서버에도 이벤트를 보내도록 설정하는 방법을 알아보자.

준비

syslog란 UDP를 통하여 로그 메시지를 보내는 텍스트 기반의 프로토콜이다. 최신 리눅스 배포판에는 syslog 서버가 기본적으로 설치되어 있다. 한 시스템을 syslog 서버로 정한 다음 원격 메시지를 받을 수 있도록 이를 설정해 보자.

1. /etc/syslog.conf 파일을 수정한다.

    ```
    # Provides UDP syslog reception
    $ModLoad imudp.so
    $UDPServerRun 514
    ```

2. rsyslog 서비스를 재시작한다.

    ```
    # /etc/init.d/rsyslog restart
    Shutting down system logger:      [ OK ]
    Starting system logger:           [ OK ]
    ```

3. UDP 514번 포트가 리스닝 중인지 확인한다.

    ```
    # netstat -nl | grep 514
    udp        0        0 0.0.0.0:514    0.0.0.0:*
    udp        0        0 :::514         :::*
    ```

카산드라의 Log4j 메시지에는 메시지를 생성하는 시스템의 호스트이름이 없다. 리눅스에는 ${HOSTNAME} 환경변수가 존재하므로 이를 cassandra-env.sh 파일에 추가하여 나중에 사용할 수 있게 한다.

```
JVM_OPTS="$JVM_OPTS -Dlogging.hostname=${HOSTNAME}"
```

1. SYSLOG_LOCAL1이라는 이름의 어펜더appender를 log4j-server.properties 파일에 추가한다.

   ```
   INFO,stdout,R,SYSLOG_LOCAL1
   ```

2. SYSLOG_LOCAL1 어펜더를 syslog로 메시지를 보내도록 설정한다.

   ```
   log4j.appender.SYSLOG_LOCAL1=org.apache.log4j.net.SyslogAppender
   log4j.appender.SYSLOG_LOCAL1.threshold=INFO
   log4j.appender.SYSLOG_LOCAL1.syslogHost=sylogserver.domain.pvt
   log4j.appender.SYSLOG_LOCAL1.facility=LOCAL1
   log4j.appender.SYSLOG_LOCAL1.facilityPrinting=false
   log4j.appender.SYSLOG_LOCAL1.layout=org.apache.log4j.PatternLayout
   ```

3. 각각의 로그가 시스템의 호스트이름을 포함하고 있도록 cassandra-env. sh에 정의된 logging.hostname 변수를 사용한다.

   ```
   log4j.appender.SYSLOG_LOCAL1.layout.conversionPattern=[%p]
   ${logging.hostname} %c:%L - %m%n
   ```

4. 변경사항이 적용되도록 카산드라를 재시작한다.

Log4j는 다수의 프로젝트에서 사용되는 다용도 로그 프레임워크다. Log4j는 자바 프로퍼티 파일로 설정하며 여기에는 로그 파일의 포맷을 결정하는 부분과 로그 파일이 얼마나 커질 수 있는지를 결정하는 부분 등이 포함되어 있다. 또한 이번 예제에서 사용된 SyslogAppender 등의 어펜더도 내장되어 있다. 이

SyslogAppender는 메시지를 Syslog 프로토콜을 사용하여 원격의 로그 호스트로 보내는 역할을 한다. 여러 개의 카산드라 서버에서 나온 로그를 하나의 호스트로 모음으로써 다수의 서버에서 나온 이벤트의 연관관계를 한눈에 볼 수 있게 해주어 이를 문제해결을 쉽게 한다.

부연 설명

Syslog는 UDP를 통하여 텍스트 기반의 로그 메시지를 전송하는 간단한 프로토콜이다. UDP 메시지는 TCP에 비하여 더 적은 오버헤드를 가지고 있으나 수신 여부를 확신할 수 없다는 단점이 있다. 이는 보내진 Syslog가 중간에 사라질 수 있다는 것을 뜻한다. 더 많은 기능을 탑재한 더 진보된 서버인 syslog-ng 등도 있다. 주목해 볼 만한 다른 툴로 스플렁크Splunk(http://www.splunk.com/download)가 있다. 이는 로그에 인덱스를 추가할 수 있으며 검색이 가능한 웹기반 인터페이스를 제공한다. 다음 스크린샷은 스플렁크의 모습이다.

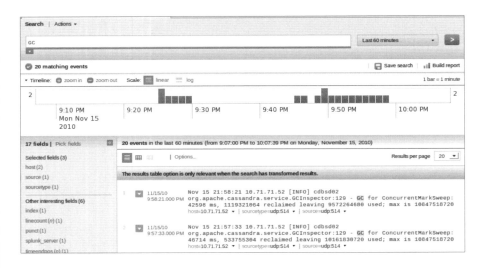

전체적 성능 파악을 위하여 top 사용하기

top 명령어는 시스템에서 성능에 대한 다양한 정보를 수집하며, 이 정보를 사용하여 일정 시간 간격마다 콘솔에 정보를 업데이트한다. top에서 제공하는 정보와 카산드라의 내부에서 일어나는 일을 아는 것은 서버를 최적화하는 데 매우 중요하다. 여기서는 top 명령어를 사용하여 현재 카산드라가 어떻게 작동하고 있는지를 알아보자.

예제 구현

 이번 예제에서는 동일한 하드웨어를 갖춘 서로 다른 두 서버에서 top 명령어를 시행한다. 이번 예제의 목적을 위하여 두 번째 서버에서는 데이터가 더 많거나 동시에 더 많은 요청을 받고 있는 상태임을 가정하겠다.

1. 커맨드라인에서 top 명령을 실행한다. 이는 중간 정도의 부하를 준 서버에서 실행되었다.

   ```
   top - 21:51:59 up 6 days,  8:30,  1 user,
   ```

   서로 다른 운영체제들은 모두 이 값을 다르게 계산하나, 이는 주로 활동 중인 프로세스의 개수이다. 1 이하의 load average 값은 처리 능력이 아직 남았음을 뜻한다.

   load average: 0.74, 0.92, 0.81

   ```
   Tasks: 223 total,   1 running, 222 sleeping,   0 stopped,   0 zombie
   ```

   낮은 유저값(us)과 낮은 대기값(wa)은 시스템에 현재 CPU나 디스크 활동이 적음을 뜻한다. 따라서 이 노드는 지금보다 더 많은 요청을 처리할 수 있다.

   Cpu(s): 1.2%us, 0.2%sy, 0.0%ni, 97.0%id, 1.5%wa, 0.0%hi, 0.1%si, 0.0%st

```
Mem: 16410904k total, 14979268k used, 1431636k free, 29192k buffers
Swap:      0k total,      0k used,      0k free,
```

VFS 캐시는 데이터를 메모리로 캐싱하는 역할을 한다. 캐시는 다른 프로그램이 메모리를 필요로 하거나 다른 데이터가 캐시로 추가되기 전에는 제거되지 않는다. 캐시에 있는 디스크 정보는 하드 디스크에서 읽어 올 필요가 없고 바로 메모리에서 읽을 수 있다.

9435876k cached
```
PID    USER      PR  NI  VIRT  RES  SHR  S %CPU %MEM    TIME+ COMMAND
20181 cassandr  20   0  244g 8.3g 3.7g  S 29.6 52.8 804:55.01    java
```

2. 스레드 모드에서 top 명령을 실행한다. 다음은 많은 부하를 가한 서버에 대한 결과값이다.

$top -H
```
top - 22:10:31 up 6 days, 10:03,  1 user,
```

load average 값을 보면 1보다 높은 값임을 알 수 있다.

load average: 7.64, 9.08, 9.85

스레드 모드에서 top은 프로세스의 개수 대신 스레드의 개수를 표시한다. 여기서는 두 개의 스레드가 돌아가고 있음을 알 수 있다.

Tasks: 472 total,   2 running, 470 sleeping,   0 stopped,   0 zombie

유저값(us)은 낮으나, 대기값(wa)은 12퍼센트다. 이는 프로세서가 거의 사용되고있지 않음을 뜻한다.

```
Cpu(s): 5.3%us,  1.0%sy,  0.5%ni, 80.6%id, 12.2%wa,  0.0%hi, 0.3%si,  0.0%st
Mem: 16411688k total, 16351132k used,   60556k free, 2592k buffers
Swap:      0k total,      0k used,      0k free,
```

3. 카산드라 프로세스가 많은 메모리를 사용하고 있다. 이는 캐시에서 사용할 수 있는 메모리의 양을 작게 만든다.

```
                          7256672k cached
PID    USER         PR  NI  VIRT   RES  SHR S %CPU %MEM    TIME+   COMMAND
28569 cassandr  16   0  536g  11g 4.0g S 16.6 73.3  0:54.39      java
```

4. D 상태의 프로세스들은 중단할 수 없는 슬립 상태다. 이는 주로 디스크에
   서 데이터가 오기를 기다리고 있는 스레드인 경우다. 이와 같은 스레드가
   많으면 대기값(wa)이 높아지게 된다.

```
29190 cassandr 20 4 536g 11g 4.0g D 12.9 73.3 126:52.95 java
28551 cassandr 16 0 536g 11g 4.0g D  9.2 73.3   0:52.12 java
10201 cassandr 16 0 536g 11g 4.0g S  7.4 73.3  38:46.43 java
```

예제 분석

top은 여러 개의 소스로 부터 정보를 수집하여 몇 초마다 갱신해 표시한다. 이
는 어떤 자원이 현재 많이 사용되고 있으며 어떠한 프로세스가 이를 사용하고
있는지 알 수 있는 가장 좋은 방법 중 하나다.

부연 설명

칼라와 여러 부가적인 기능이 지원되는 터미널을 사용 중이라면 top 명령어와
함께 htop을 사용할 수 있다.

현재 디스크 성능 파악을 위하여 iostat 사용하기

iostat 명령은 /proc 파일 시스템의 정보를 사용하여 시스템 활용도를 측정
한다. 메인 메모리보다 훨씬 큰 데이터 셋을 사용하는 경우 카산드라의 읽기
와 쓰기 성능은 디스크 성능에 좌우된다. 여기서는 iostat 명령어를 통하여
디스크 성능을 확인하는 법을 알아보자.

시스템에 sysstat 패키지가 설치되어 있는지를 확인한다.

```
# rpm -qa sysstat
sysstat-7.0.2-3.el5_5.1
```

sysstat 패키지가 설치되어 있지 않다면 yum 또는 이와 비슷한 패키지 설치 프로그램을 사용하여 이를 설치하도록 한다.

```
# yum install sysstat
```

iostat 명령어를 5초 간격으로 세 번 실행해 본다. 이를 실행할 때 awk를 사용해 표시될 열을 제한할 수 있다.

```
# iostat -xd 5 3 sda | awk '{print $6" "$7" "$10" "$12}'
rsec/s wsec/s await %util
34078.47 2582.45 4.46 76.44

rsec/s wsec/s await %util
20982.40 67.20 10.91 76.42

rsec/s wsec/s await %util
17952.00 588.80 10.57 66.06
```

처음 출력된 값은 시스템이 시작할 때부터 누적된 결과를 보여준다. 이후의 결과값은 정해진 간격(5초)에 따라 계산된 값을 표시해준다. rsec과 wsec 열들은 각각 초당 읽혀지고 쓰여진 블럭의 개수를 뜻한다. Await은 디스크 요청을 할 때 걸리는 시간의 평균값을 밀리초 단위로 표시한 것이다. %util 값은 디스크가 동작하고 있는 시간을 쉬고 있는 시간에 대비하여 나타낸 값이다.

디스크 사용도가 100퍼센트에 가까워질수록 읽기와 쓰기 요청을 처리하는 데 더 오랜 시간이 걸린다. 컴팩션 활동 중에 디스크 활동이 갑자기 많아지는 것은 흔히 있는 일이나, 시스템에서 계속 이렇게 디스크 활동이 활발하다면 필요할 때 사용할 수 있는 디스크 IO가 부족하다는 뜻이다. 높은 디스크 사용도를 개선할 수 있는 방법으로 더 많은 메모리를 캐시에 배정하는 방법이 있다. 이렇게 디스크 활동이 많아진다는 것은 이제 슬슬 새 노드를 클러스터에 추가하거나 현재 노드에 더 좋은 디스크 시스템을 설치해야 함을 의미한다.

참고 사항

다음 예제 '시간에 따른 성능 파악을 위하여 sar 사용하기'를 참고한다.

시간에 따른 성능 파악을 위하여 sar 사용하기

대부분의 사이트들은 시간의 흐름에 따라 주기적으로 달라지는 트래픽 패턴이 존재한다. System Activity Data Collector(sadc)는 이 정보를 시간에 따라 저장하며, sar 명령은 이 정보를 사용자가 볼 수 있게 한다. 여기서는 sar 명령을 사용하여 카산드라가 시스템을 얼마나 활용하고 있는지 살펴보자.

준비

정보를 수집하는 옵션이 기본적으로 설정되어 있지 않을 수 있다. /etc/cron.d/sysstat 파일을 생성하여 크론탭crontab이 정보를 수집할 수 있게 한다.

```
# Run system activity accounting tool every 10 minutes
*/10 * * * * root /usr/lib64/sa/sa1 -S DISK 1 1
# 0 * * * * root /usr/lib64/sa/sa1 -S DISK 600 6 &
# Generate a daily summary of process accounting at 23:53
53 23 * * * root /usr/lib64/sa/sa2 -A
```

sar 명령을 실행한다. %nice와 %steal에 해당하는 열은 생략했다.

```
# sar -u | tail -5
02:00:01 AM  CPU    %user  %system  %iowait  %idle
02:00:01 PM  all    3.51   1.05     6.18     89.26
02:10:01 PM  all    4.29   0.98     6.00     88.74
02:20:01 PM  all    3.78   0.98     5.87     89.37
02:30:01 PM  all    3.97   1.07     6.40     88.56
Average:     all    3.71   0.95     4.12     91.13
```

예제 분석

sar 유틸리티는 시간에 따른 프로세서 사용 내역을 보여준다. 여기서 제공하는 정보는 여러 방면으로 사용할 수 있다. 예를 들어 어떤 시간대에 CPU와 IOWait 값이 높은지 여부를 알 수 있다. 이를 통해 노드 조인이나 메이저 컴팩션, 혹은 안티엔트로피 수리 anti-entropy repair 등의 강도 높은 일을 시스템이 한가할 때 수행할 수 있게 함으로써 시스템 성능에 영향을 적게 줄 수 있다.

카산드라 JMX에 접근하기 위하여 JMXTerm 사용하기

JMX는 통신을 할 때에 RMI를 사용한다. RMI의 구조 때문에 네트워크 주소 변환 디바이스나 터널 혹은 VPN을 통해여 통신을 할 때 문제가 발생할 수 있다. 여기서는 JMXTerm을 사용하여 JMX 애플리케이션에 연결하고 통계 자료를 받아오는 법을 살펴 보자.

준비

JMXTerm은 http://www.cyclopsgroup.org/projects/jmxterm에서 받을 수 있다.

예제 구현

1. JMXTerm을 시작한다.

```
# java -jar jmxterm-1.0-alpha-4-uber.jar
Welcome to JMX terminal. Type "help" for available commands.
```

2. JMX 포트를 사용하여 카산드라 서버에 연결한다.

```
$>open 127.0.0.1:8080
#Connection to 127.0.0.1:8080
is opened
```

3. JMX 객체는 도메인으로 정리되어 있다. 이들을 나열하기 위하여 domains 명령어를 사용한다.

```
$>domains
#following domains are available
org.apache.cassandra.concurrent
org.apache.cassandra.db
...
```

4. org.apache.cassandra.db 도메인을 선택한다.

```
$>domain org.apache.cassandra.db
#domain is set to org.apache.cassandra.db
```

5. 도메인 안의 빈beans/객체objects를 나열해 본다.

```
$>beans
org.apache.cassandra.db:type=Commitlog
org.apache.cassandra.db:type=CompactionManager
```

6. 커밋로그 빈Commitlog bean을 선택한다.

```
$>bean org.apache.cassandra.db:type=Commitlog
#bean is set to org.apache.cassandra.db:type=Commitlog
```

7. 이 빈bean에 대한 정보를 얻기 위해 info 명령어를 사용한다.

```
$>info
#mbean = org.apache.cassandra.db:type=Commitlog
#class name = org.apache.cassandra.db.commitlog.
PeriodicCommitLogExecutorService
# attributes
  %0   - ActiveCount (int, r)
  %1   - CompletedTasks (long, r)
  %2   - PendingTasks (long, r)
#there's no operations
#there's no notifications
```

8. get 명령어를 통하여 값을 받아본다.

```
$>get ActiveCount
#mbean = org.apache.cassandra.db:type=Commitlog:
ActiveCount = 1;
```

예제 분석

JMXTerm은 윈도우 서브시스템이 없는 컴퓨터에서도 실행할 수 있으므로 현재 카산드라가 실행되고 있는 컴퓨터나 동일 네트워크상의 다른 노드에서 실행할 수 있다. 또한 JConsole에서 접근할 수 있는 모든 JMX 속성에 접근하고 모든 JMX 오퍼레이션을 호출할 수 있다.

참고 사항

'1장, 시작하기'의 '카산드라와 JConsole 이해하기' 예제

가비지 컬렉션 이벤트 모니터링

자바 프로그램에서는 개발자가 명시적으로 객체를 메모리에서 할당/해제하지 않는다. 가비지 컬렉션은 메모리에서 객체 사이를 다니며 어떤 객체가 더이상 접근 가능하지 않은지를 판단하는 백그라운드 프로세스다. 더 이상 접근될 수 없는 객체들은 제거해도 된다. 만약 객체가 생성되는 속도가 객체가 제거되는 속도보다 빠르다면 JVM에서 stop-the-world라고 부르는 일시정지 현상이 나타날 수 있다. 이러한 일시 정지 현상이 발생하면 카산드라는 더 이상 요청을 받지 않고 잠시 멈춘다. 여기서는 가비지 컬렉션 이벤트의 로그를 살펴보는 방법을 알아보자.

예제 구현

카산드라 로그에서 'GC inspection'이라는 문구를 찾기 위해 grep을 사용한다

```
$ grep "GC inspection" /var/log/cassandra/system.log
INFO [GC inspection] 2010-11-15 18:06:44,137 GCInspector.java (line
129) GC for ConcurrentMarkSweep: 49428 ms, 1306542968 reclaimed leaving
7482369272 used; max is 9773776896
```

예제 분석

카산드라는 conf/cassandra-env.sh 파일에 로그파일로 가비지 컬렉션 메시지를 출력하는 옵션이 있다. JVM 가비지 컬렉션이 일시 정지로부터 복구가 될 때 가비지 컬렉션에 얼마나 긴 시간이 걸렸는지와 얼마나 많은 메모리가 회복되었는지를 기록한다. 만약 이러한 이벤트가 자주 일어난다면 이는 시스템이 너무 과한 부하에 시달리고 있음을 뜻한다.

부연 설명

이러한 일시 정지를 막는 방법 중 하나는 카산드라에 더 많은 힙 메모리를 배정하는 것이다. 하지만 가비지 컬렉션은 옳지 못하게 설정된 멤테이블이나 캐시 설정 등에 의한 경우도 있으므로 이러한 것들도 염두에 두고 있어야 한다.

병목 지점 판단을 위하여 tpstats 명령 사용하기

카산드라는 SEDA 아키텍처를 사용하여 구현되었다. 이 아키텍처는 동시에 많은 일이 처리되는 환경에서 자원을 효율적으로 사용할 수 있게 한다. 여기서는 tpstats 명령을 사용하여 클러스터의 병목 지점을 확인하는 방법을 알아보자.

 SEDA에 대해서는 http://www.eecs.harvard.edu/~mdw/proj/seda/에서 더 알아볼 수 있다.

예제 구현

노드툴 tpstats 명령에 호스트네임과 JMX 포트를 입력하고 실행해 본다.

```
$ <cassandra_home>/bin/nodetool -h 127.0.0.1 -p 8080 tpstats
Pool Name                  Active     Pending      Completed
FILEUTILS-DELETE-POOL         0          0             224
STREAM-STAGE                  0          0               0
RESPONSE-STAGE                0          0        88445499
ROW-READ-STAGE                1          1        14665446
LB-OPERATIONS                 0          0               0
MISCELLANEOUS-POOL            0          0               0
GMFD                          0          0          814173
LB-TARGET                     0          0               0
CONSISTENCY-MANAGER           0          0         1181879
ROW-MUTATION-STAGE            0          0        69218180
MESSAGE-STREAMING-POOL        0          0               0
LOAD-BALANCER-STAGE           0          0               0
FLUSH-SORTER-POOL             0          0               0
MEMTABLE-POST-FLUSHER         0          0             322
FLUSH-WRITER-POOL             0          0             322
AE-SERVICE-STAGE              0          0               0
HINTED-HANDOFF-POOL           0          0             161
```

제대로 동작하고 있는 클러스터에서는 Active와 Pending 부분이 거의 0에 수렴하고 있을 것이다. 만약 어떤 부분에서 Pending 값이 높게 나온다면 이 부분에서 병목 현상이 나타나고 있다는 것이다.

만약 ROW-READ-STAGE에서 Pending 값이 높게 나온다면 하드 디스크가 과부하에 시달리고 있다고 판단할 수 있으며, ROW-MUTATION-STAGE의 값이 높게 표시되고 있다면 쓰기가 밀리고 있음을 알 수 있다. HINTED-HANDOFF-POOL 부분이 활동적이라면 클러스터에 있는 다른 노드에 많은 부하가 걸려 있어 힌트가 다른 노드에 저장되고 있는 것이다. 다수의 멤테이블이 디스크로 저장되고 있다면 MEMTABLE-POST-FLUSHER의 값이 0보다 큰 값으로 나타날 것이다.

이번 장에서 '현재 디스크 성능 파악을 위하여 iostat 사용하기'와 4장에서 '처리량 증가를 위한 동시접근 읽기와 동시접근 쓰기 튜닝'을 참고하여 READ-STAGE와 MUTATION-STAGE의 값은 높지만 디스크가 제대로 사용되지 않는 경우를 해결하는 방법을 알아본다.

카산드라를 위한 나기오스 체크 스크립트 작성하기

나기오스Nagios는 네트워크 관리 시스템에서 사실상 표준 툴이다. 나기오스는 실행 가능한 프로그램이나 스크립트를 사용하여 서비스의 현황을 감지하고 서비스가 다운되면 이메일을 보내준다. 여기서는 나기오스로 카산드라를 점검하기 위해서 사용하는 실행 파일을 만드는 방법을 알아보자. 또한 굳이 나기오스를 사용하지 않더라도 이 스크립트를 시스템에서 활용할 수 있을 것이다.

1. 〈hpc_build〉/src/java/hpcas/c13/NagiosCheck.java 파일을 생성한다.

```java
package hpcas.c13;
import hpcas.c03.FramedConnWrapper;
import hpcas.c03.Util;
import org.apache.cassandra.thrift.*;

public class NagiosCheck {
  public static void main(String[] args) {
    String host = Util.envOrProp("host");
    String sport = Util.envOrProp("port");
    String expected = Util.envOrProp("clusterName");
    if (host == null || sport == null || expected == null) {
      System.out.println("Cassandra Fail: specify host port
clustername");
      System.exit(1);
    }
    int port = Integer.parseInt(sport);
    String gotName = null;
```

2. 클러스터의 이름을 얻기 위하여 클러스터에 연결을 시도한다.

```java
    try {
      FramedConnWrapper fcw = new FramedConnWrapper(host, port);
      fcw.open();
      Cassandra.Client client = fcw.getClient();
      gotName = client.describe_cluster_name();
      fcw.close();
```

예외가 발생한다면 해당 작업은 실패한 것이다.

```java
    } catch (Exception ex) {
      System.out.println("Cassandra FAILED: got exception: " + ex);
      System.exit(2);
    }
```

3. 서버에서 받은 이름이 유저가 입력한 이름과 일치한다면 OK 메시지를 출력하고 0을 리턴한다.

```
if (expected.equalsIgnoreCase(gotName)) {
    System.out.println("Cassandra OK: " + gotName);
    System.exit(0);
}
```

4. 서버에서 받은 이름이 유저가 입력한 이름과 일치하지 않는다면 에러를 출력한다.

```
else {
    System.out.println("Cassandra FAILED: Expected:" + expected +
" got:" + gotName);
    System.exit(2);
    }
  }
}
```

5. 동작하고 있는 노드에 대하여 스크립트를 테스트 해 본다.

**$ host=127.0.0.1 port=9160 clusterName="Test Cluster" ant
-DclassToRun=hpcas.c13.NagiosCheck run**
```
[java] Cassandra OK: Test Cluster
```

6. 올바르지 않은 클러스터 이름을 입력하여 실패 코드가 제대로 동작하는지 알아본다.

**$ host=127.0.0.1 port=9160 clusterName="Test Clusterdfd" ant
-DclassToRun=hpcas.c13.NagiosCheck run**
```
[java] Cassandra FAILED: Expected:Test Clusterdfd got:Test Cluster
[java] Java Result: 2
```

7. 잘못된 연결 설정을 해 본 후 테스트가 실패하는지 알아본다.

**$ host=127.0.0.13 port=9160 clusterName="Test Clusterdfd" ant
-DclassToRun=hpcas.c13.NagiosCheck run**
```
[java] Cassandra FAILED: got exception: org.apache.thrift.
```

```
transport.TTransportException: java.net.ConnectException: Connection
refused
  [java] Java Result: 2
```

컴팩션 한계값을 사용하여 대용량의 로우 관찰하기

로우는 대개 몇 개의 컬럼만 가지고 있으나, 시계열 자료 등을 저장하는 경우에는 해당 로우에 몇천에서 몇백만 개의 컬럼이 있을 수도 있다. 여기서는 in_memory_compaction_limit_in_mb 값이 꽉 차게 되는지 여부를 확인하는 방법을 알아보자.

예제 구현

카산드라 로그 파일에서 'Compating large row'라는 문자열을 찾기 위하여 grep 명령어를 사용한다.

```
$ grep "Compacting large row" /var/log/cassandra/system.log
Compacting large row null (103343904 bytes) incrementally
```

예제 분석

기본적으로 in_memory_compaction_limit_in_mb의 값은 64로 설정되어 있으며 이 값은 conf/cassandra.yaml에서 설정할 수 있다. 고정된 개수의 컬럼을 갖는 경우에는 이 한계값을 절대로 넘어서는 안된다. 이 값을 설정하는 것은 해당 프로세스가 하나의 키의 여러 개 컬럼에 우연히 쓰고 있는지를 확인하는 수단으로 사용한다. 또한 로우 캐시는 로우를 통째로 메모리에 저장해야 하기 때문에 컬럼이 많은 키에 로우 캐시를 적용하는 것은 문제가 될 수 있다.

IPTraf를 사용하여 네트워크 트래픽 검토하기

한 시스템에서 나타나는 문제점이 다른 문제에 의해 발생하는 경우도 있는데, 이러한 예로 커넥션을 완전히 종료하지 않은 클라이언트나, 제대로 작동하지 않는 네트워크 카드, 혹은 서비스를 의도치않게 과도하게 사용하여 서비스 품질을 낮추는 애플리케이션이 있다. 여기서는 ncurses 라이브러리로 만든 실시간 네트워크 통계자료 감시 프로그램인 IPTraf에 대하여 알아보자.

준비

IPTraf는 매우 많이 사용되는 유틸리티며 현재 사용하고 있는 리눅스 배포판에 포함되어 있을 가능성이 매우 높다. IPTraf에 대한 더 자세한 정보는 http://iptraf.seul.org에서 찾아볼 수 있다.

예제 구현

카산드라 스리프트Thrift 포트 9160번과 카산드라 스토어 포트 7000번을 모니터링 하도록 필터를 설정한다.

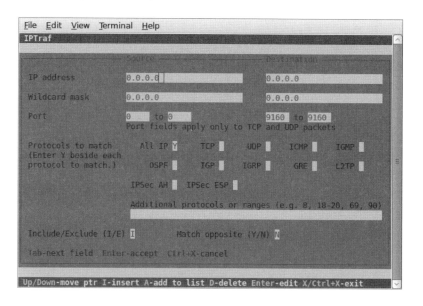

이 필터를 적용한 후 트래픽 감시를 시작한다. 네트워크 활동 내역을 표시하는 대화식 화면이 나타난다.

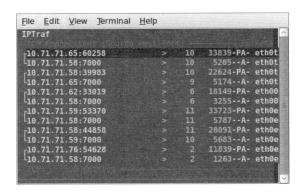

IPTraf는 사용자가 트래픽을 필터링하고 그 결과를 실시간으로 볼 수 있게 해준다.

드랍된 메시지 찾아보기

카산드라에는 '백 프레셔back pressure'라는 개념이 있다. 백 프레셔란 SEDA 아키텍처에서 사용되는 기술 중 하나로 스테이지에 요청이 꽉 차있다면 이전 스테이지에서 더이상 요청을 받지 않는것을 뜻한다. 이로 인해 카산드라는 타임아웃된 요청을 처리하지 않고 드랍drop하며 로그에 에러를 기록한다. 여기서는 이러한 에러를 찾는 방법을 알아보자.

카산드라 로그에서 'DroppedMessageLogger'를 찾기 위하여 grep을 사용한다.

```
$ grep "DroppedMessagesLogger" /var/log/cassandra/system.log
WARN [DroppedMessagesLogger] 2010-11-15 16:09:17,691 MessagingService.
```

```
java (line 501) Dropped 67 messages in the last 1000ms

WARN [DroppedMessagesLogger] 2010-11-15 16:09:18,693 MessagingService.
java (line 501) Dropped 90 messages in the last 1000ms
```

클라이언트의 요청은 메시지가 드랍되면 `TimedOutException`을 발생시킨다. 이러한 예외를 받은 클라이언트는 실패한 명령을 다시 시도해 볼 필요가 있다. 만약 로그에 이러한 삭제된 메시지들이 자주 나타난다면 해당 서버가 요청을 다 처리할 수 없음을 뜻한다.

컬럼 패밀리에 위험한 조건이 적용되어 있는지 여부 확인하기

벌크 삽입Bulk insert을 최적화하는 방법 중 하나는 컴팩션 한계점의 최대값과 최소값을 둘 다 0으로 맞추는 것이다. 이는 동일한 데이터에 컴팩션 작업이 여러 번 일어나는 것을 방지해 준다. 하지만 컴팩션이 다시 활성화되지 않는다면 SSTable의 개수가 늘어나서 결과적으로 읽기 성능이 저하될 수 있다. 여기서는 이러한 위험한 조건이 적용되어 있는지 여부를 확인하는 방법을 알아보자.

예제 구현

1. 〈hpc_build〉/src/hpcas/c04/RingInspector.java 파일을 생성한다.

```
package hpcas.c13;
import hpcas.c03.Util;
import java.util.*;
import java.util.Map.*;
import org.apache.cassandra.db.ColumnFamilyStoreMBean;
import org.apache.cassandra.tools.NodeProbe;

public class RingInspector {
  public static void main(String[] args) throws Exception {
    String host = Util.envOrProp("host");
```

```
String sport = Util.envOrProp("port");
int port = Integer.parseInt(sport);
```

2. 이번 예제에서는 스리프트 대신 JMX를 사용하여 연결한다.

```
NodeProbe probe = new NodeProbe(host, port);
```

3. 모든 컬럼 패밀리를 따라 명령을 반복해서 처리한다.

```
Iterator<Map.Entry<String, ColumnFamilyStoreMBean>> cfamilies =
probe.getColumnFamilyStoreMBeanProxies();
    while (cfamilies.hasNext()) {
      Entry<String, ColumnFamilyStoreMBean> entry = cfamilies.next();
      ColumnFamilyStoreMBean cfsProxy = entry.getValue();
```

4. 너무 많은 SSTable이나 너무 큰 로우나 컴팩션이 사용되지 않도록 처리
   성능에 영향을 미치는 요소를 찾아본다.

```
      if (cfsProxy.getLiveSSTableCount() > 20) {
        System.out.println(cfsProxy.getColumnFamilyName() +" "+
            cfsProxy.getLiveSSTableCount() + " sstables");
      }
      if (cfsProxy.getMaximumCompactionThreshold() == 0) {
        System.out.println("maxCompactionThreshold is off.");
      }
      if (cfsProxy.getMinimumCompactionThreshold() == 0) {
        System.out.println("minCompactionThreshold is off.");
      }
      if (cfsProxy.getMaxRowSize() >10000000){
        System.out.println("row larger than 10,000,000 bytes");
      }
    }
  }
}
```

5. 이 프로그램을 JMX 정보를 넣어 다시 실행해 본다.

```
$ host=127.0.0.1 port=8080 clusterName="Test Clusterdfd" ks=ks22
cf=cf22 ant -DclassToRun=hpcas.c13.RingInspector run
```

만약 프로그램이 아무 문제를 찾을 수 없었다면 화면에는 아무것도 출력되지 않는다.

예제 분석

노드툴은 Remote Method Invocation(RMI)를 사용하여 서버의 메소드를 호출한다. 이 프로그램은 ColumnFamilyStoreMBean 객체에서 메소드를 호출한다. ColumnFamilyStoreMBean 인스턴스가 있으면 서버에 있는 컬럼 패밀리의 읽기 지연시간, 쓰기 지연시간, 그리고 멤테이블 정보를 포함한 컬럼 패밀리의 각종 정보들을 알 수 있다.

찾아보기

에이콘출판의 기틀을 마련하신 故 정완재 선생님 (1935-2004)

카산드라 따라잡기
150가지 예제로 배우는 NoSQL 카산드라 설계와 성능 최적화

인 쇄 | 2013년 2월 21일
발 행 | 2013년 2월 28일

지은이 | 에드워드 카프리올로
옮긴이 | 이 두 희 • 이 범 기 • 전 재 호

펴낸이 | 권 성 준
엮은이 | 김 희 정
          황 지 영
표지 디자인 | 한국어판_그린애플
본문 디자인 | 박 진 희

인 쇄 | 한일미디어
용 지 | 한신P&L(주)

에이콘출판주식회사
경기도 의왕시 내손동 757-3 (437-836)
전화 02-2653-7600, 팩스 02-2653-0433
www.acornpub.co.kr / editor@acornpub.co.kr

한국어판 ⓒ 에이콘출판주식회사, 2013
ISBN 978-89-6077-404-9
ISBN 978-89-6077-210-6 (세트)
http://www.acornpub.co.kr/book/cassandra-cookbook

이 도서의 국립중앙도서관 출판시도서목록(CIP)은 e-CIP 홈페이지(http://www.nl.go.kr/cip.php)에서
이용하실 수 있습니다. (CIP제어번호: 2013001008)

책값은 뒤표지에 있습니다.